高等学校测绘工程系列教材

GPS测量与数据处理实习教程

主编　黄劲松　李英冰

编委　黄劲松　李英冰　朱智勤　李　力
章　迪　刘万科　魏二虎　王甫红

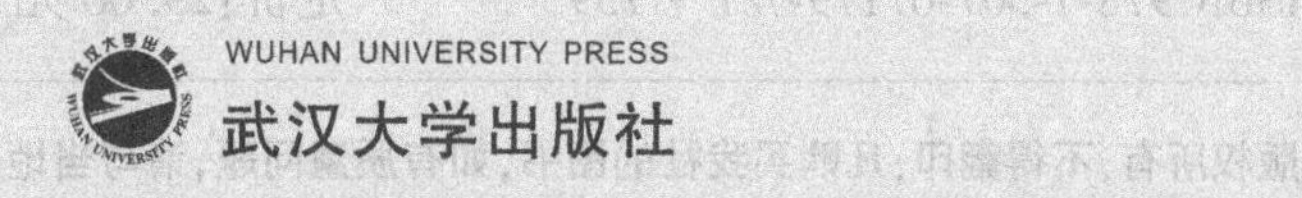

图书在版编目(CIP)数据

GPS 测量与数据处理实习教程/黄劲松,李英冰主编．—武汉:武汉大学出版社,2010.1(2024.1 重印)
高等学校测绘工程系列教材
ISBN 978-7-307-07179-7

Ⅰ.G…　Ⅱ.①黄…　②李…　Ⅲ.①全球定位系统(GPS)—测量学—高等学校—教材　②全球定位系统(GPS)—数据处理—高等学校—教材　Ⅳ.P228.4

中国版本图书馆 CIP 数据核字(2009)第 104071 号

责任编辑:罗　挺　　责任校对:刘　欣　　版式设计:詹锦玲

出版发行:**武汉大学出版社**　(430072　武昌　珞珈山)
(电子邮箱:cbs22@ whu.edu.cn 网址:www.wdp.com.cn)
印刷:武汉邮科印务有限公司
开本:787×1092　1/16　印张:13.75　字数:337 千字
版次:2010 年 1 月第 1 版　　2024 年 1 月第 8 次印刷
ISBN 978-7-307-07179-7/P · 159　　定价:29.00 元

前　　言

GPS 测量与数据处理实习是测绘工程专业学生的一门专业基础实习课，该课程的目的在于培养学生理论联系实际的能力，加深学生对所学专业理论知识的理解，让学生掌握基本的软件和硬件使用方法以及开展 GPS 工程项目的流程。

目前，国外尚未见到正式出版的有关 GPS 实习的教材，国内有关 GPS 实习的正式教材仅有一本，就是由魏二虎等编写的《GPS 测量操作与数据处理》(武汉大学出版社，2004)，该书围绕美国 Trimble 公司的软件和硬件设备，较全面细致地介绍了它们的使用和操作方法。与这本书不同的是，本书以 GPS 实习为主线，通过数个与实际工程项目要求相同的实习，使学生系统地了解和掌握 GPS 应用于工程的具体步骤和方法。

本书以测绘工程专业基础课程“GPS 原理及其应用”及专业课程“GPS 测量与数据处理”等理论课为基础，实习项目的设计完全按照实际工程的要求，重点培养学生的设计能力、动手能力和数据处理分析能力。

全书共分四部分：第一部分为 GPS 测量与数据处理基础，第二部分为 GPS 网建立，第三部分为 RPK 测量，第四部分为 RTK 测量。

本书可作为高等院校测绘类专业实验与实习教材，也可作为工程技术人员的参考用书。

作　者

2009 年 9 月

目　　录

第一部分　基　　础

第二部分　GPS网建立

第1章　实习介绍及规定

1.1　实 习 介 绍

1.1.1　概述

全球定位系统（GPS）是目前应用最广泛的卫星导航定位系统，它的应用已从普通的定位、测速和授时，拓展到了用于解决复杂的工程、技术和科学问题，对人类社会的影响已远远超出了该系统设计者最初的设想。目前，在航空、航天、军事、交通、运输、资源勘探、广播、通信、电力、气象、地球空间信息和工程建设等领域中，GPS 都被看作一种非常重要的技术手段，用来进行导航、定位、定时、反演地球物理和大气物理参数等。

测绘是较早采用 GPS 技术的领域之一，最初 GPS 主要被应用于高精度大地测量和控制测量，以建立各种类型和等级的测量控制网。现在，除了上述方面，GPS 还在测量领域的其他方面（如测图、施工放样、形变观测、航空摄影测量、海测和地理信息数据的采集等）得到充分应用。

“GPS 原理及其应用”以及“GPS 测量与数据处理”是测绘工程专业的专业基础课，“GPS 测量与数据处理实习”是与上述两门课程配套的实践课程，这门课程的主要目的在于：

(1) 帮助学生加深对课堂理论知识的理解，掌握开展 GPS 测量项目的方法和技能；

(2) 提高学生理论联系实际的能力，培养学生灵活运用所学知识解决实际问题的能力；

(3) 培养学生吃苦耐劳和团结协作的精神以及良好的职业道德和严谨细致的工作作风。

1.1.2　实习分类

在 GPS 测量与数据处理实习中，包含两种类型的实习：

(1) 基础型实习。此类实习为课间实习项目，安排在理论课教学期间进行，实习方式主要为讲授、演示和基本技能练习，实习的目的在于帮助学生了解 GPS 测量项目的基本技术要求，掌握软件和硬件的基本操作方法。

(2) 综合型实习。此类实习为集中实习，实习方式是学生根据实习的目的和要求，利用理论课和基础实习中所学到的知识和技能完成多项综合性的实习项目，实习的目的在于培养学生综合运用所学理论知识解决工程实际问题的能力。

1.1.3 实习内容

基础型实习的内容有三个，分别为：

（1）学习 GPS 测量规范；

（2）GPS 接收机的操作；

（3）GPS 数据处理软件的操作。

综合型实习则根据 GPS 在测量中的三种主要应用分为三部分，内容分别为：

（1）GPS 网的建立；

（2）PPK 测量；

（3）RTK 测量。

在“GPS 网的建立”这部分内容中，将 GPS 控制网建立过程中所涉及的内容按工作顺序分解为前后依存的 8 个实习项目：

（1）GPS 控制网技术设计；

（2）GPS 网选点；

（3）GPS 网观测作业计划；

（4）GPS 网观测作业；

（5）数据传输及格式转换；

（6）GPS 基线解算；

（7）GPS 网平差；

（8）GPS 控制网技术总结。

在“PPK 测量”这部分内容中，包括如下实习项目：

（1）PPK 测量的外业观测；

（2）PPK 测量的数据处理。

在“RTK 测量”这部分内容中，包括如下实习项目：

（1）RTK 测量；

（2）RTK 放样；

（3）数字化图形绘制。

在这里需要说明的是，上述对综合型实习的分解仅是从逻辑上进行划分的，各个实习项目实际上是前后连贯的一个整体。

1.1.4 教程的编排

在本书中，每个实习项目分为两节来叙述：第一节为实习纲要，内容包括实习的目的、内容、安排、条件和成果；第二节为实习指南，介绍完成实习项目所涉及的技术、方法和过程。

1.2 实习规定

1.2.1 总则

（1）在实习期间，应严格遵守实习纪律，按照实习任务书的要求，认真、积极地完成实习项目，不得无故缺席或迟到早退。

（2）在集中实习前，应按要求组建实习小队，每小队划分为若干实习小组，每小队任命队长一名，每小组任命组长一名。队长的职责是负责各小组之间的协调，组长负责组内的协调。队长和各组组长应切实负责，合理安排小组和组内各成员的工作，应使每一项工作都由小组成员轮流担任，使每人都有练习的机会。实习中应加强团结，小组内、各小组之间、各小队之间都应团结协作，以保证实习任务顺利完成。

（3）在实习前，应复习教材中的有关内容，认真仔细地阅读实习任务书和指导书，明确实习的目的和要求、方法和步骤及注意事项，以保证按时完成实习项目中的规定任务。

（4）在实习期间，应确保人身安全和仪器安全，在进行外业观测期间，仪器应安排人员全程守护。

（5）如果在外业观测期间发生由他人引起的事故而造成人身伤害或仪器设备损坏，应留置肇事人并注意保护现场，及时向有关部门和实习指导老师汇报，等待处理。

（6）实习结束时，应按要求提交实习报告和实习记录，并参加实习考核。

1.2.2 测量仪器的使用

1. 仪器的开箱和装箱

（1）开箱时，应将仪器箱放在地面或平稳的表面上，严禁将仪器箱托在手上或抱在怀里开箱，避免仪器箱倾覆而摔坏仪器。

（2）开箱后，应记住仪器设备在仪器箱中放置的位置和方向，以免用完装箱时，因放置不正确而造成仪器损伤。

（3）观测结束后，从三脚架上取下仪器时，应一手握住仪器基座或支架，一手拧松连接螺旋，从架头上取下仪器装箱。

（4）按照仪器放置在仪器箱中的位置和方向进行装箱，使仪器在箱内正确就位后，关箱扣紧。

2. 仪器的安装

（1）安放仪器的三脚架必须稳固可靠，特别要注意稳固伸缩式脚架。伸缩式脚架三条腿抽出后要把固定螺旋拧紧（不可用力过猛，防止造成螺旋滑丝），防止因螺旋未拧紧而脚架自行收缩导致摔坏仪器。

（2）架设三脚架时，三条腿拉出的长度要适中，三条腿分开的跨度要适中，三脚架腿分开的跨度太小容易被碰倒，分开的跨度太大容易滑开。在光滑地面上架设仪器或在大风天进行观测时，要采取适当的安全措施，防止由于脚架滑动或倾倒而摔坏仪器。

（3）从仪器箱取出仪器时，应该用双手握住仪器支架或基座，放到三脚架上时，一手握住仪器，一手立即拧紧仪器和脚架间的中心螺旋，避免因忘记拧上连接螺旋或拧得不紧而摔坏仪器。

3. 仪器的使用

（1）借领仪器时，应当场清查主机及辅助设备是否齐全，外观是否良好，脚架与基座是否相配，若发现问题，应立即报告实验室管理员进行补领或更换。

（2）仪器安装在三脚架上之后，无论是否观测，必须安排专人守护，避免仪器被车辆或行人碰撞，不得出现仪器无人看管的情况。

（3）在进行外业测量时，若发现仪器出现不明故障，应立即停止使用，并向实习指导老师汇报，按照实习指导老师的要求进行处理，绝对禁止擅自拆卸仪器设备。

（4）在操作过程中，不允许过度弯折或用力拉拽电缆。在插拔电缆接头时，应注意接头的方向，避免因弄错方向而造成接头的损坏；若接头具有方向性，则在插拔时不能旋转。

（5）在观测过程中，应采取必要的措施来防止除接收机天线以外的部件被日晒雨淋。受潮的仪器要设法吹干，在未干燥前不得装箱。

（6）在使用数据存储卡时，应注意存储卡的插入方向，避免损坏存储卡或读卡器。

4. 仪器的搬迁

（1）搬运仪器时，应将仪器装入箱内，注意检查仪器箱是否扣紧、锁好，检查拉手和背带是否牢固，并注意轻拿轻放。

（2）每次迁站前，应对仪器设备进行清点，避免部件遗失。

1.2.3 观测记录

（1）观测记录必须直接填写在规定的表格上，不得转抄。

（2）所有记录均用绘图铅笔（2H 或 3H）记载，字体应端正清晰，大小只应稍大于格子的一半，留出空隙以便对错误进行更正。

（3）观测者读数后，记录者应立即回报读数，经确认后再记录，以防听错、记错。

（4）记录和计算错误时，应将错误的数字画去并将正确的数字写在原数字的上方，不得用橡皮擦去，不得在原数字上涂改。

（5）数据运算应根据所取的数字，按“四舍六入，五前单进、双舍”的规则进行数字凑整。

第一部分

基　　础

第2章 学习GPS测量规范

2.1 实习纲要

2.1.1 目的

全面了解《全球定位系统（GPS）测量规范》(GB/T 18314-2001）的基本内容，掌握其中的关键条款。

2.1.2 内容

阅读学习《全球定位系统（GPS）测量规范》(GB/T 18314-2001)。

2.1.3 安排

类型：基础。
方式：个人自学。
时数：2个学时（课后）。

2.1.4 条件

场地：学生自定。
硬件：无。
软件：无。
其他：《全球定位系统（GPS）测量规范》(GB/T 18314-2001)，国家质量技术监督局，2001年3月5日发布，2001年9月1日开始实施。

2.1.5 成果

每人提交一份阅读学习《全球定位系统（GPS）测量规范》的读书报告，对《全球定位系统（GPS）测量规范》进行概括总结。

2.2 实习指南

2.2.1 GPS测量规范的作用

GPS测量规范是开展GPS测量工程项目的指导性文件和主要技术依据，详细规定了在GPS测量工作中质量控制的方法和指标及应遵循的准则。GPS测量工作应遵照规范的要求进行，成果质量应满足规范的规定。

2.2.2 常用的 GPS 测量规范

目前，我国已颁布了国家级的 GPS 测量规范——《全球定位系统（GPS）测量规范》（GB/T 18314-2001），该规范由国家质量技术监督局作为国家标准于 2001 年 3 月 15 日颁布，于 2001 年 9 月 1 日起开始实施。除了 GPS 测量的国家标准外，还有一些部门与行业级的 GPS 测量规范，如由建设部于 1997 年发布的行业标准《全球定位系统城市测量技术规程》（CJJ 73-97）等。

本书所有实习项目以《全球定位系统（GPS）测量规范》（GB/T 18314-2001）为准。

2.2.3 GPS 测量规范（GB/T 18314-2001）的要点

《全球定位系统（GPS）测量规范》（GB/T 18314-2001）的全文分为前言、正文（共 13 章）和附录（共 6 个）三大部分，下面对各部分的内容进行简要介绍。

前言

前言简要介绍了以下内容：（1）制订规范的目的；（2）规范所涉及的 GPS 测量模式；（3）附录类型说明；（4）规范的管理单位；（5）规范的主要起草人；（6）负责对规范进行解释的部门。

正文

正文中共有 13 章，分别为：

1. 范围

介绍了规范所规定的事项和适用范围。

2. 引用标准

介绍了通过引用而成为本标准条文的标准。

3. 术语

介绍了在 GPS 测量中常用的标准术语。

4. 坐标系和时间系统

简要介绍了在 GPS 测量中与坐标系和时间系统有关的问题和规定。

5. 精度分级

主要内容为：（1）GPS 网的精度分级；（2）各级 GPS 网的用途；（3）各级 GPS 网的基本精度指标，包括相邻点间基线长度精度、大地高差精度、AA 级和 A 级网点位精度、基线长度年变化率精度等指标。

6. GPS 网的技术设计

主要内容为：（1）GPS 网技术设计的基本要求；（2）技术设计的准备；（3）技术设计的原则；（4）技术设计完成后应上交的资料。

7. 选点

主要内容为：（1）选点准备；（2）点位基本要求；（3）辅助点与方位点；（4）选点工作；（5）选点结束后应上交的资料。

8. 埋石

主要内容为：（1）标石类型；（2）埋石作业；（3）标石外部整饰；（4）埋石结束后应上交的资料。

9. 仪器

主要内容为：(1) 接收机选用；(2) 接收设备检验；(3) 接收设备维护；(4) 辅助设备检验。

10. 观测

主要内容为：(1) 测区的划分；(2) 观测计划；(3) 基本技术规定；(4) 观测准备；(5) 观测作业的要求。

11. 外业成果记录

主要内容为：(1) 记录类型；(2) 记录内容；(3) 记录要求。

12. 数据处理

主要内容为：(1) 基线向量解算；(2) 外业数据质量检核；(3) AA、A、B 级基线精处理结果质量检核；(4) 重测和补测；(5) GPS 网平差；(6) 数据处理成果整理和编写技术总结。

13. 成果验收与上交资料

主要内容为：(1) 成果验收；(2) 上交资料。

附录

在规范中共有 6 个附录，分别为：

1. 附录 A：大地坐标系的有关说明
2. 附录 B：选点与埋石资料及其说明
3. 附录 C：气象仪器的主要技术要求
4. 附录 D：测量手簿记录及有关要求
5. 附录 E：同步观测环检核
6. 附录 F：归心元素测定与计算

第3章　GPS接收机的操作

3.1　实 习 纲 要

3.1.1　目的

（1）了解GPS接收机的基本结构。
（2）掌握GPS接收机的一般操作方法。

3.1.2　内容

（1）了解GPS接收机的外观及主要构成单元。
（2）学习GPS接收机的安装及静态测量的操作方法。
（3）了解GPS接收机工作时的基本状态信息。

3.1.3　安排

性质：基础。
方式：教师讲解示范与学生分组练习。
时间：2个学时。

3.1.4　条件

场所：室外适宜的场地。
硬件：GPS接收机及其附属设备。
软件：无。

3.1.5　成果

无。

3.2　实 习 指 南

3.2.1　GPS接收机简介

1. GPS测量设备

在GPS测量中，核心仪器设备为测量型GPS接收机（Trimble 5700或Leica 1230），另外还有一些辅助设备，包括电池、基座、脚架和量高尺等（如图3-1和图3-2所示）。

图 3-1 Trimble 5700 GPS 接收机及其附属设备

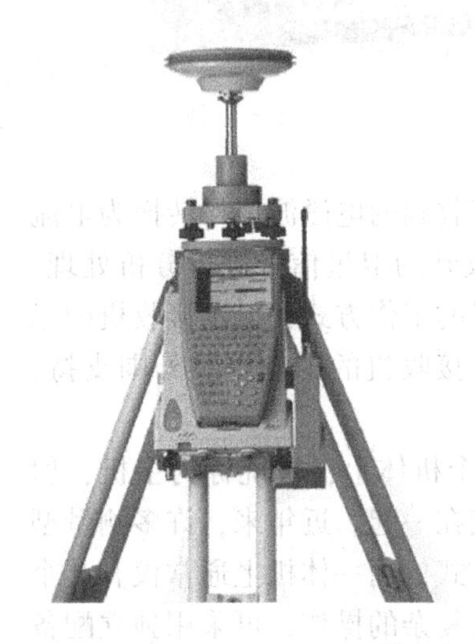

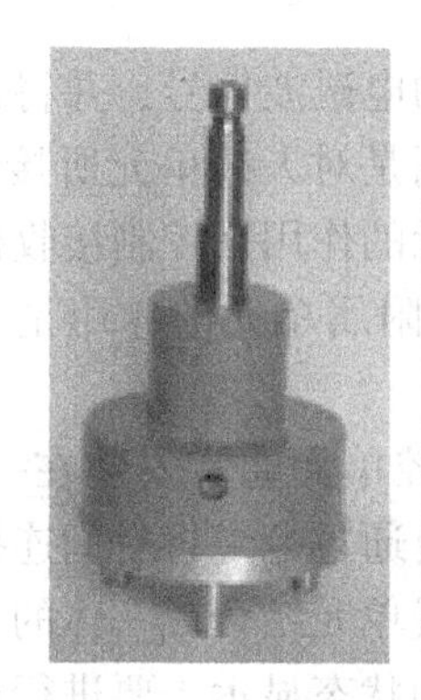

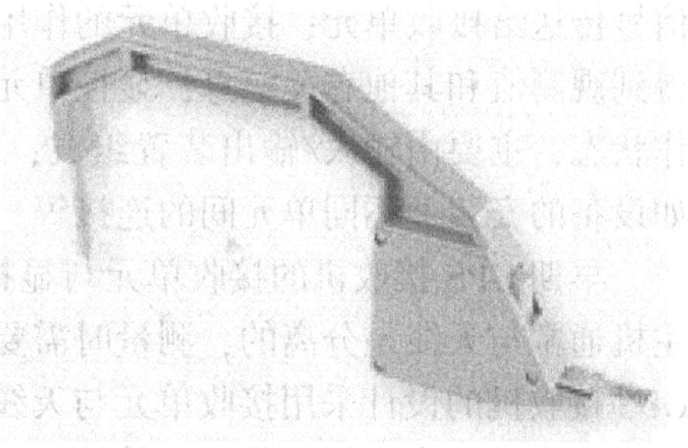

图 3-2 Leica 1230 GPS 接收机及其部分附属设备

2. GPS 接收机的分类

根据功能不同，可将测量型 GPS 接收机分为两大类：

（1）仅可用于后处理测量的接收机，如 Trimble R3；

（2）可用于实时测量的接收机，如 Trimble 5700、Trimble R8、Leica 1230 和 Topcon Hiper Plus 等。

在 GPS 测量中采用的是相对定位模式，需要多台接收机进行同步观测。对于仅可用于后处理测量的接收机来说，同步观测的接收机之间的关系是对等的，没有主次之分。与仅可用于后处理定位的接收机相比，可用于实时测量的接收机在硬件上的主要不同是具有用于实时传送和接收数据的通信设备。对于可用于实时测量的接收机来说，同步观测的接收机被分为基准站和流动站，不过，实际上大多数厂家所生产的此类接收机在硬件上并无差别，接收机在测量时的地位是由仪器设备设置的参数决定的。

3. GPS 接收机的组成单元

测量型 GPS 接收机一般由以下 4 个单元组成（如图 3-3 所示）：（1）天线单元；（2）接收单元；（3）显控单元；（4）附属单元。

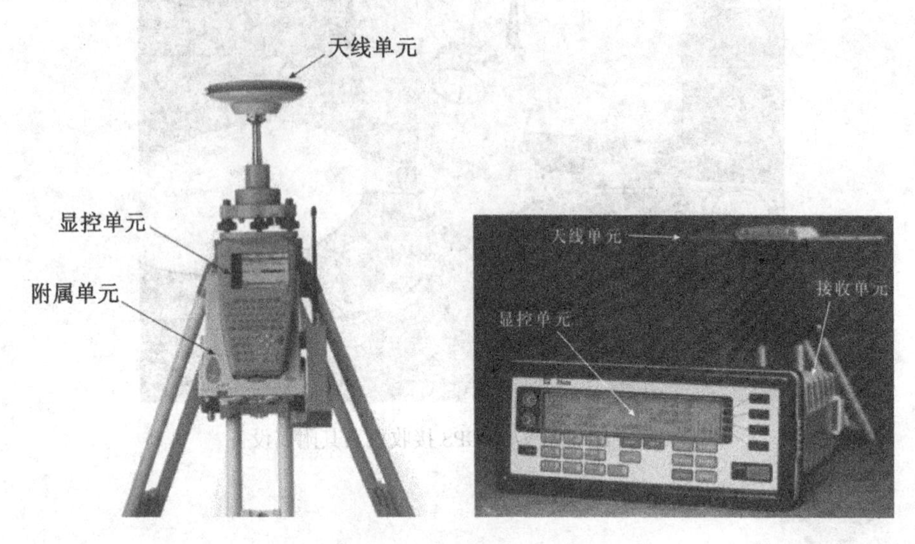

图 3-3　GPS 接收机的组成单元

天线单元的作用是接收卫星发射的电磁波信号，并将接收到的电磁波信号转换为电流信号传送给接收单元；接收单元的作用是对天线单元所接收到的卫星信号进行分析处理，得到观测值和其他有关信息；显控单元的作用是控制接收机的工作方式，显示接收机的工作状态，主要由输入/输出装置组成；附属单元的作用是为接收机的工作提供外围支持，如设备的安装、不同单元间的连接等。

早期 GPS 接收机的接收单元与显控单元通常安装在一个机体上，被统称为主机，但主机通常与天线是分离的，测量时需要通过电缆将它们连接在一起。近年来，许多测量型 GPS 接收机的设计采用接收单元与天线单元结合成一体的方式，而一体机上通常仅有几个按键及指示灯来进行接收机简单控制和状态显示，要进行更复杂的操作，可采用独立配备的显控单元（测量控制器或数据采集器）。

3.2.2　Trimble R3 GPS 接收机

1. 简介

Trimble R3（如图 3-4 所示）是美国 Trimble 公司推出的一种测量型单频 GPS 接收机，由 CF 接口的 GPS 接收机、天线、手持控制器（Recon）和手簿软件（Trimble Digital Fieldbook）等部分构成，该接收机仅可用于后处理测量。

Trimble R3 的显控单元实际上是一台加固型的 PDA，操作系统为 Microsoft Windows Mobile，用于 GPS 测量的软件为运行在此平台上的 Trimble Digital Fieldbook。Trimble R3 的接收单元位于显控单元的上端，通过 CF 接口与显控单元连接在一起。Trimble R3 采用分离式的天线，该天线可通过一根专用天线电缆与接收单元相连接。

2. 静态测量操作流程

使用 Trimble R3 进行静态测量的步骤如下：

图 3-4　Trimble R3 GPS 接收机

（1）将天线电缆的一端连接到接收机顶部的接头，另一端连接到天线上（如图 3-5 所示）；

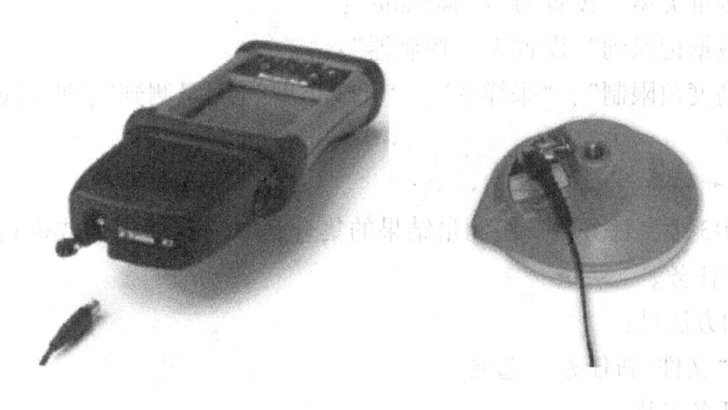

图 3-5　Trimble R3 的天线连接

（2）将天线安装到三脚架上；

（3）量取天线高。用量高尺由标石中心量至天线凹口的顶部（如图 3-6 所示）即为所需量取的天线高；

（4）打开手簿电源；

（5）启动 Trimble Digital Fieldbook；

（6）设置测量形式（可选）；

（7）创建或打开任务；

（8）开始测量；

（9）停止测量。

图 3-6　Trimble R3 的天线高量取

3. 设置测量形式

测量形式是控制 GPS 接收机在测量时的工作方式的一系列设置，Trimble R3 设置静态测量形式的步骤为：

（1）选择“配置/测量形式/快速静态/基准站”选项；

（2）将“测量类型”设置为“FastStatic”；

（3）将“数据记录到”设置为“控制器”；

（4）将“高度角限制”、“采样率”、“天线类型”、“量测到”(即天线高的测量方法)设置为适当的值。

4. 创建/打开任务

在 Trimble R3 中，任务是一组测量结果的集合，在测量任何点或进行任何计算之前，要先创建或打开任务。

创建任务的方法是：

（1）选择“文件/新任务”选项；

（2）输入任务名称；

（3）对于静态测量，任务的其他设置可采用系统默认值；

（4）选择“接受”保存任务。

打开任务的方法是：

（1）选择“文件/打开任务”选项；

（2）选择所需打开的任务。

5. 静态测量

采用 Trimble R3 进行静态测量的方法是：

（1）选择“测量/快速静态/启动基准站接收机/开始测量”；

（2）设置点名、天线类型、量高方法，输入天线高；

（3）选择“开始”，开始进行观测；

（4）完成观测后，选择“结束”停止观测。

3.2.3 Trimble R8 GNSS 接收机

1. 简介

Trimble R8 GNSS 接收机是美国 Trimble 公司推出的一款多功能 GNSS 接收机，能够观测 GPS 和 GLONASS 卫星信号，可用于后处理测量和实时测量。

Trimble R8 采用一体化设计，接收单元、天线单元以及 RTK 电台集成在一个机体内构成接收机的主机（如图 3-7 所示），通过主机上的按钮和指示灯就可以对接收机进行简单的控制并了解接收机的基本工作状态，若要对接收机进行更详细的控制可通过控制器（如 TSCe 手簿，如图 3-8 所示）来进行控制。

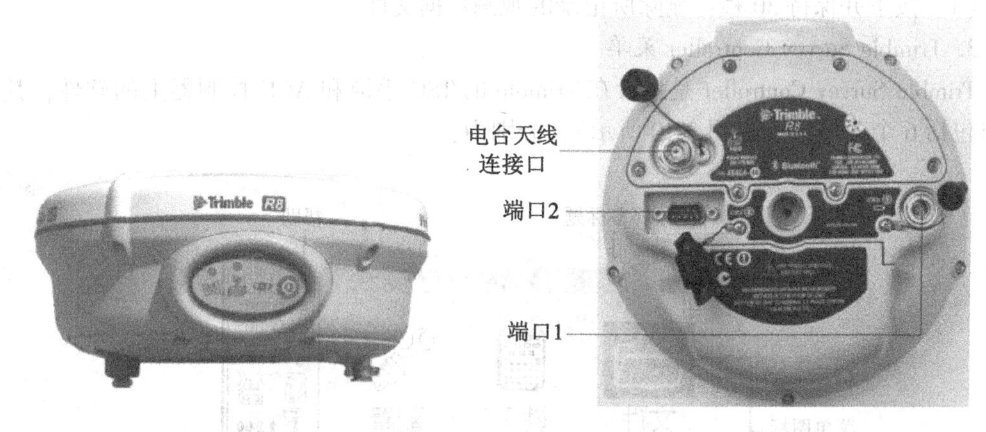

图 3-7 Trimble R8 前面板和下罩

图 3-8 Trimble 的 TSCe 手簿

2. 主机按键

Trimble R8 的主机上只有 1 个电源按钮和 3 个指示灯（如图 3-9 所示）。电源按钮可用于开、关机，另外，当按下电源按钮并保持长度不等的时间时，还可执行一些特殊操作。

（1）按下：开机。

（2）按下并保持 2 秒：关机。

（3）按下并保持 15 秒：删除机内所存储的卫星星历文件，并将接收机重设到出厂缺省设置状态。

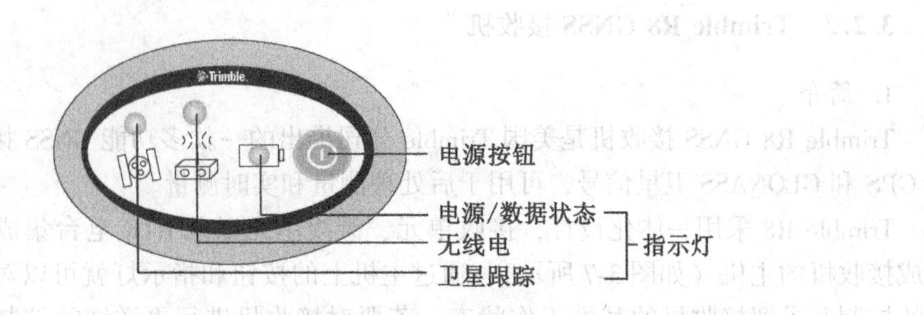

图 3-9　Trimble R8 接收机前面板控制及指示灯

(4) 按下并保持 30 秒：删除所记录的观测数据文件。

3. Trimble Survey Controller 菜单

Trimble Survey Controller 是运行在 Trimble 的 TSC 手簿和 ACU 控制器上的软件，其主窗口包括 6 个菜单项（如图 3-10 所示），分别为：

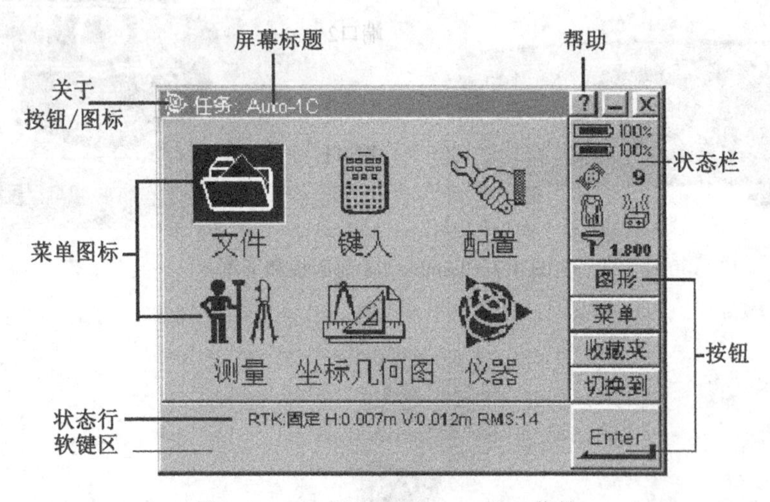

图 3-10　Trimble Survey Controller 菜单

文件：新建任务，检查修改当前任务参数以及删除无用的任务。

键入：输入待放样的点、直线、曲线和道路等。

配置：软件设置，仪器参数的设置和修改，包括语言选择、基准站和流动站的参数设置、接收机内部无线电频点的修改，Bluetooth（蓝牙）设备的连接等。

测量：测量与放样。

坐标几何图：测量工作中常用的反算、交会等计算工具。

仪器：显示 GPS 接收机收星的状况，接收机的文件和状态等信息。

4. 静态测量操作流程

使用 Trimble R8 进行静态测量有两种方式：

(1) 在外部控制器（如 TSCe 手簿）的控制下进行静态测量，此种方式静态测量的操作流程与 Trimble R3 基本相同；

(2) 仅使用主机进行静态测量，要采用此种方式进行静态测量，必须事先用 Trimble

公司的 Configuration Toolbox 软件对接收机进行设置（见下节），接下来的操作过程非常简单，就是在架设好仪器后按下电源按钮开始测量，完成测量后按下电源按钮并保持 2 秒关机。

5. 静态测量参数设置

若要在不采用外部控制器的条件下采用 Trimble R8 进行静态测量，需事先采用 Trimble 公司的 Configuration Toolbox 软件对接收机进行相关设置，以实现接收机开机观测并自动记录数据。具体步骤为：

（1）用串口线将接收机 COM2 端口与计算机的串口（如 COM1）相连；

（2）启动 Configuration Toolbox 软件，点击“Communications”（通信）菜单，选择与接收机连接的计算机通信端口（如图 3-11 所示）；

（3）点击“Communications”（通信）菜单，选择“Get File”（获取文件），获取配置文件列表，通常会出现 DEFUALTS（出厂配置）、CURRENT（当前有效配置）和 POWER_UP（开机自动配置）这三个文件，选择 CURRENT，点击“Get File”（获取文件）按钮（如图 3-12 所示）；

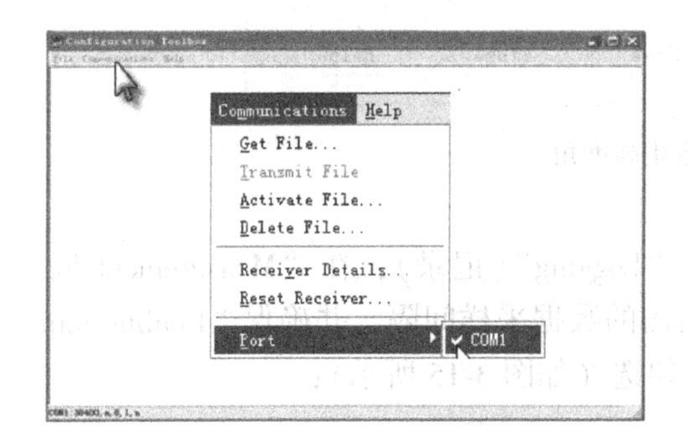

图 3-11　选择计算机串口

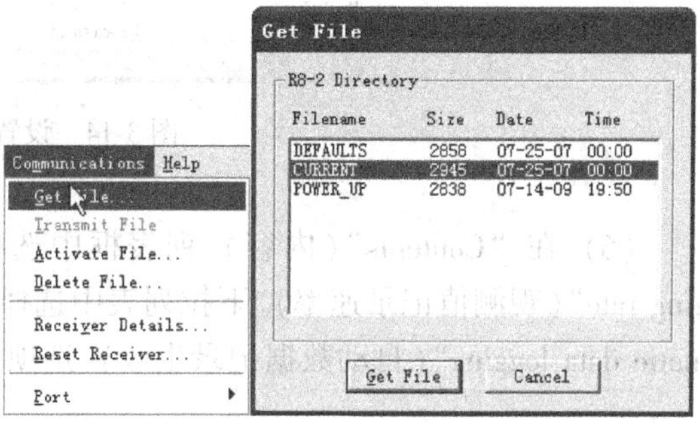

图 3-12　获取配置文件

（4）在“Contents”（内容）列表框中选择“File”（文件），将“Stored in receive”（接收机中所保存的）中的“As auto power up file”（作为自启动文件）选项勾选，这可以使接收机每次开机即载入此配置文件（如图 3-13 所示）；

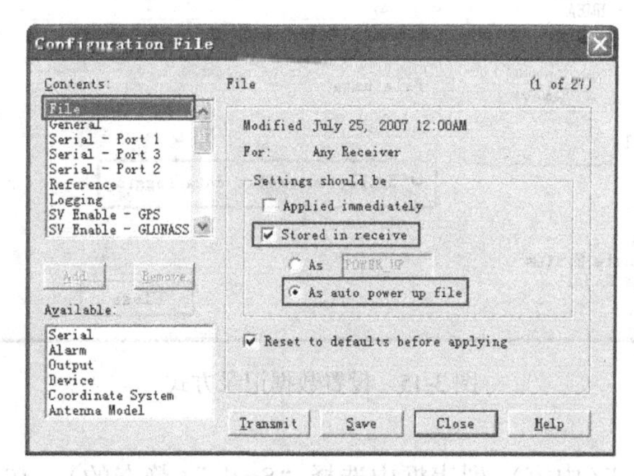

图 3-13　设置启动文件

（5）在“Contents”（内容）列表框中选择“General”（常规），在“Elevation mask”（截止高度角）一栏设置好卫星截止高度角（如图 3-14 所示）；

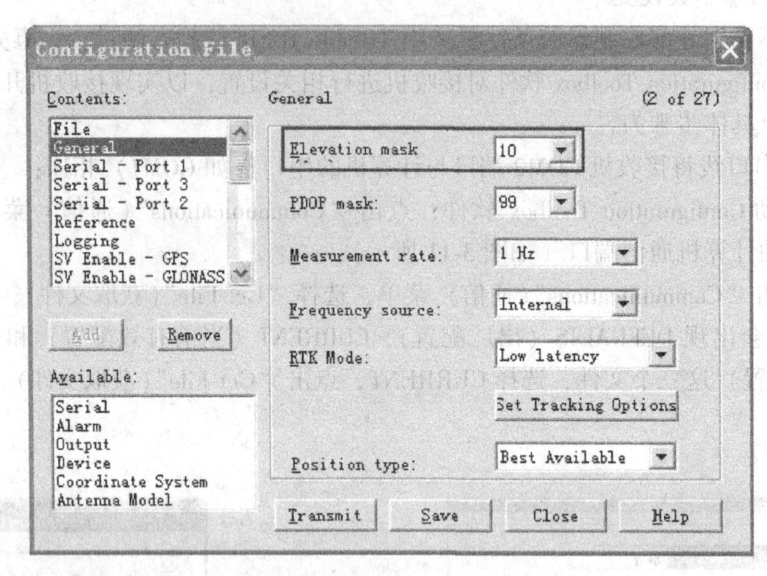

图 3-14　设置截止高度角

（6）在“Contents”（内容）列表框中选择“Logging”（记录），在“Measurement logging rate”（观测值记录速率）下拉列表中选择所需的数据采样间隔，并确保“Enable automatic data logging”（自动数据记录生效）选项被勾选（如图 3-15 所示）；

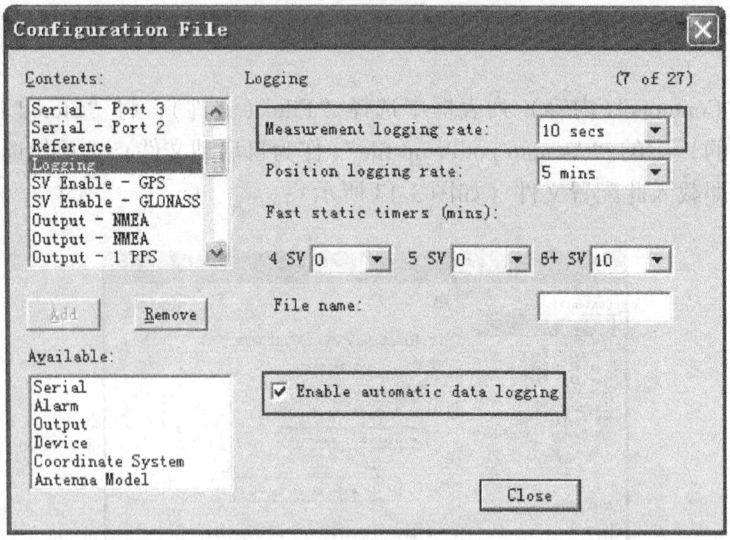

图 3-15　设置数据记录方式

（7）在“Contents”（内容）列表框中选择“Static”（静态的），在“Static Mode”（静态模式）中选择“Static”（静态的）（如图 3-16 所示）；

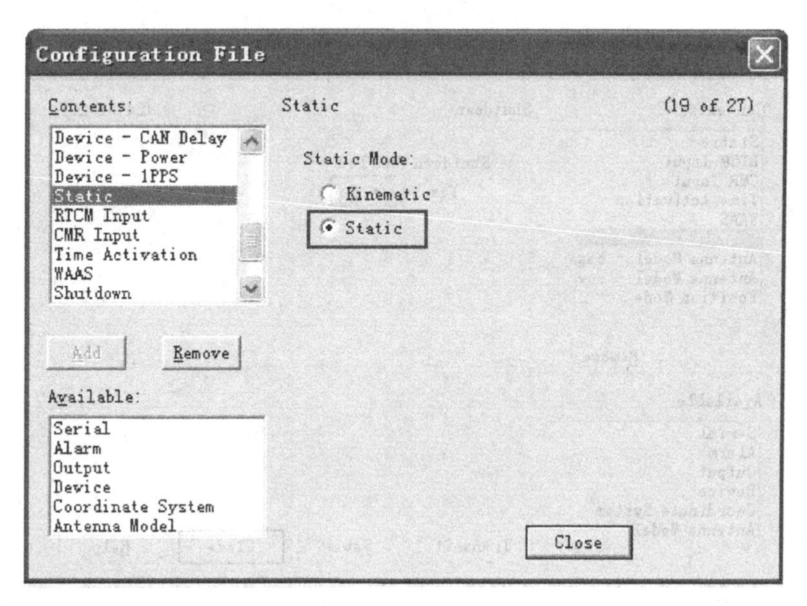

图 3-16　设置静态模式

（8）在“Contents”（内容）列表框中选择“Time Activation”（定时激活），将“Time Activation Enabled”（定时激活生效）设置为“No”（否），关闭定时激活（如图 3-17 所示）；

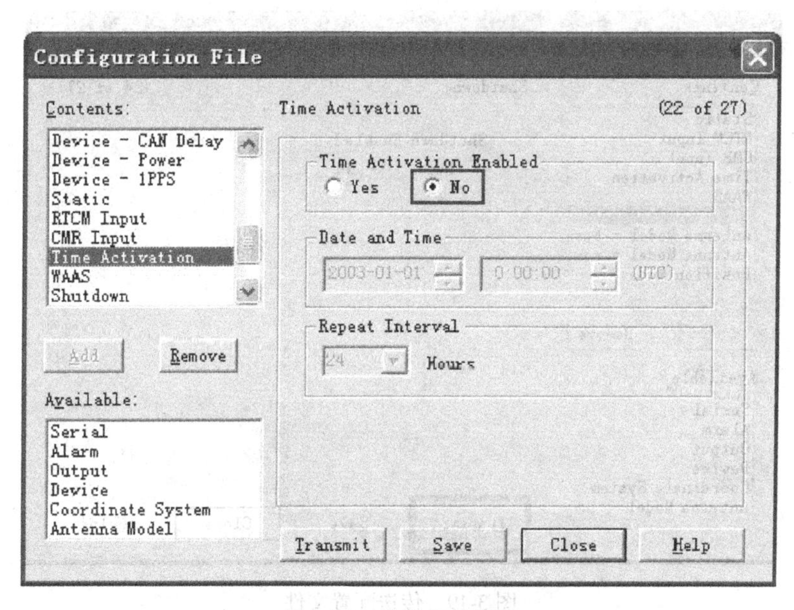

图 3-17　关闭定时激活

（9）在“Contents”（内容）列表框中选择“Shutdown”（关机），将“Shutdown Enabled”（关机生效）选择为“No”（否），关闭自动关机（如图 3-18 所示）；

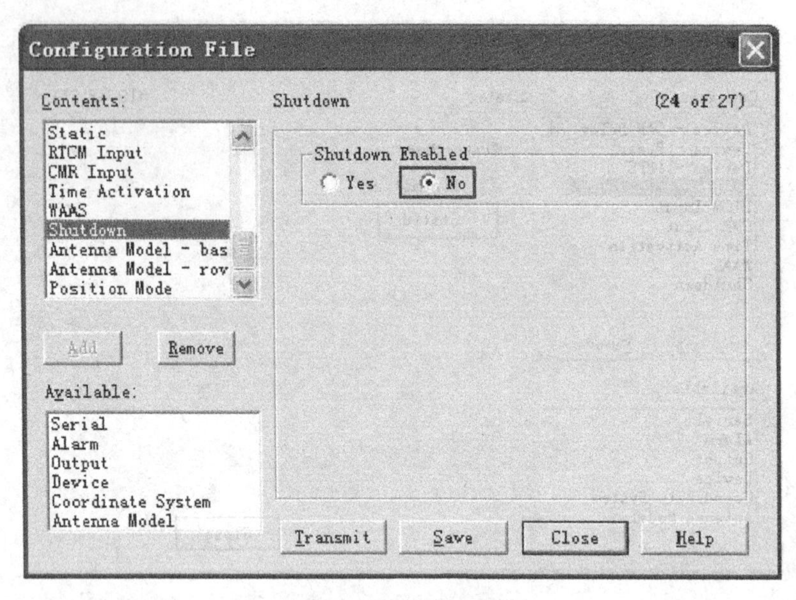

图 3-18　关闭自动关机

（10）以上设置完成后，点击对话框左下角的“Transmit”（传送）按钮，将配置文件传送至接收机（如图 3-19 所示）；

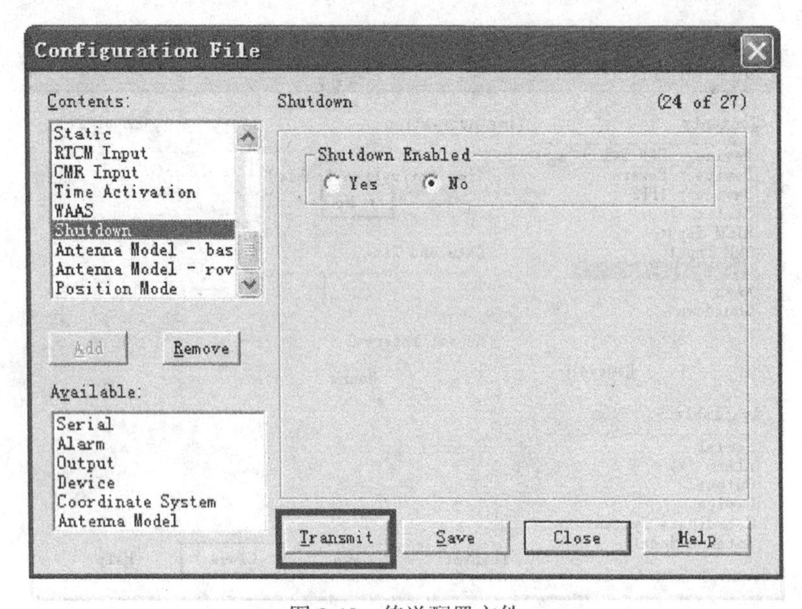

图 3-19　传送配置文件

此时会出现是否覆盖已存在的自动开机配置文件的提示，点击“是”按钮（如图 3-20所示），稍等片刻，会出现如图 3-21 所示的提示，表明配置文件已经传送至接收机。

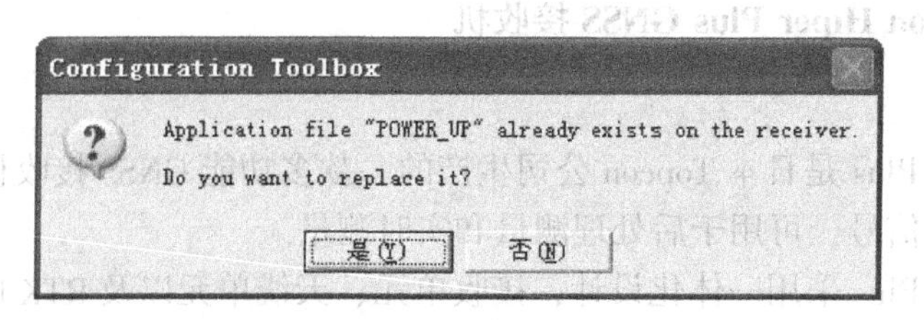

图 3-20　文件覆盖提示

图 3-21　配置文件传送完成

（11）回到程序主界面，点击"Communications"(通信）菜单，选择"Activate File"(激活文件)，从列表中选中"POWER_UP"，并点击下方的"Activate File"(激活文件）按钮（如图 3-22 所示)；

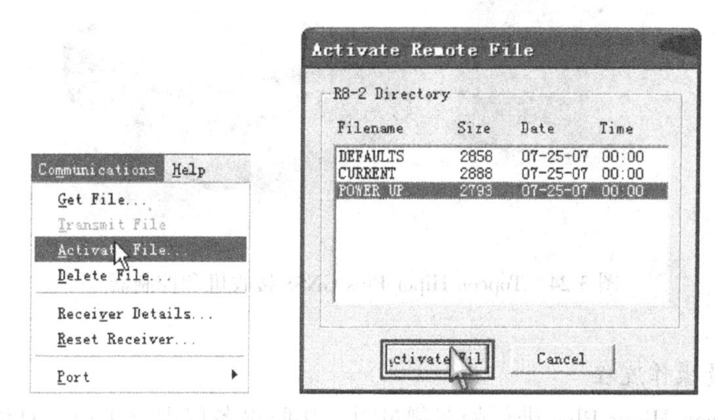

图 3-22　激活配置文件

最终出现激活成功的提示，表明开机自动记录数据的配置已经激活（如图 3-23 所示)。

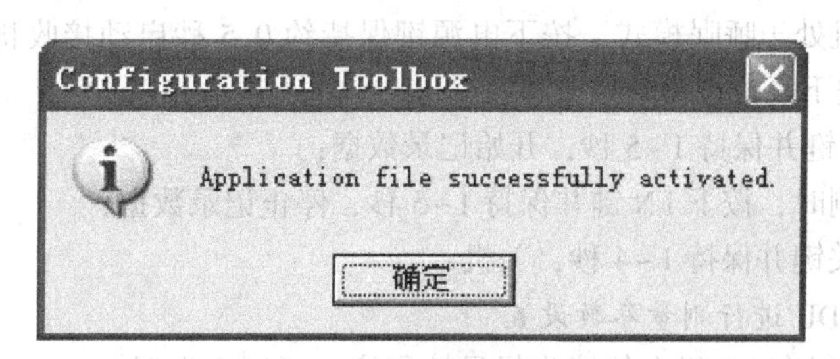

图 3-23　成功激活配置文件

3.2.4 Topcon Hiper Plus GNSS 接收机

1. 简介

Topcon Hiper Plus 是日本 Topcon 公司生产的一款多功能 GNSS 接收机，能够观测 GPS 和 GLONASS 卫星信号，可用于后处理测量和实时测量。

Topcon Hiper Plus 采用一体化设计，接收单元、天线单元以及 RTK 电台集成在一个机体内形成接收机的主机（如图 3-24 右图所示），通过主机上的按钮和指示灯就可以对接收机进行简单的控制并了解接收机的基本工作状态。若要对接收机进行更详细的控制可通过控制器（如 Topcon FC-2000，如图 3-24 左图所示）来进行控制。

图 3-24 Topcon Hiper Plus GNSS 接收机和控制器

2. 静态测量操作流程

在采用 Topcon Hiper Plus 进行静态测量时，接收设备仅需要主机，具体操作步骤为：

（1）在室内用 PC-CDU 软件对 Topcon Hiper Plus 的测量参数进行设置（可选）；

（2）将 Topcon Hiper Plus 安装到三脚架上；

（3）量取天线高（用量高尺由标石中心量至主机外壳上斜高量测标志处）；

（4）若接收机处于睡眠模式，按下电源键保持约 0.5 秒启动接收机，若接收机处于零功率模式，则按下复位键启动接收机；

（5）按下 FN 键并保持 1~5 秒，开始记录数据；

（6）结束观测时，按下 FN 键并保持 1~5 秒，停止记录数据；

（7）按下开关键并保持 1~4 秒，关机。

3. 利用 PC-CDU 进行测量参数设置

PC-CDU 是运行在 PC 机上的接收机显控程序，可用于设置 Topcon Hiper Plus 接收机的测量参数。

利用 PC-CDU 设置静态测量参数的方法为：

（1）将接收机与计算机相连接，启动接收机和 PC-CDU；

（2）将“端口”和“Baud rate”（波特率）设置为合适的值，选择“连接”，将 PC-CDU与接收机连接（如图 3-25 所示）；

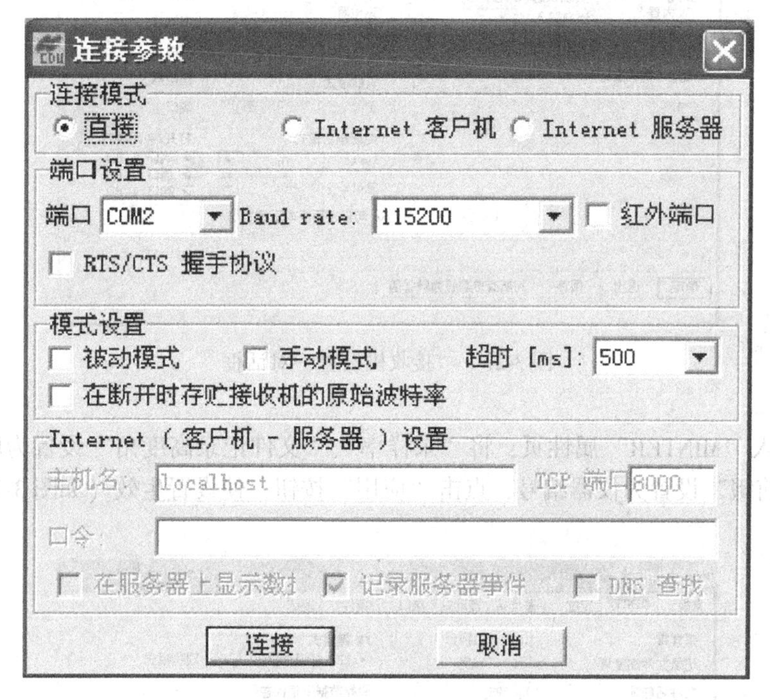

图 3-25　PC-CDU 连接接收机

（3）PC-CDU 与接收机成功连接后将出现 PC-CDU 的主窗口（如图 3-26 所示）；

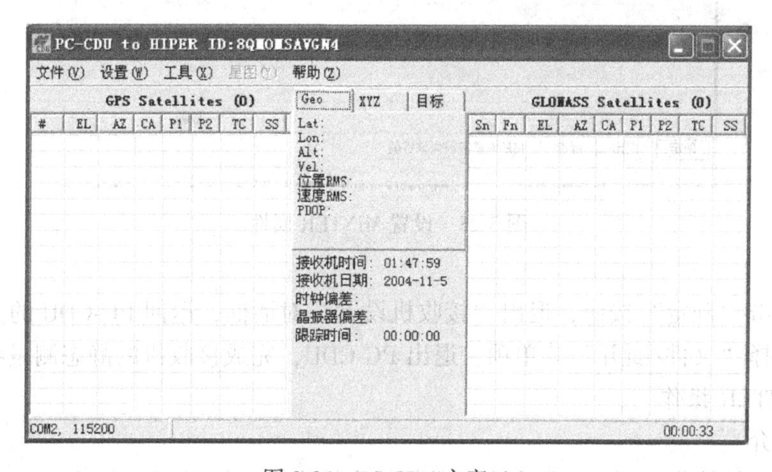

图 3-26　PC-CDU 主窗口

（4）选择“设置/接收机”菜单项，出现“接收机设置”对话框（如图 3-27 所示）；

（5）点击“将所有参数设为缺省值”按钮，将所有参数恢复为默认值；

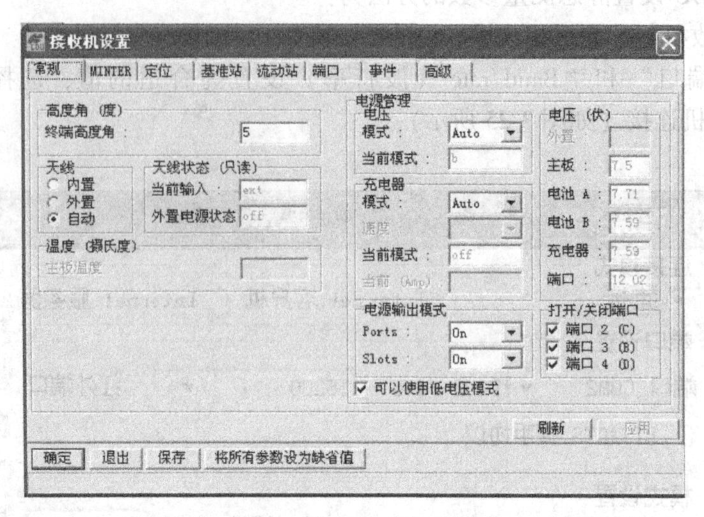

图 3-27 “接收机设置”对话框

（6）进入“MINTER”属性页，将“采样率”、“文件记录高度角”设置为所要求的值，将“文件名前缀”设置为仪器编号，点击“应用”按钮，使设置生效（如图 3-28 所示）；

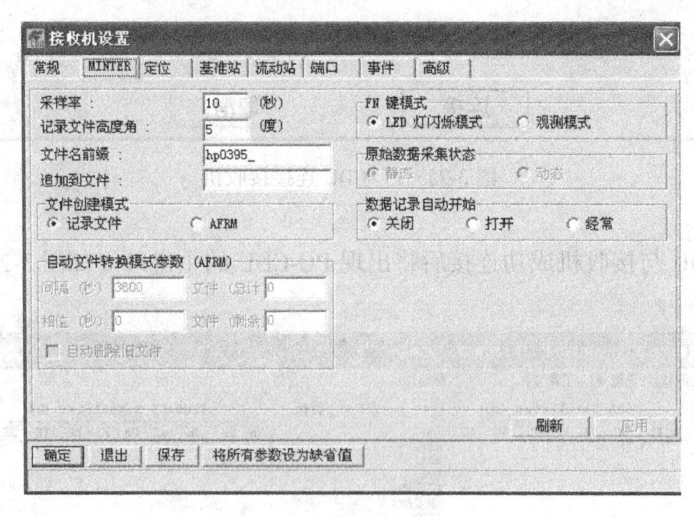

图 3-28 设置 MINTER 属性

（7）点击“确定”按钮，退出“接收机设置”对话框，返回 PC-CDU 的主窗口；

（8）选择“文件/断开”菜单项，退出 PC-CDU，完成接收机的静态测量参数设置。

4. MINITER 操作

（1）简介

MINITER 是接收机用于显示和控制数据输入输出的最简界面，Topcon Hiper Plus 接收机的 MINITER 包括 3 个按键和 4 个指示灯（如图 3-29 所示），每个灯都有红绿橙三种颜色显示，按键都有抗卡键功能，即当按键时间过长时，接收机将不作任何反应。通过上述按键和指示灯可以实现对接收机的控制，并能了解接收机的工作状态及接收机的操作情

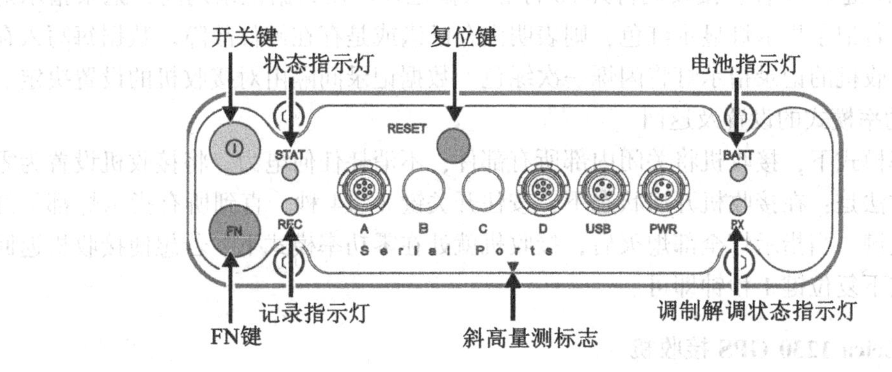

图 3-29 Topcon Hiper Plus 接收机的 MINITER

况，具体功能包括：

①打开/关闭接收机，使接收机进入睡眠模式或零功率模式（开关键）；

②开始/停止数据记录（FN 键）；

③修改接收机的信息模式；

④显示正在跟踪的 GPS（绿色）和 GLONASS（橙色）卫星数（状态指示灯）；

⑤显示数据记录状态（记录指示灯）；

⑥显示每次数据记录（记录指示灯）；

⑦显示当在利用 FN 键进行后处理动态测量时后处理模式（静态或动态）的状态（记录指示灯）；

⑧显示电池的状态（电池指示灯）；

⑨显示调制解调器的状态及其是否接收信号（调制解调器状态指示灯）；

⑩将接收机从零功率模式唤醒（复位键）。

（2）开机/关机

按住开关键约 0.5 秒，直到指示灯开始闪烁，即可打开接收机；若要关闭接收机，则需要按住开关键 1~4 秒，直到所有的指示灯熄灭。

（3）设置接收机为睡眠模式

当接收机进入睡眠模式时，在 RS-232 串口上的任何动作都将唤醒接收机。设置接收机进入睡眠模式的方法是：在接收机为开启的状态下，按住开关键 4~8 秒，此时状态指示灯将变为黄色，然后放开开关键，接收机即可进入睡眠模式。

（4）状态指示灯

当接收机开机时，如果没有跟踪到卫星，状态指示灯将闪烁红色。跟踪到卫星后，状态指示灯闪烁的次数将表示跟踪到的卫星数（绿色闪烁次数表示跟踪到的 GPS 卫星数，橙色闪烁次数表示跟踪到的 GLONASS 卫星数），若没有能量水平高于 48dB · Hz 的卫星信号，则状态指示灯将闪烁红色。

（5）FN 键和记录指示灯

①按住 FN 键并保持不超过 1 秒，接收机将根据内部设置，在不同的信息模式（正常模式和扩展信息模式）或是在静态模式和动态后处理模式间切换，记录指示灯将显示黄色。

②按住 FN 键 1~5 秒，接收机将开始/停止数据记录。在数据记录期间，记录指示灯显示为绿色，若记录指示灯显示红色，则表明内存已满或是存在硬件故障。数据每写入存储器一次，接收机的记录指示灯将闪烁一次绿色。数据记录间隔由对接收机的设置决定。

（6）零功率模式的设置及返回

在零功率模式下，接收机将关闭内部所有部件，不消耗任何电力。将接收机设置为零功率模式的方法是：在接收机开启状态下，按住开关键 8~14 秒，直到所有指示灯都呈红色时松开开关键，当指示灯全部熄灭后，接收机就处在零功率模式下。若想使接收机返回正常模式，按下复位键 1 秒钟即可。

3.2.5 Leica 1230 GPS 接收机

Leica 1230 GPS 接收机是瑞士 Leica 公司生产的一款多功能 GPS 接收机，可用于后处理测量和实时测量。Leica 1230 采用的是分体式设计，接收单元、显控单元、天线单元以及 RTK 电台均为独立的组件（如图 3-30 和图 3-31 所示）。

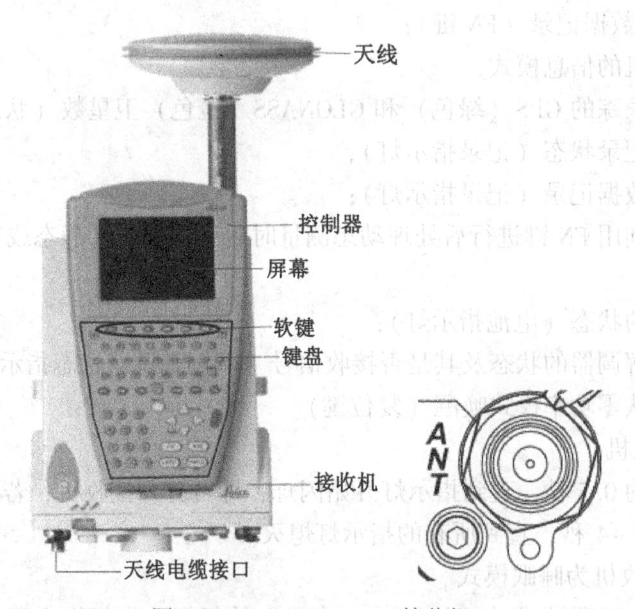

图 3-30 Leica 1230 GPS 接收机

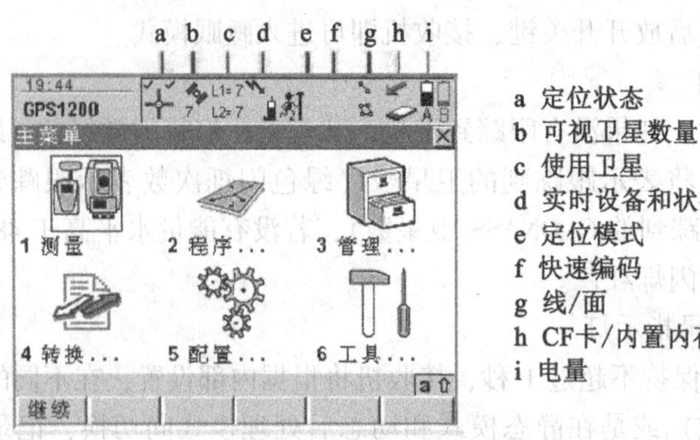

图 3-31 Leica 1230 控制器主界面

1. 静态测量操作流程

使用 Leica 1230 进行静态测量的步骤为：

（1）架设仪器；

（2）建立配置集；

（3）开始测量；

（4）结束测量。

2. 架设仪器

将基座对中整平，用天线电缆将天线和接收机相连，并将天线定向标志指北。如果天线置于三脚架上，则用 Leica 的专用卡尺测量天线高（如图 3-32 左图所示）；如果天线安置在观测墩上，可以使用尺测量至天线参考点（天线座底部，如图 3-32 右图所示）。无论何种方法，均将读数 b 和测量方法（量到哪里）记录在外业观测手簿上（如图 3-32 所示）。

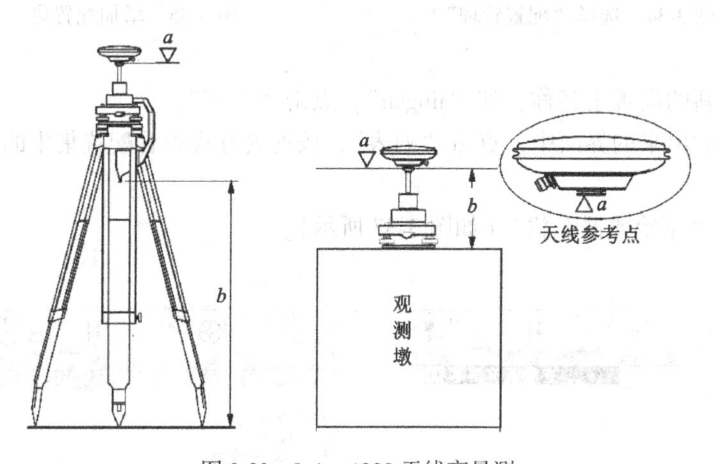

图 3-32　Leica 1230 天线高量测

3. 建立/检查配置集

这一步的主要作用是设置或检查静态观测的参数，包括采样率和卫星截止高度角等内容。

（1）在主菜单中选择“3 管理模块”(若触摸屏功能关闭，则通过控制器上的光标键移动，在被选中的项目的周围会出现一个方框；或按对应的数字键如 3 也可选中，下同)，点击“继续”(若关闭触摸屏功能，则通过按控制器上对应的软键实现，下同)，如图 3-33 所示。

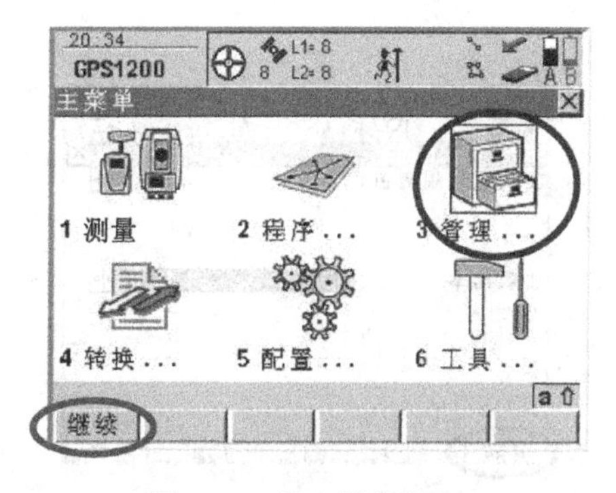

图 3-33　进入管理模块

（2）选择“5 配置管理”，点击“继续”(如图 3-34 所示)。

（3）选择“PP Static（5 sec）”，点击“增加”，新建一个静态配置集（如图 3-35 所示)。

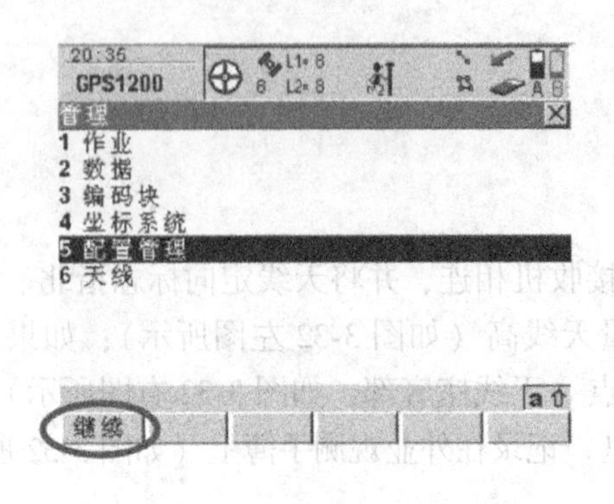

图 3-34　选择“配置管理”

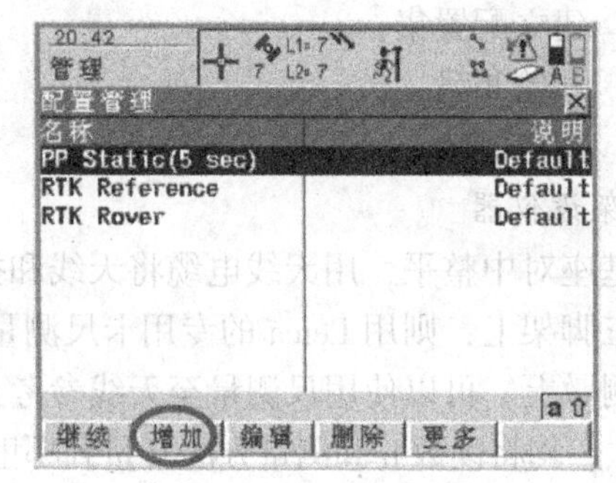

图 3-35　增加配置集

（4）输入新的配置集名称，如“jingtai”，点击“保存”。

（5）在随后出来的界面中，点击“列表”，按列表方式查看配置集中的各项设置（如图 3-36 所示)。

（6）选择“原始数据上载”（如图 3-37 所示)。

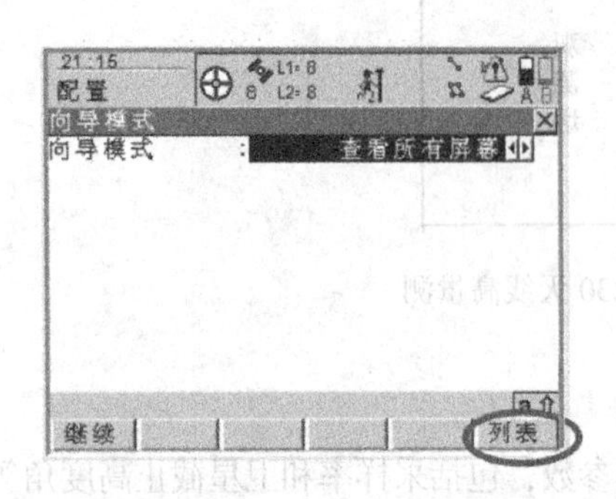

图 3-36　选择配置集列表

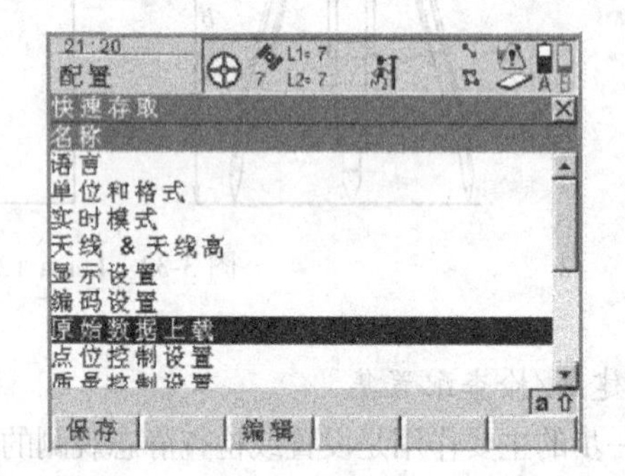

图 3-37　进入原始数据上载设置

（7）将光标移至“加载比率”，按“ENTER”键，从下拉列表中选择需要的采样率，点击“继续”(见图 3-38)。

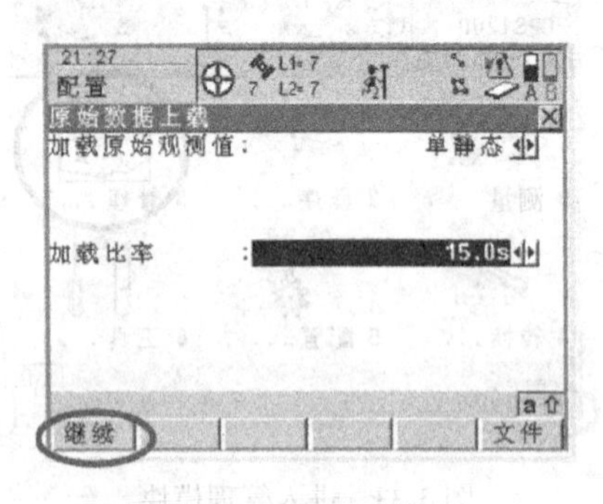

图 3-38　设置采样率

这时界面返回到配置管理列表，选择“点位控制设置”(如图 3-39 所示)。

将“自动复制”和“自动停止”设置为“否”，“自动存储”设置为“是”，“测量结束”设置为“手动”，再点击“继续”(如图 3-40 所示)。

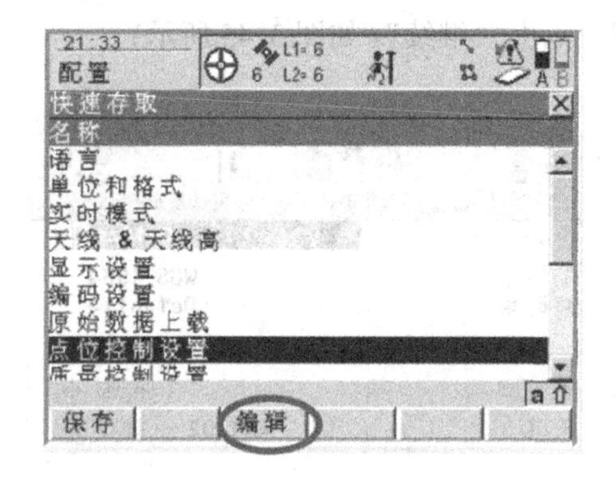

图 3-39　进入点位控制设置

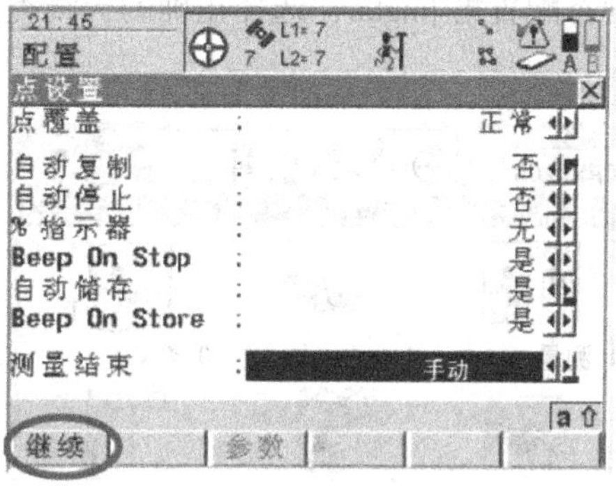

图 3-40　点位控制设置

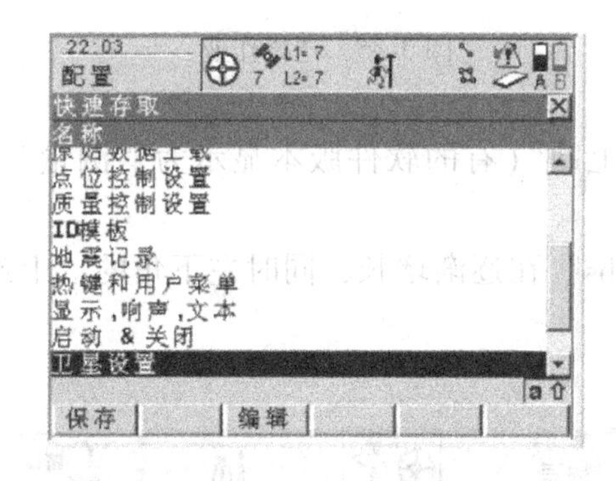

图 3-41　进入卫星设置

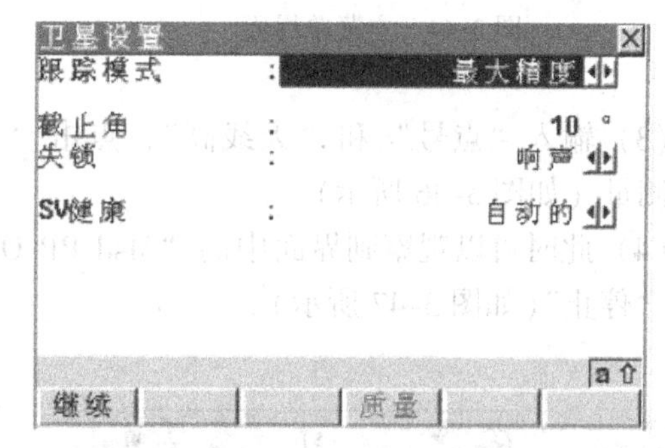

图 3-42　卫星设置

这时将自动返回到配置管理列表，从中选择“卫星设置”(如图 3-41 所示)。将“跟踪模式”设置为“最大精度”，在“截止角”一栏中，输入卫星高度角（一般不应大于 15°)，如图 3-42 所示。

(8) 点击“保存”返回主菜单，完成静态测量的设置（如图 3-43 所示)。

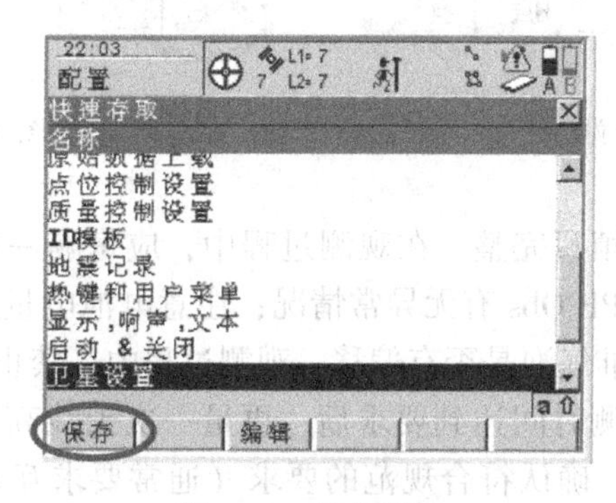

图 3-43　保存设置

4. 静态测量

(1) 开机，进入主菜单界面，选“1测量”，点击“继续”(如图3-44所示)。

(2) 在“作业”栏，按“ENTER”键，选择或新建作业（建议用日期加测量人员姓名的拼音简写作为作业名，如4月18日张三测量，则可输入0418zs)，选择第一步中建立好的静态配置集jingtai，选择正确的天线类型，点击“继续”(如图3-45所示)。

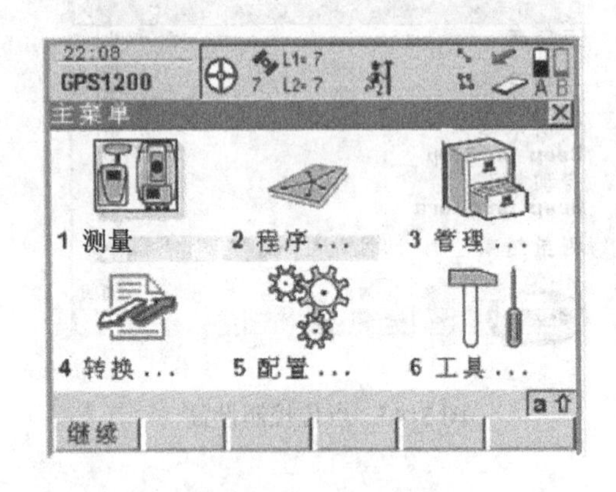

图3-44 主菜单界面

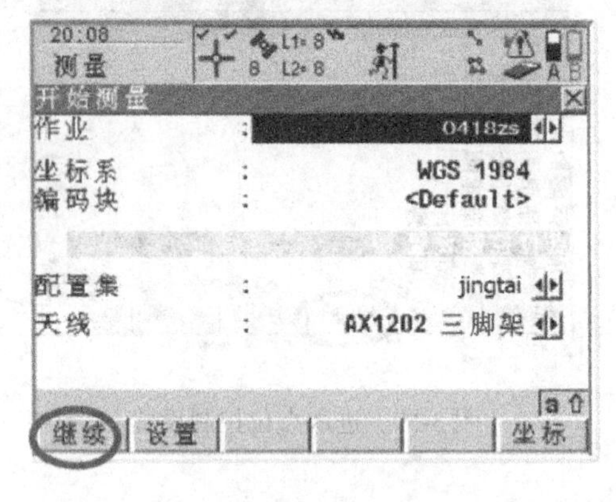

图3-45 选择作业

(3) 输入“点号”和“天线高”，点击“上站”(有的软件版本显示为“测量”)，开始测量（如图3-46所示)。

(4) 此时可以观察到界面中的“Msd PP Obs”在逐渐增长，同时左下角的“上站”变为“停止”(如图3-47所示)。

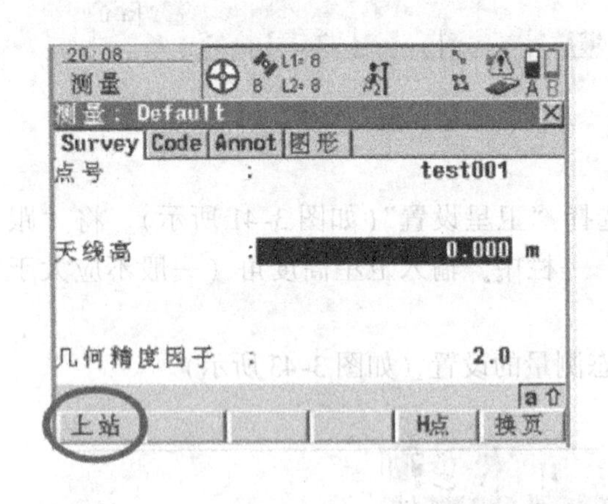

图3-46 上站

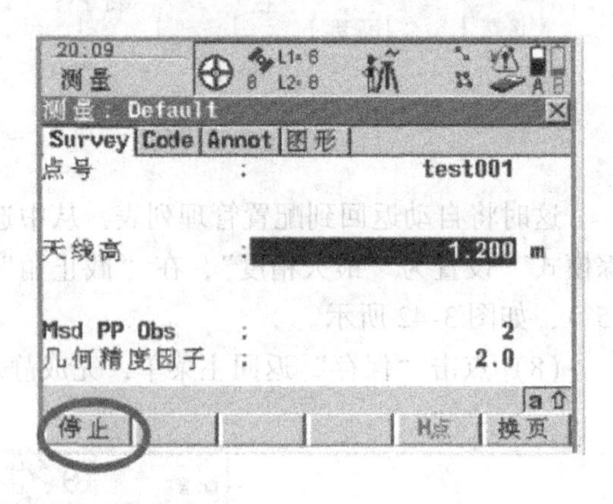

图3-47 停止

(5) 将观测记录各项填写完整。在观测过程中，应每隔一定时间检查一下控制器界面，观察卫星个数和Msd PP Obs有无异常情况；注意电池电量是否够用，并适时更换电池；经常检查对中器和水准气泡是否有偏移。观测过程中，禁止移动接收机天线。

(6) 当一切正常且观测时间达到要求后，再量一次天线高，将结果记录在观测手簿上，并与测前天线高比较，确认符合规范的要求（通常要求互差小于3mm）后取测前测后的平均值作为最终天线高（否则应查明原因，并记录），点击“停止”按钮，此时由于前面设置了自动保存，数据已被自动保存。

（7）退出。保存后按 ESC 键退出或按 SHIFT+F6 退出。

（8）回到主界面。同时点击键盘上的USER和PROG键关机。

至此，完成一个时段的外业观测。

第4章　GPS数据处理软件的操作

4.1　实习纲要

4.1.1　目的

了解GPS数据处理软件的基本功能，掌握基本操作方法。

4.1.2　内容

学习使用GPS数据处理软件完成下列工作：

（1）创建项目；

（2）设置坐标系；

（3）GPS基线解算；

（4）GPS网平差。

4.1.3　安排

性质：基础。

方式：教师讲解示范与学生个人练习。

时间：4个学时。

4.1.4　条件

场所：计算机房。

硬件：计算机。

软件：Trimble Geomatics Office。

其他：GPS样本数据。

4.1.5　成果

无。

4.2　实习指南

4.2.1　GPS数据处理软件的功能

GPS数据处理软件在GPS测量中占有重要的地位，其处理能力的高低直接影响到

GPS 测量成果的质量。GPS 数据处理软件的主要功能有两个：

（1）GPS 基线解算。对接收机在野外采集的同步观测数据进行处理，确定出同步观测接收机间的基线向量。

（2）GPS 网平差。利用基线解算得到的基线向量构成 GPS 网，对 GPS 网进行处理，确定构成 GPS 网的点的坐标。

另外，数据处理软件还提供一些辅助功能，包括质量控制、坐标转换、成果报表输出等。

4.2.2 TGO 简介

TGO（Trimble Geomatics Office）是美国 Trimble 公司为其公司的测量型 GPS 接收机提供的配套的数据处理软件，除了 GPS 数据外，TGO 还可以处理其他一些类型的数据，包括常规光学仪器、水准仪和激光测距仪的数据。TGO 的主要功能是：（1）测量项目管理；（2）测量数据导入和导出；（3）GPS 基线处理；（4）测量控制网平差；（5）数据的质量保证和质量控制（QA/QC）；（6）道路设计数据的导入和导出；（7）GPS 和常规的地形测量数据处理；（8）数字地面模型和等高线生成；（9）数据转化和投影；（10）GPS 数据获取和导出；（11）要素编码；（12）项目报告创建。

在本章中将主要介绍 TGO 用于 GPS 静态测量数据处理方面的内容。

4.2.3 TGO GPS 静态数据处理流程

图 4-1 给出了 TGO 进行 GPS 静态数据处理的流程。

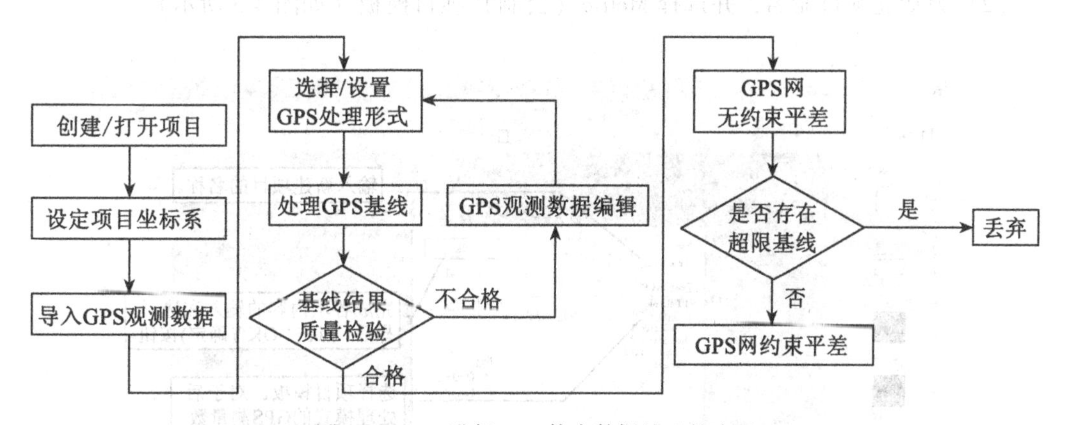

图 4-1　TGO 进行 GPS 静态数据处理的流程

4.2.4 TGO 软件使用

1. 创建项目

项目（Project）是 TGO 用于数据管理的单位，TGO 进行的处理都是针对归属于某一项目下的数据，创建项目是利用 TGO 进行数据处理的第一步。创建项目的方法为：

（1）选择“File/New Project”（文件/新建项目）菜单项，进行新项目创建（如图 4-2 所示）。

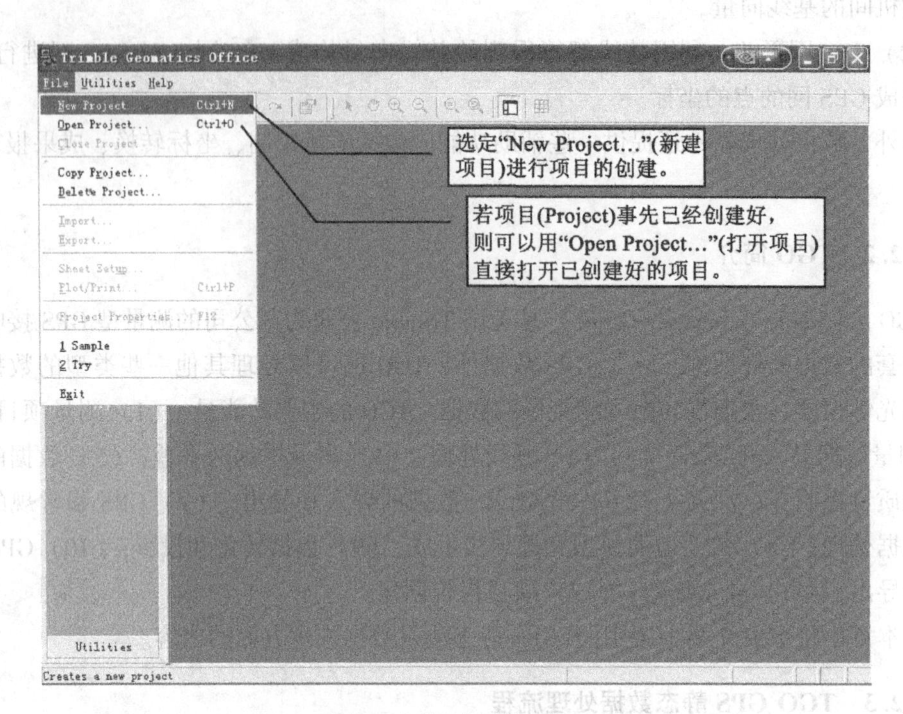

图 4-2 进行新项目创建

（2）为新建项目命名，并选择 Metric（公制）项目模板（如图 4-3 所示）。

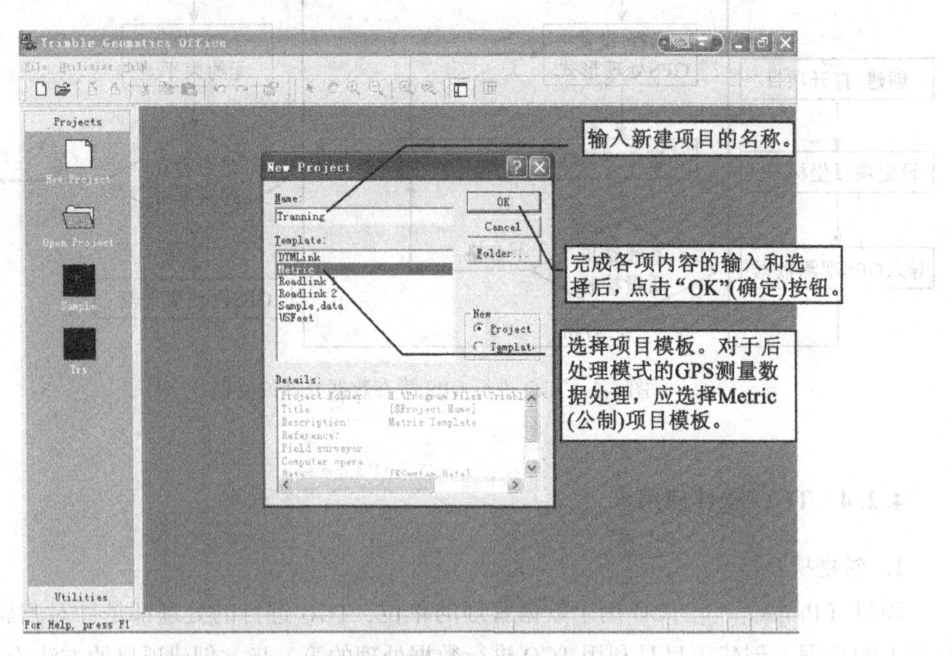

图 4-3 输入项目名称并选择项目模板

（3）设置项目的属性，通常情况下仅需要进行坐标系设置，其他属性可采用缺省值（所图 4-4 所示）。

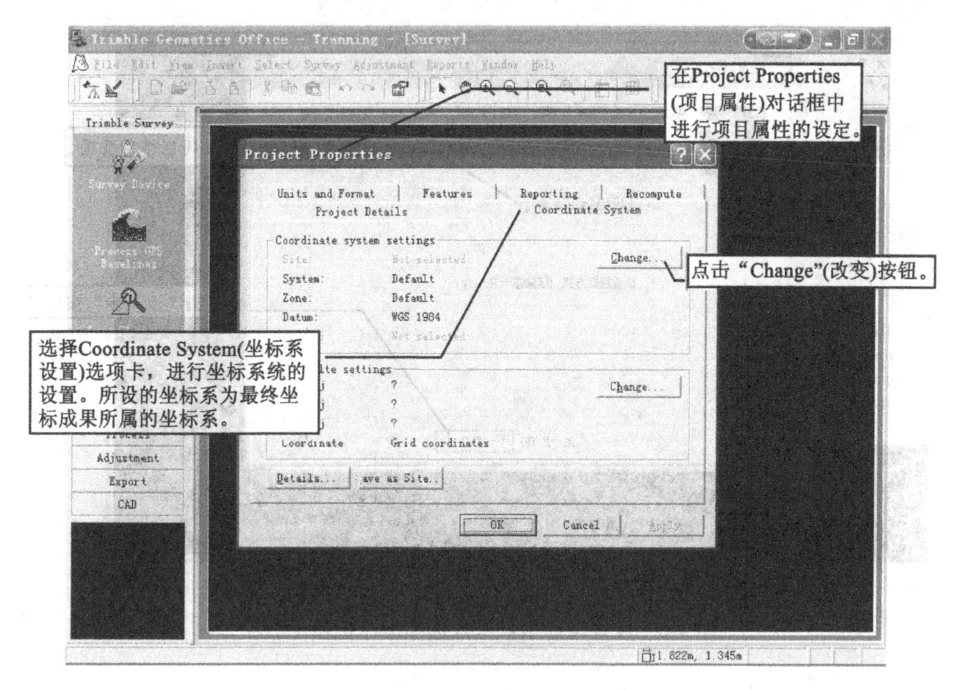

图 4-4　设置项目属性

（4）将坐标系设置为项目所要求的系统（如图 4-5~图 4-9 所示）。

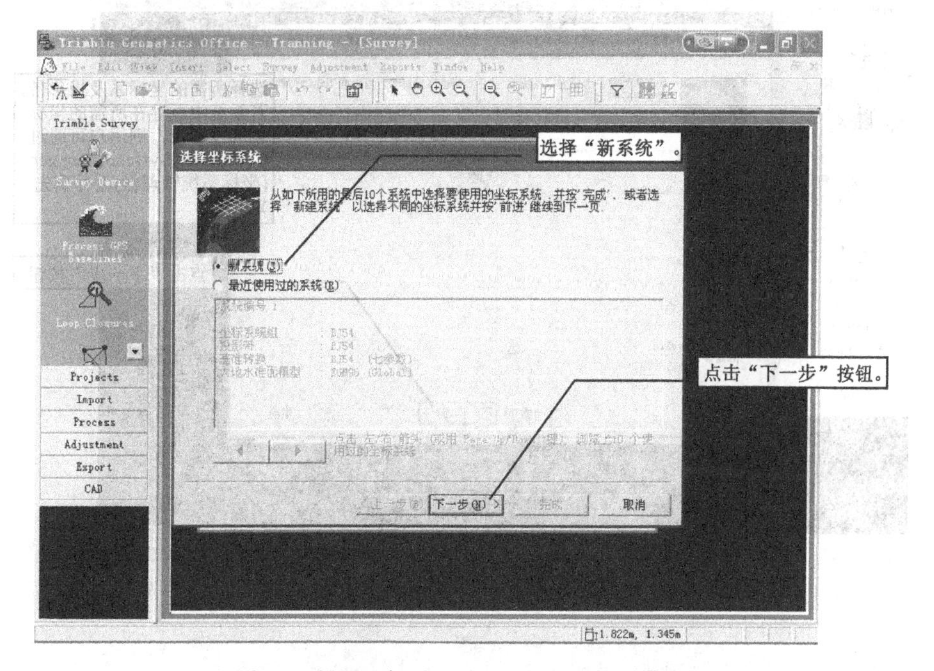

图 4-5　设置坐标系：进入选择新坐标系模式

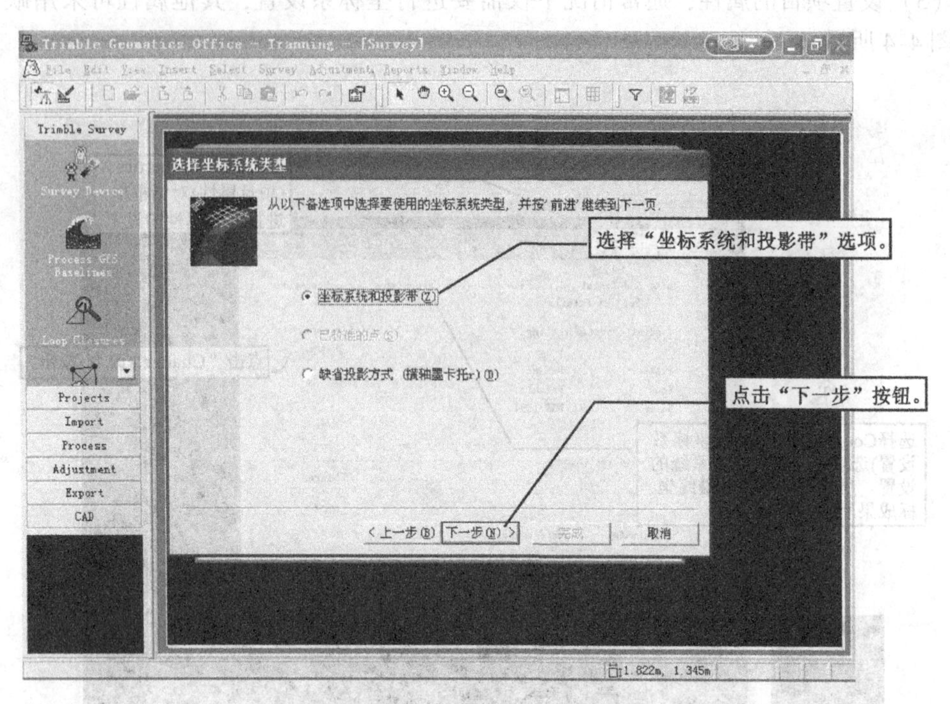

图 4-6　设置坐标系：进入选择坐标系和投影带

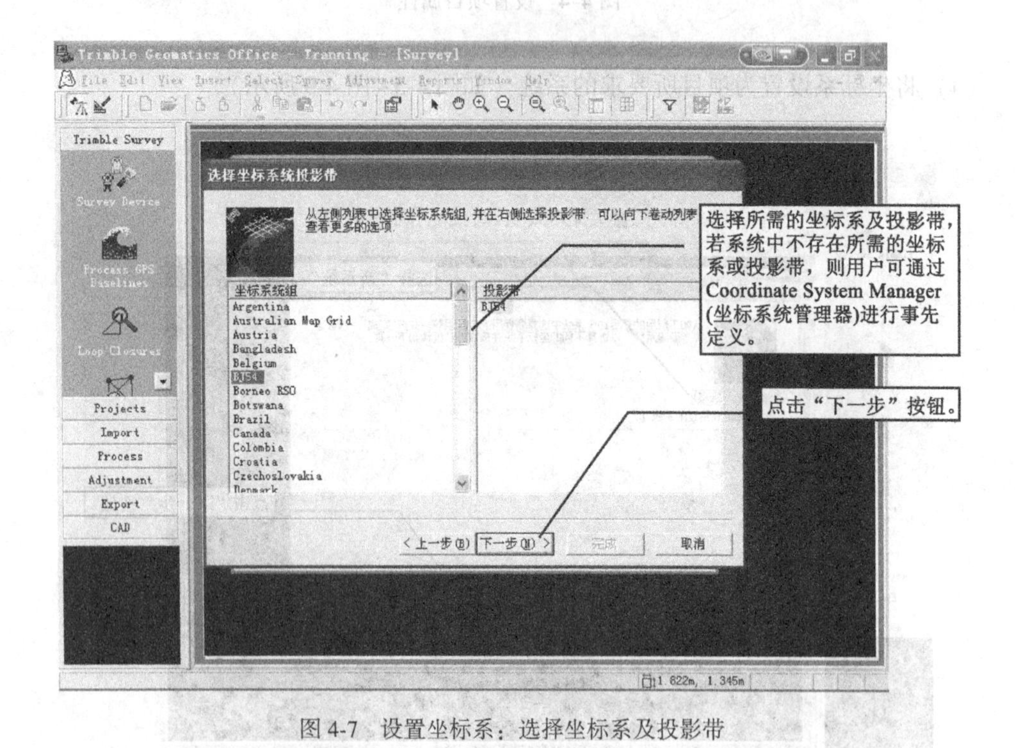

图 4-7　设置坐标系：选择坐标系及投影带

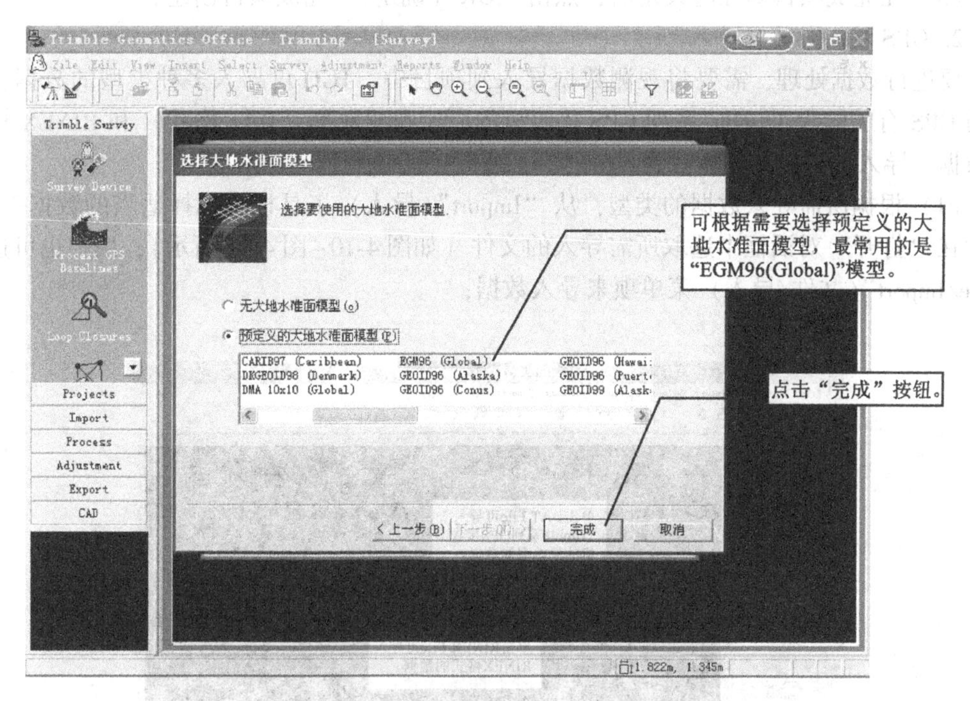

图 4-8　设置坐标系：选择大地水准面模型

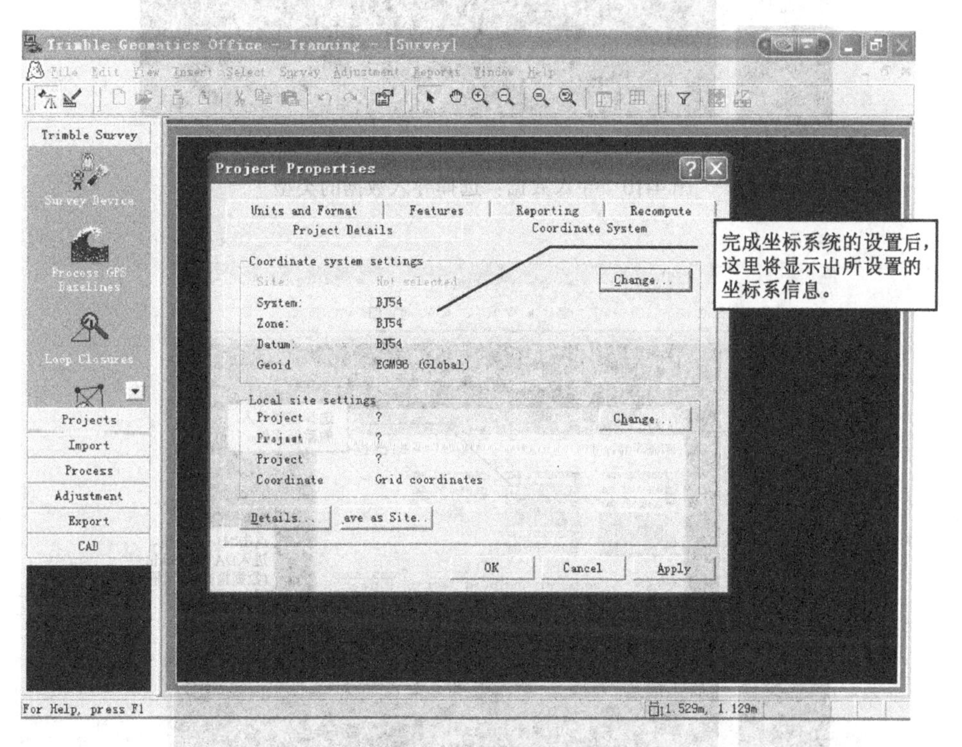

图 4-9　设置坐标系：坐标系设置完成

（5）在完成项目属性的设定后，点击“OK”（确定），完成项目创建。

2. GPS 观测数据的导入

要进行数据处理，需要将观测数据导入到项目中。TGO 可导入多种类型的数据，其中与 GPS 有关的为 Trimble 系列 GPS 接收机的原始观测数据（DAT 格式）和 RINEX 格式的数据。导入此类数据的方法为：

（1）根据所需导入数据的类型，从“Import”（导入）工具栏中选择适当的数据类型，然后在“打开”对话框中选取所需导入的文件（如图 4-10~图 4-11 所示），用户也可选择“File/Import”（文件/导入）菜单项来导入数据；

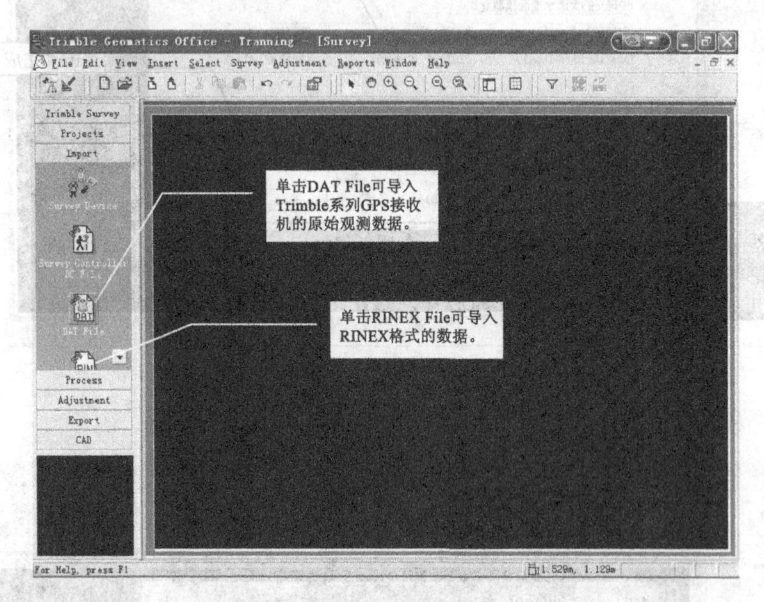

图 4-10　导入数据：选择导入数据的类型

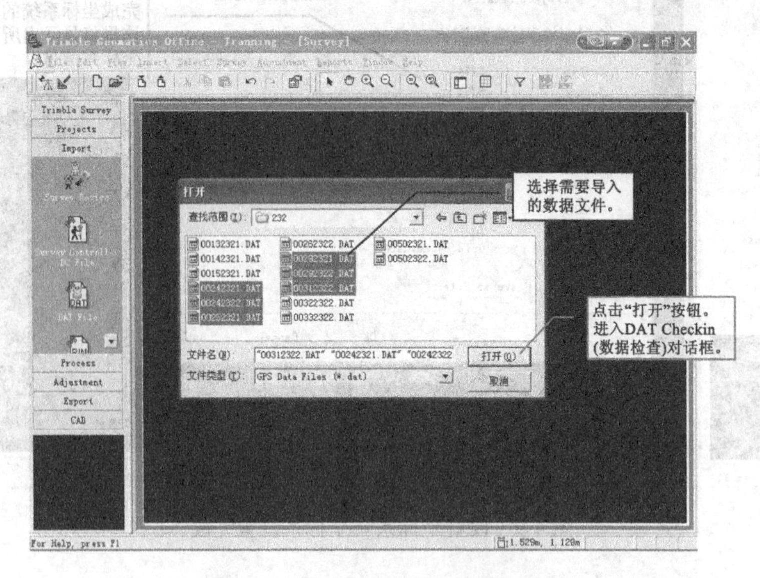

图 4-11　导入数据：选择数据文件

（2）对导入数据的信息进行检查，包括点名、天线类型、天线高、天线高量测方法等内容（如图 4-12～图 4-14 所示）；

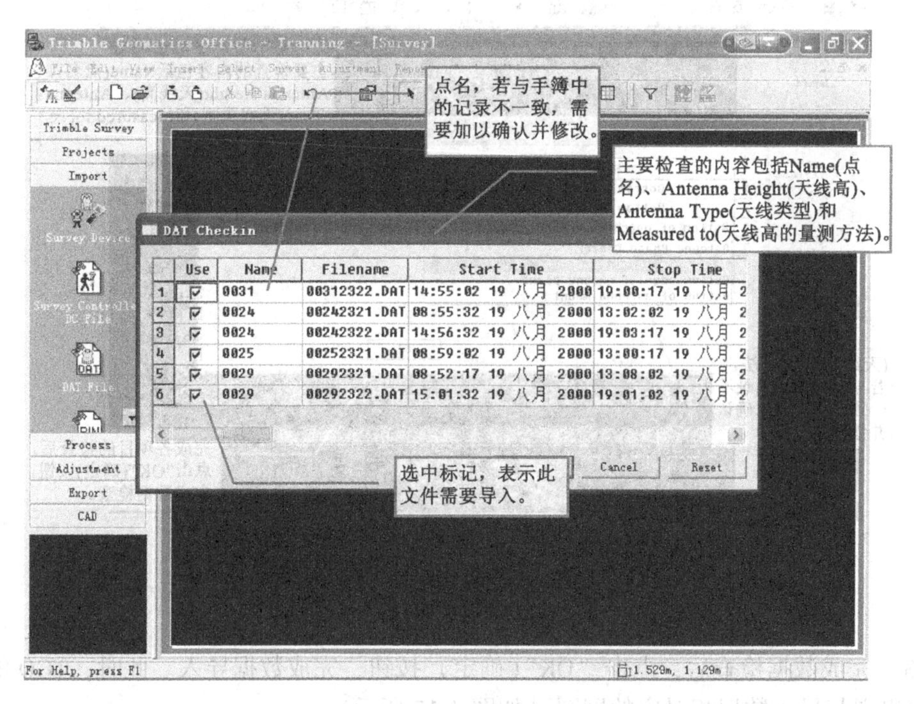

图 4-12　数据检查（1）

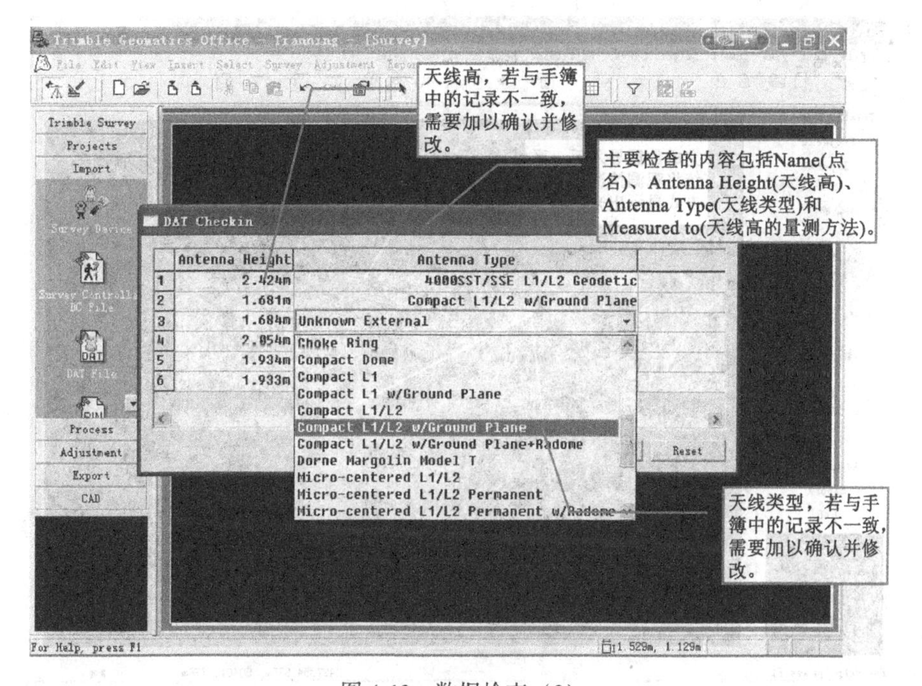

图 4-13　数据检查（2）

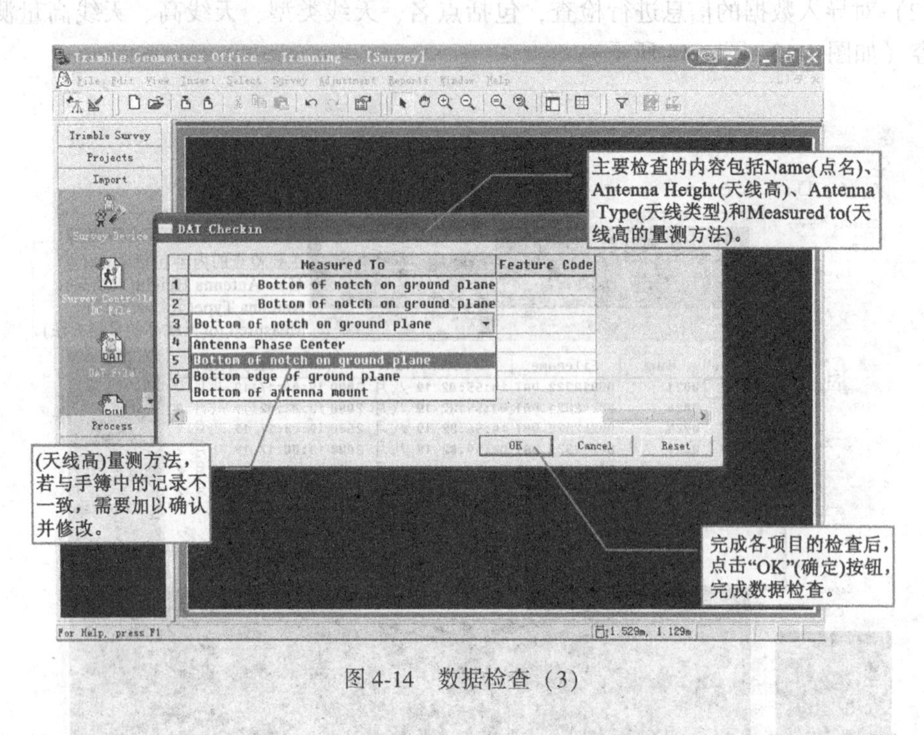

图 4-14　数据检查（3）

（3）完成数据检查后，点击“OK”(确定）按钮，完成数据导入。此时，TGO 的主窗口中将出现与导入数据相对应的网图（如图 4-15 所示)。

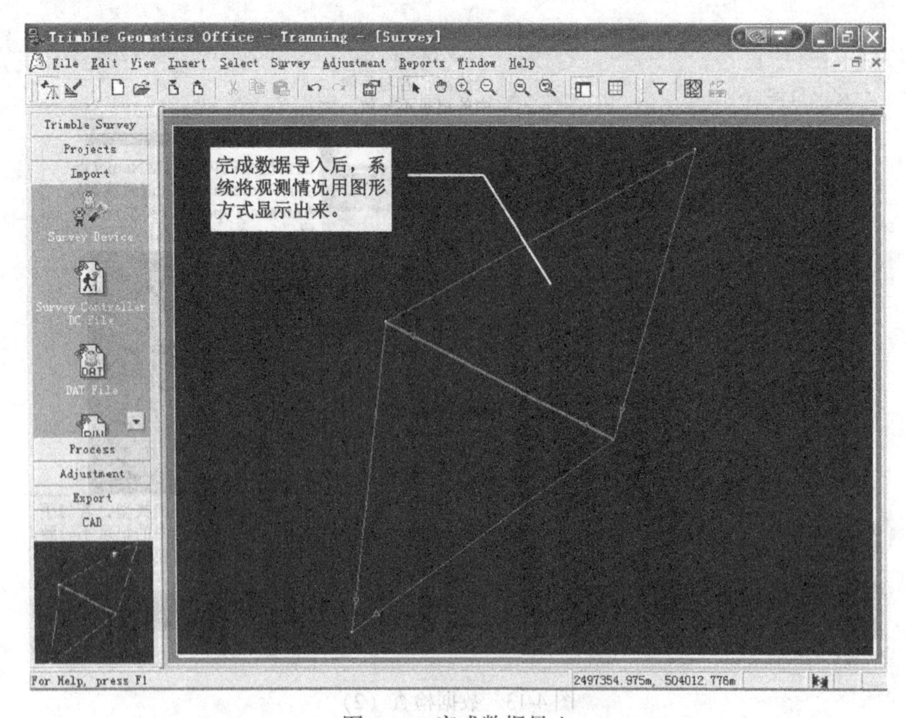

图 4-15　完成数据导入

3. 设定点的注记

通过适当的设置，可在网图中为点添加注记（如给 GPS 点标记上点名），可使后续的操作更为方便。为 GPS 点设定注记的方法是：

（1）选择“View/Point Labels”(视图/点注记）菜单项（如图 4-16 所示）;

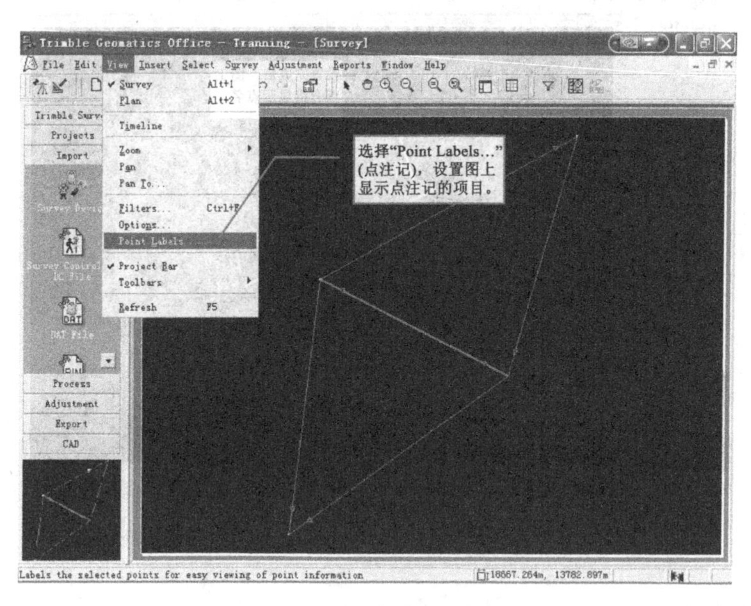

图 4-16　设置点的注记（1）

（2）在“Point Labels”(点注记）中选择期望添加的注记内容，如“Name”(点名）(如图 4-17 所示）;

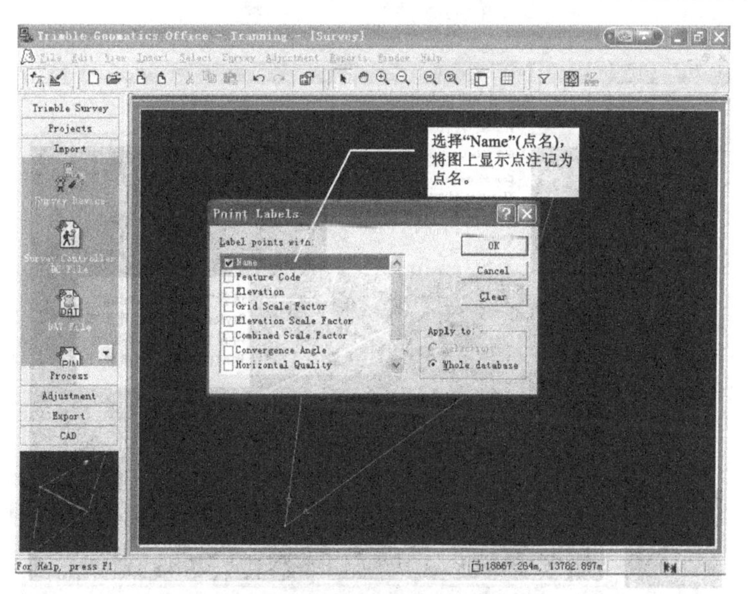

图 4-17　设置点的注记（2）

（3）完成注记内容的选择后，点击“OK”（确定）按钮，完成点注记的设置（如图 4-18 所示）。

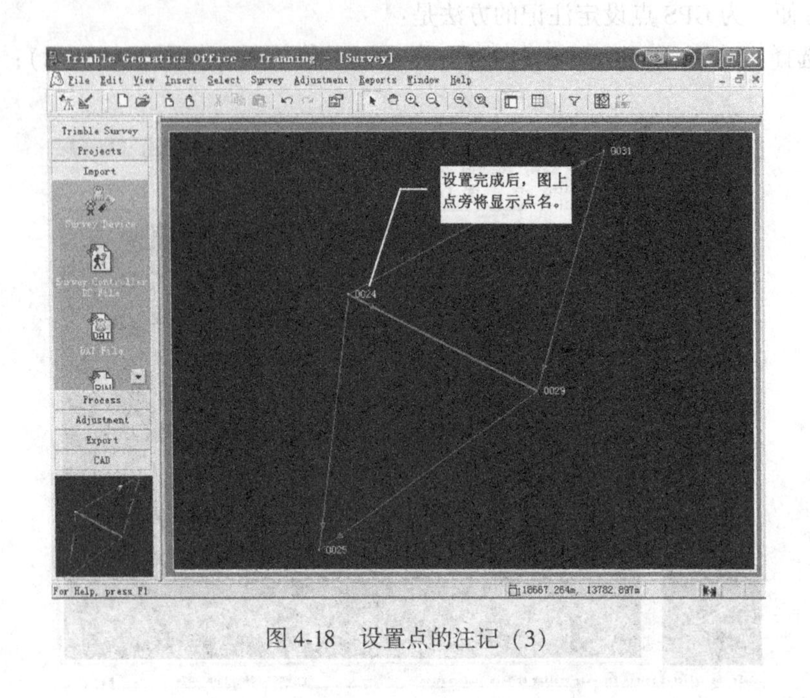

图 4-18　设置点的注记（3）

4. GPS 基线处理

在完成数据导入后，就可以进行基线处理。基线处理的方法是：

（1）选择“Survey/GPS Processing Styles”（测量/GPS 处理形式）菜单项，设置 GPS 处理形式（如图 4-19～图 4-22 所示）。GPS 处理形式是控制基线解算过程的一组参数，直接影响到基线处理的结果。

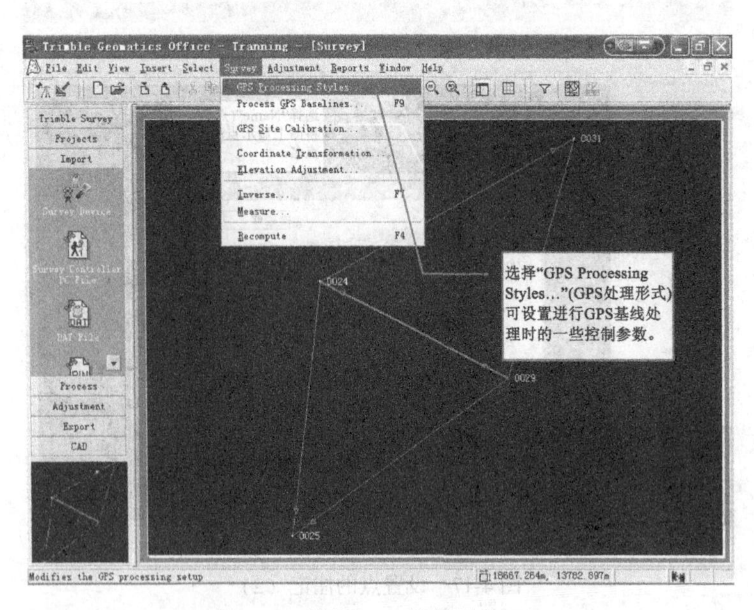

图 4-19　设置 GPS 处理形式（1）

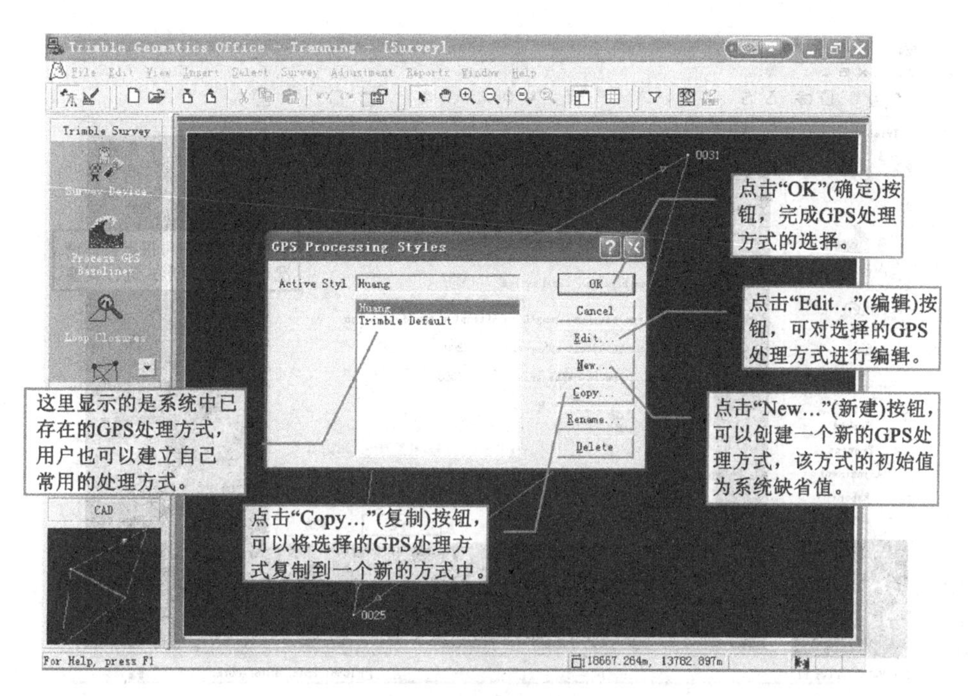

图 4-20　设置 GPS 处理形式（2）

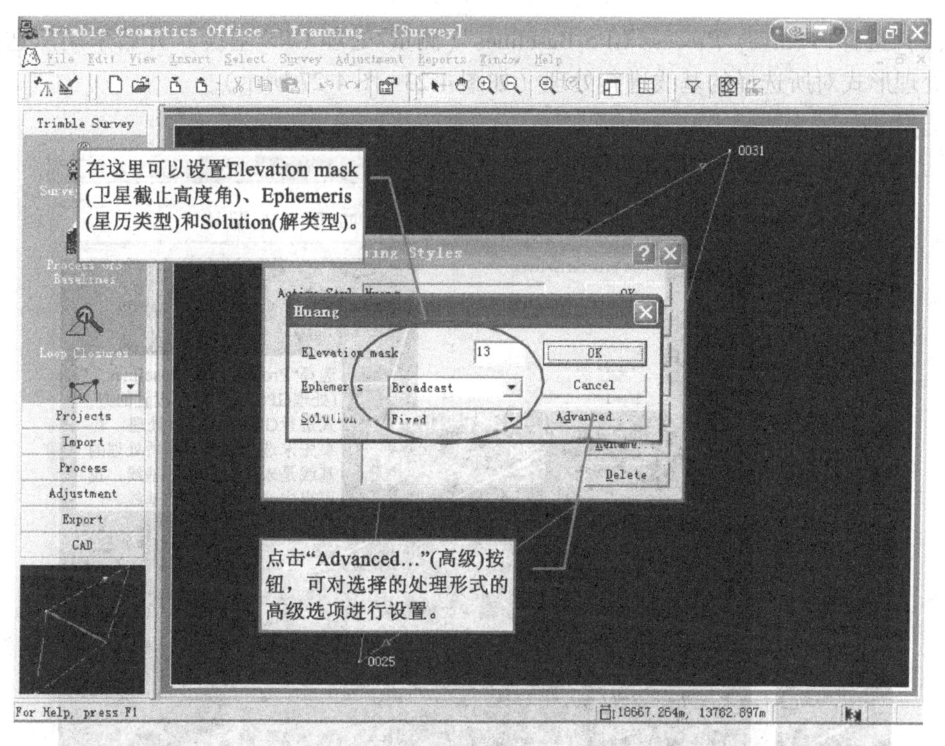

图 4-21　设置 GPS 处理形式（3）

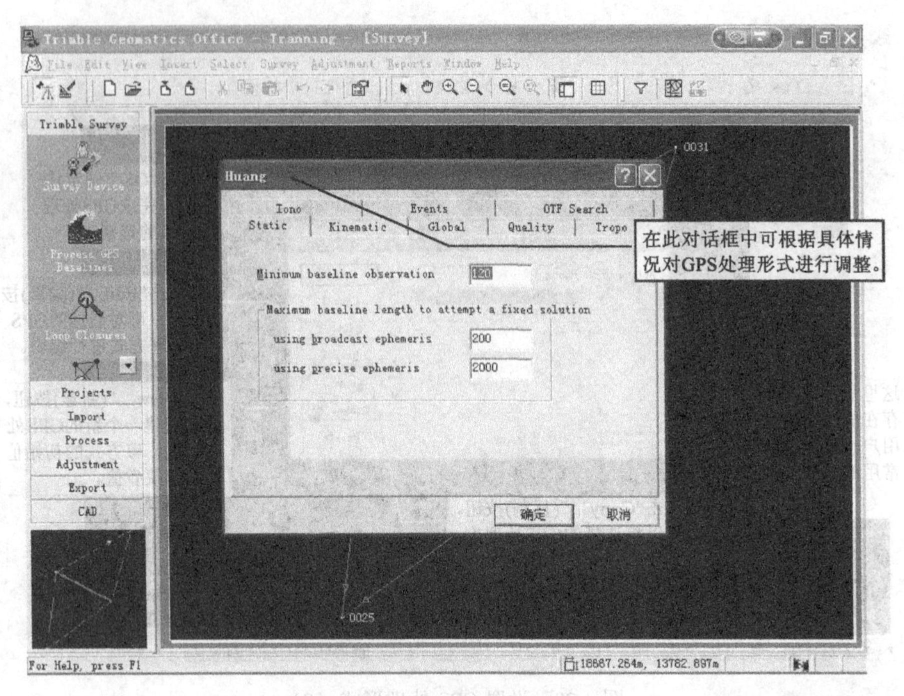

图 4-22 设置 GPS 处理形式（4）

（2）选择“Survey/Process GPS Baselines”（测量/处理 GPS 基线）开始采用所选择的GPS 处理形式对所选择的基线进行处理（如图 4-23～图 4-27 所示）。

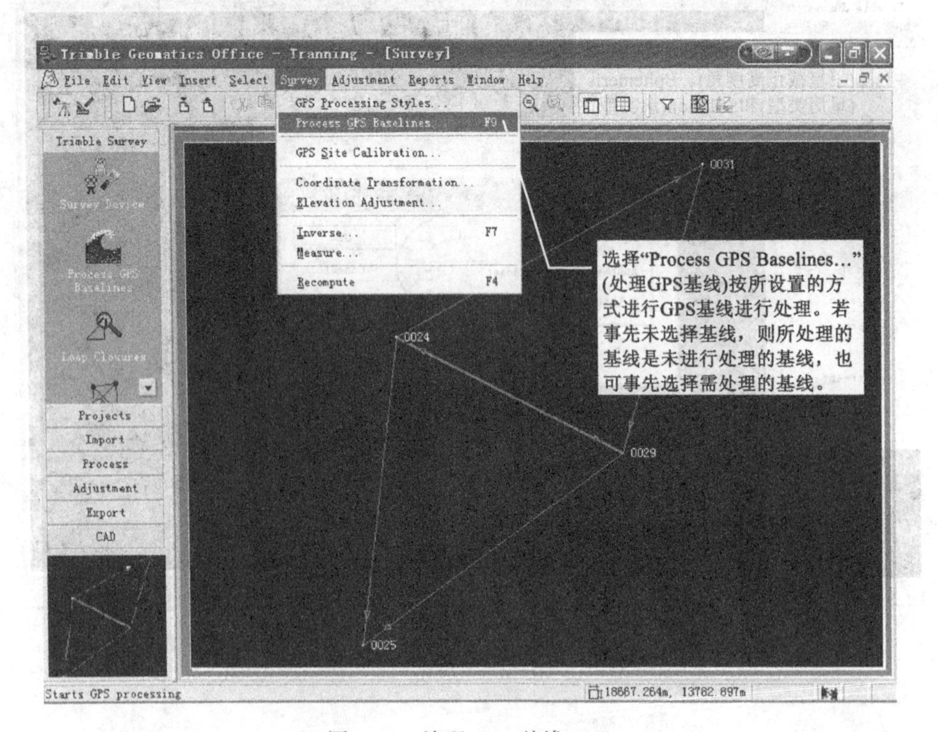

图 4-23 处理 GPS 基线（1）

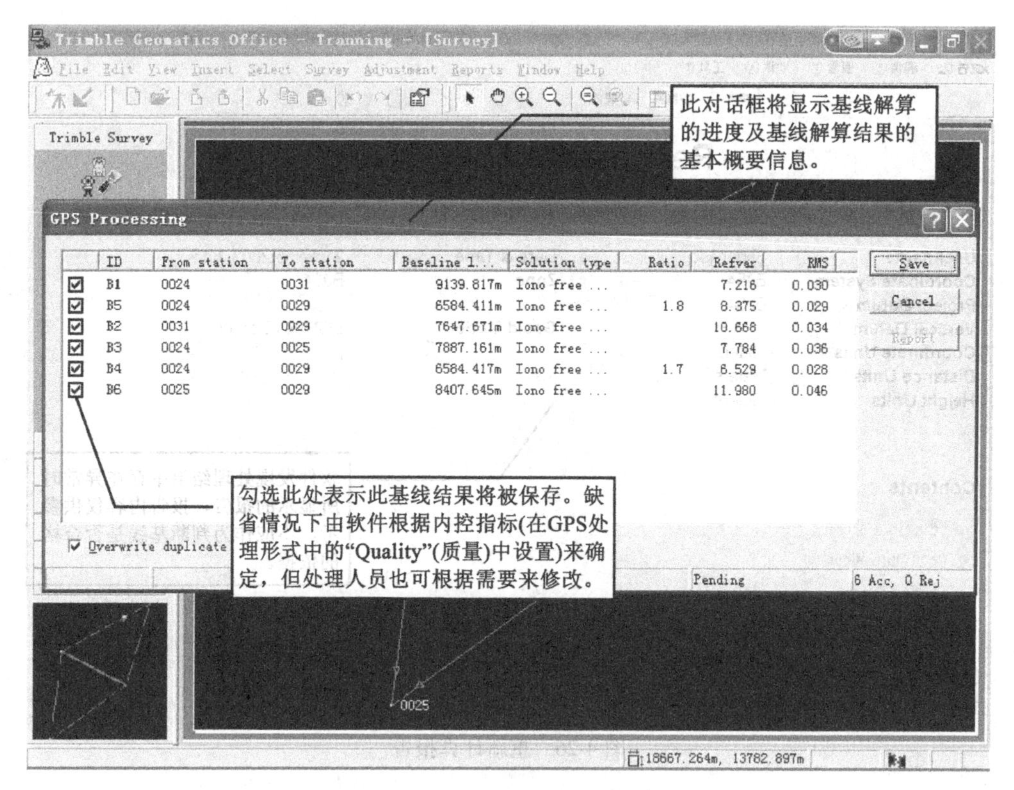

ID	From station	To station	Baseline l...	Solution type	Ratio	Refvar	RMS
B1	0024	0031	9139.817m	Iono free ...		7.216	0.030
B5	0024	0029	6584.411m	Iono free ...	1.8	8.375	0.029
B2	0031	0029	7647.671m	Iono free ...		10.668	0.034
B3	0024	0025	7887.161m	Iono free ...		7.784	0.036
B4	0024	0029	6584.417m	Iono free ...	1.7	6.529	0.028
B6	0025	0029	8407.645m	Iono free ...		11.980	0.046

图 4-24　处理 GPS 基线（2）

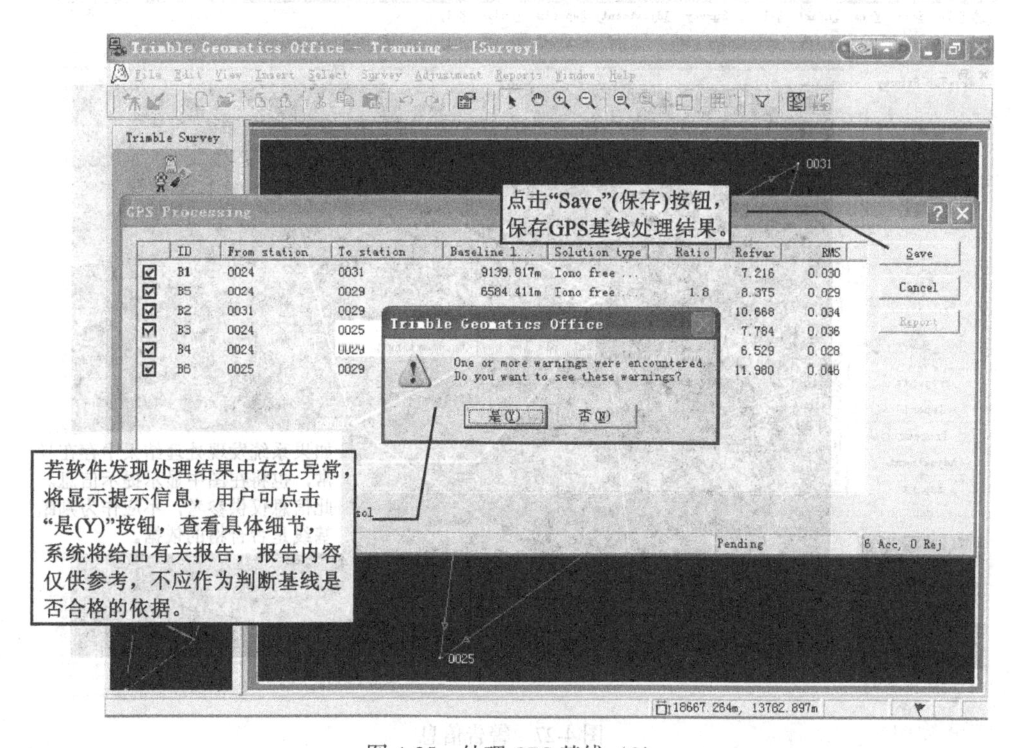

图 4-25　处理 GPS 基线（3）

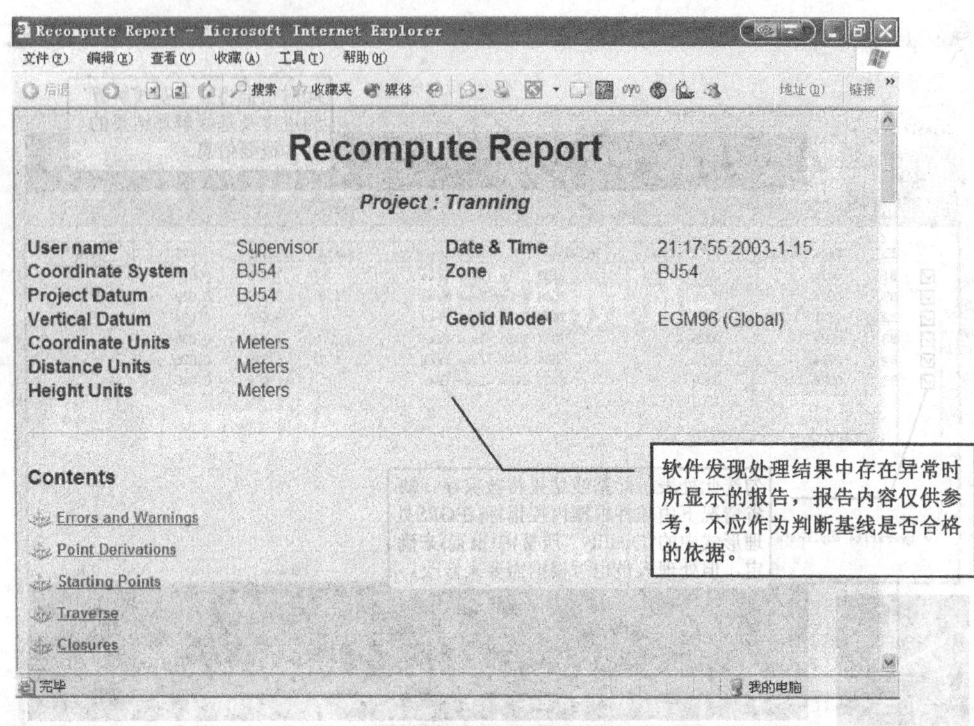

图 4-26　重新计算报告

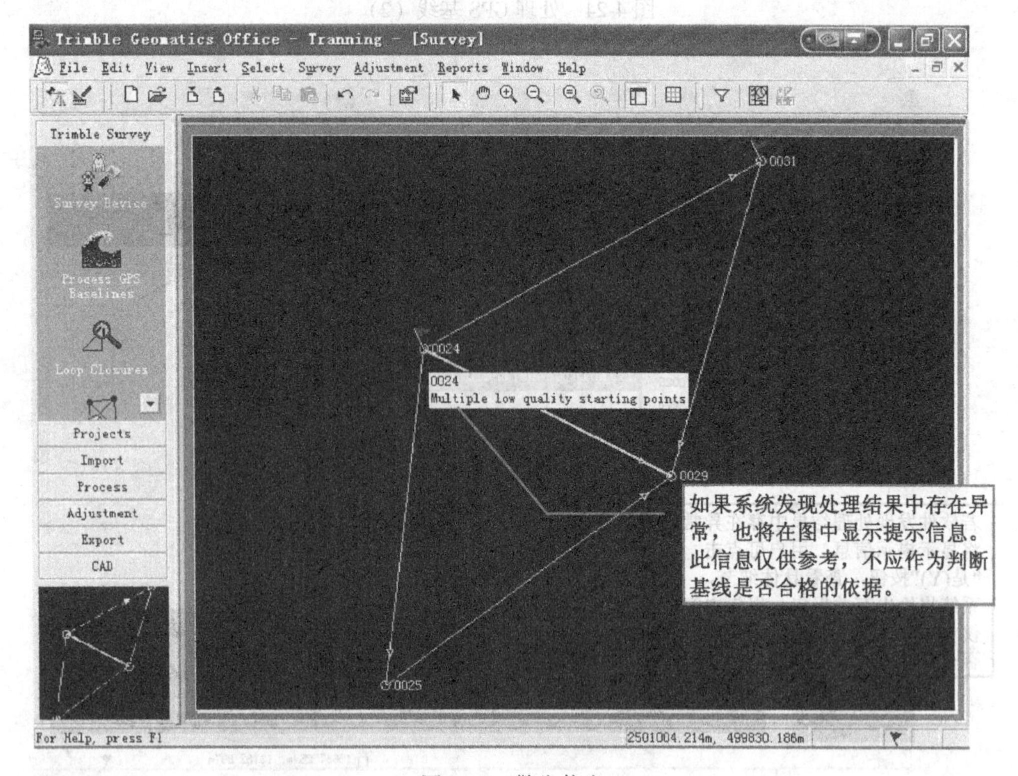

图 4-27　警告信息

（3）基线解算完成后，需要根据重复基线较差、环闭合差和网无约束平差等结果来检查基线解算结果质量。如果有基线不满足质量要求，就需要采用新的解算策略重新解算这些基线或者返工（如图 4-28 和图 4-29 所示）。

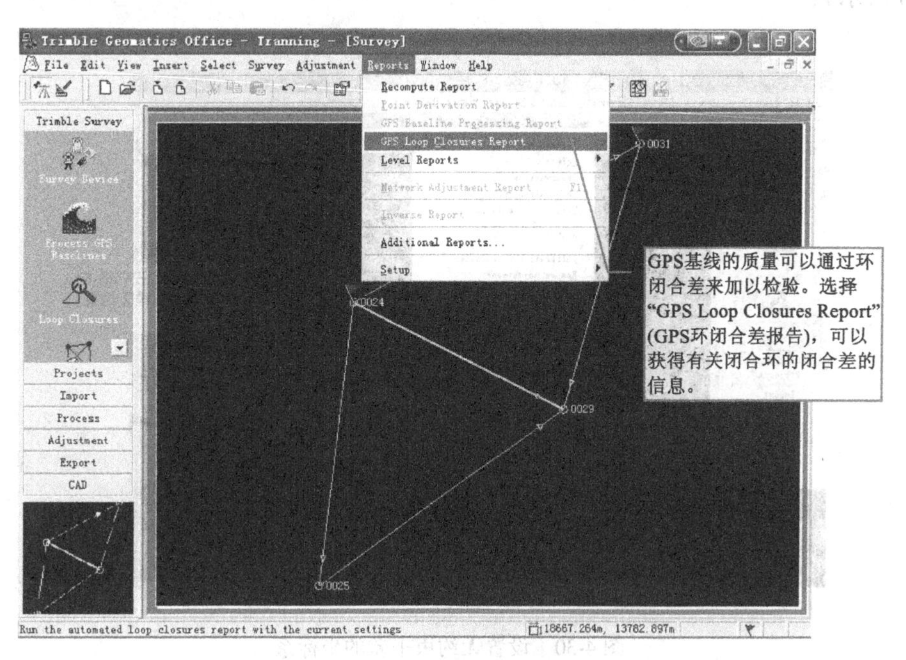

图 4-28　生成环闭合差报告

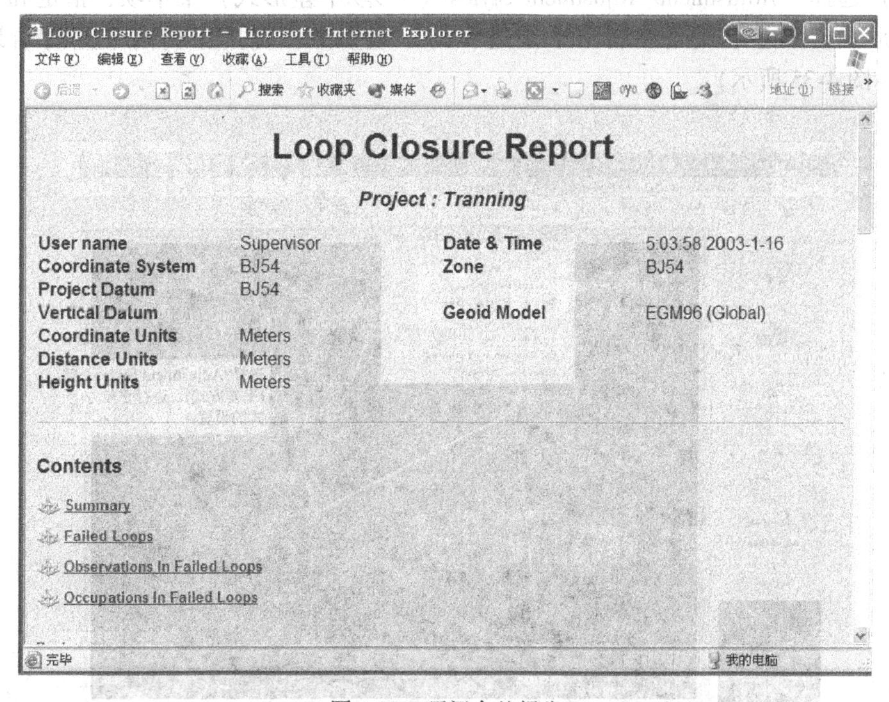

图 4-29　环闭合差报告

5. GPS 网无约束平差

在完成部分或所有基线的解算后，可以进行 GPS 网的无约束平差。平差的步骤为：

（1）选择“Datum/WGS-84”(基准/WGS-84）菜单项，设置无约束平差的坐标系（如图 4-30 所示)；

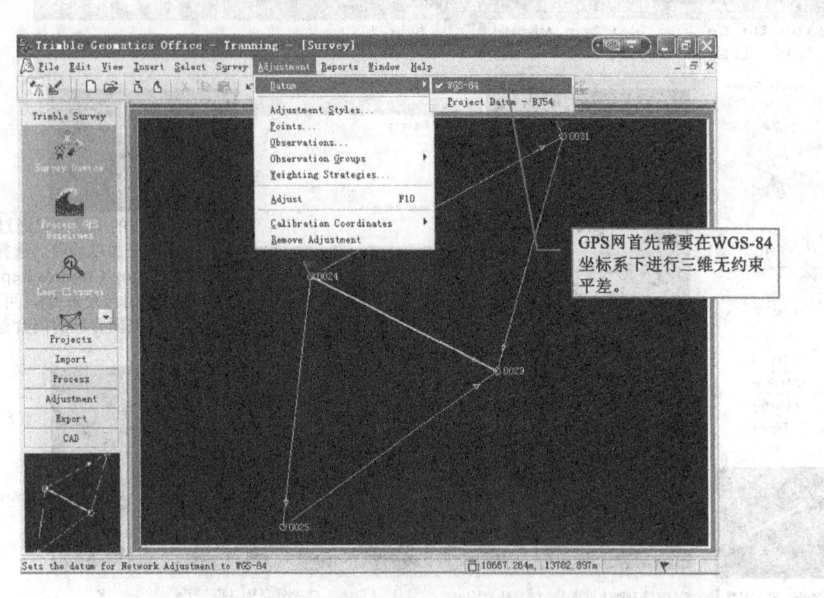

图 4-30　设置无约束平差的坐标系

（2）选择“Adjustment/Adjustment Styles”(平差/平差形式）菜单项，指定和修改网平差的形式，平差形式是控制网平差过程的一组参数，直接影响网平差的结果（如图 4-31～图 4-35 所示)；

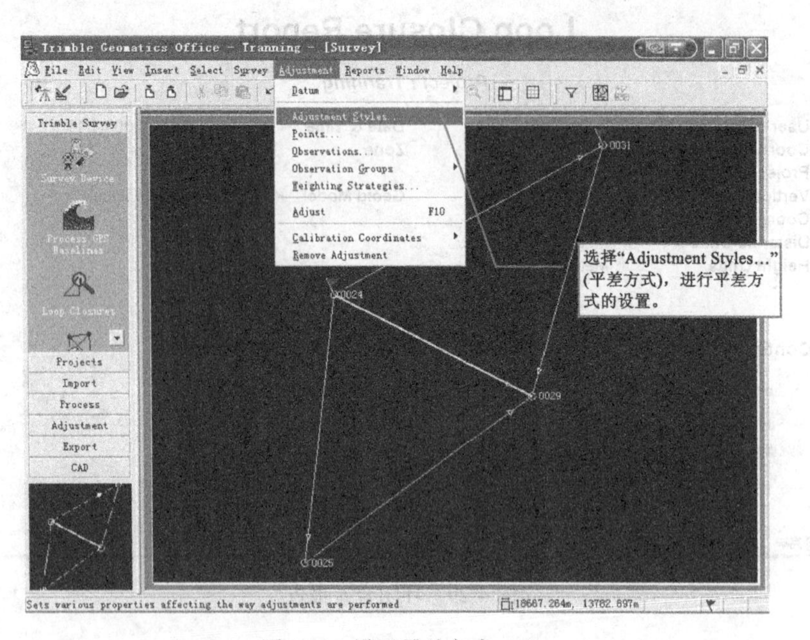

图 4-31　设置平差方式（1）

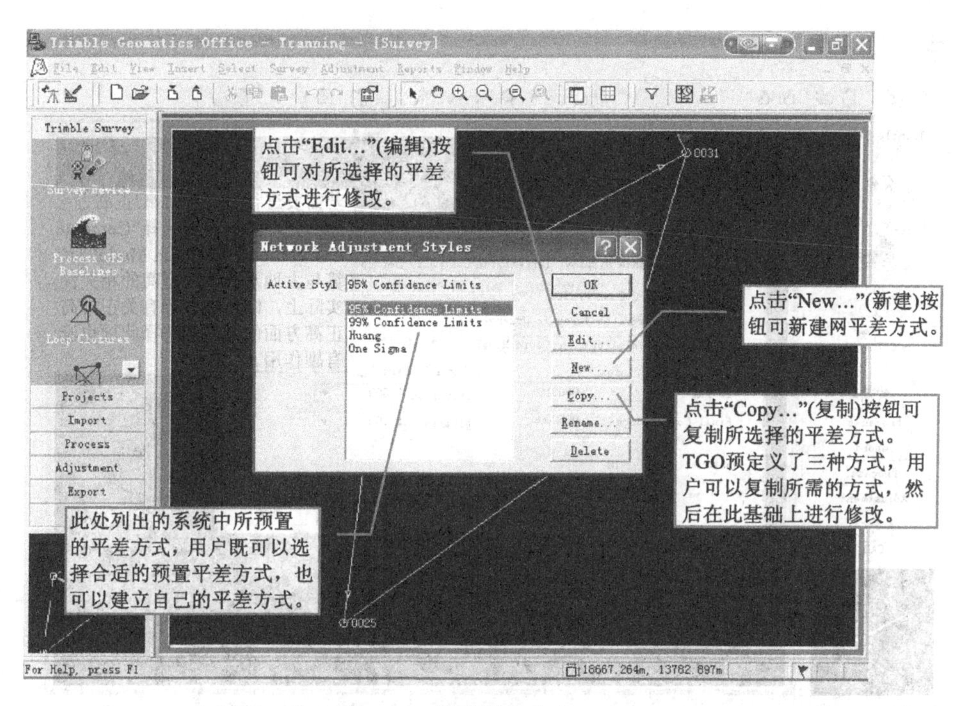

图 4-32　设置平差方式（2）

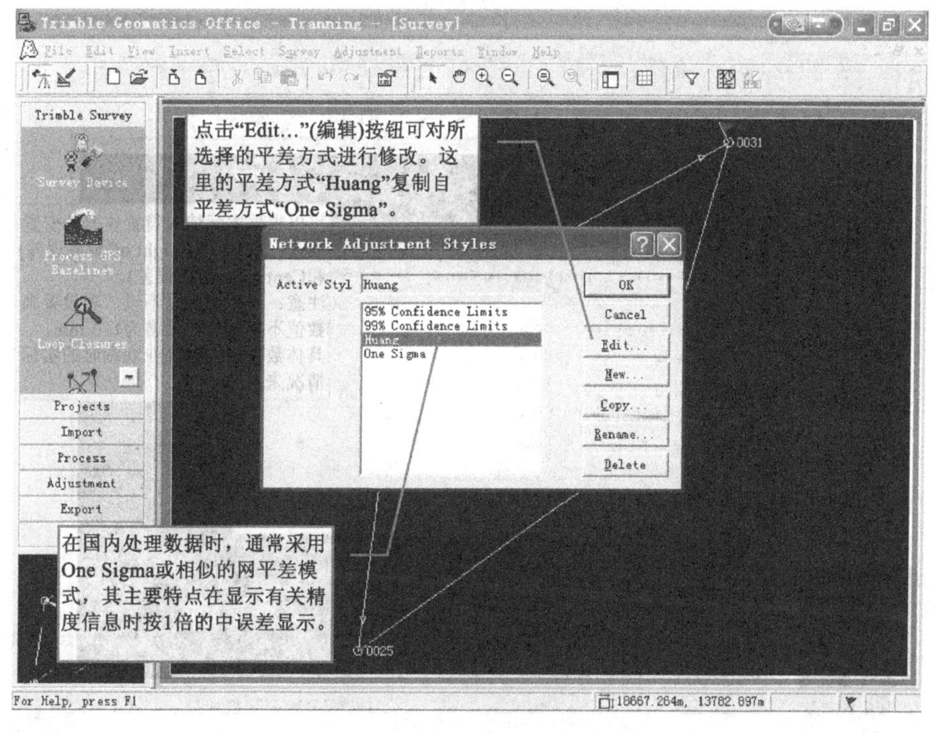

图 4-33　设置平差方式（3）

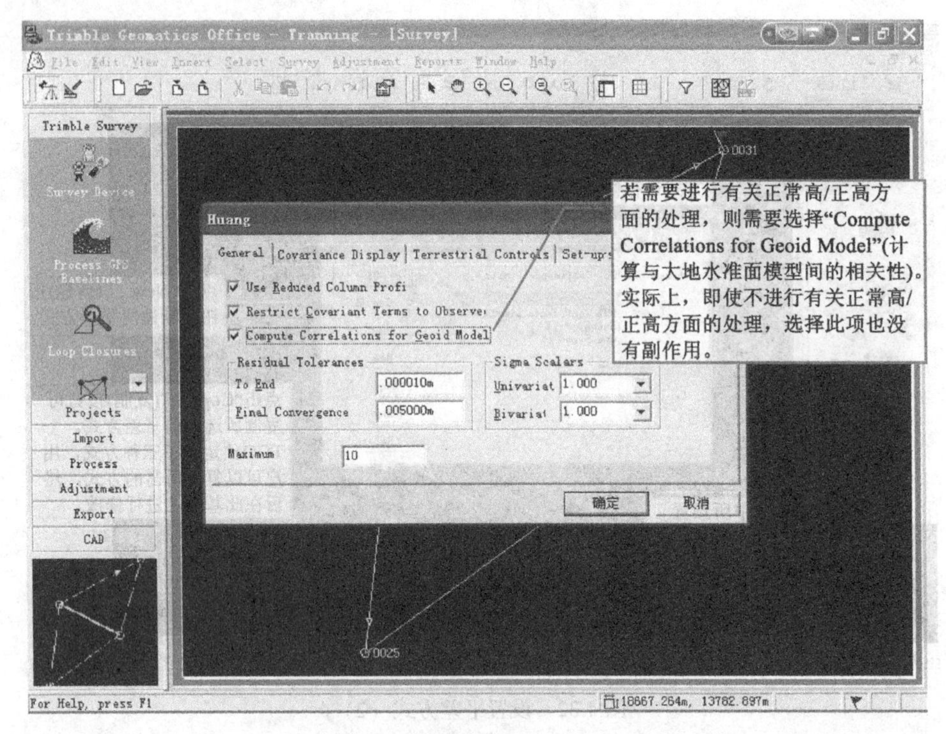

图 4-34　设置平差方式（4）

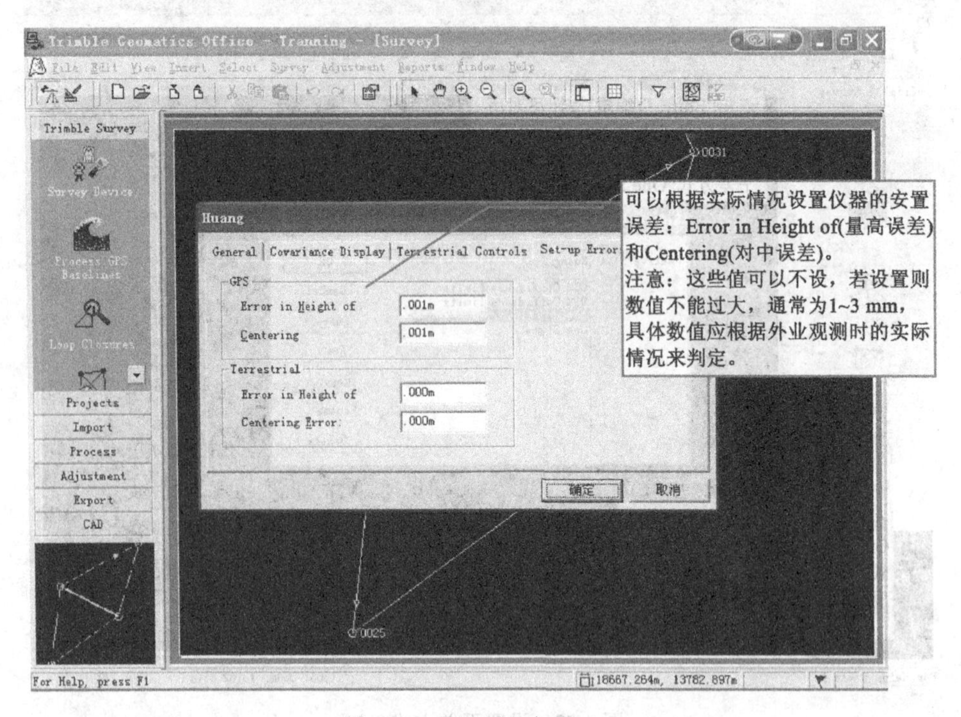

图 4-35　设置平差方式（5）

（3）选择“Adjustment/Observations”(平差/观测值）菜单项，选择参与网平差的观测值（如图 4-36~图 4-37 所示）；

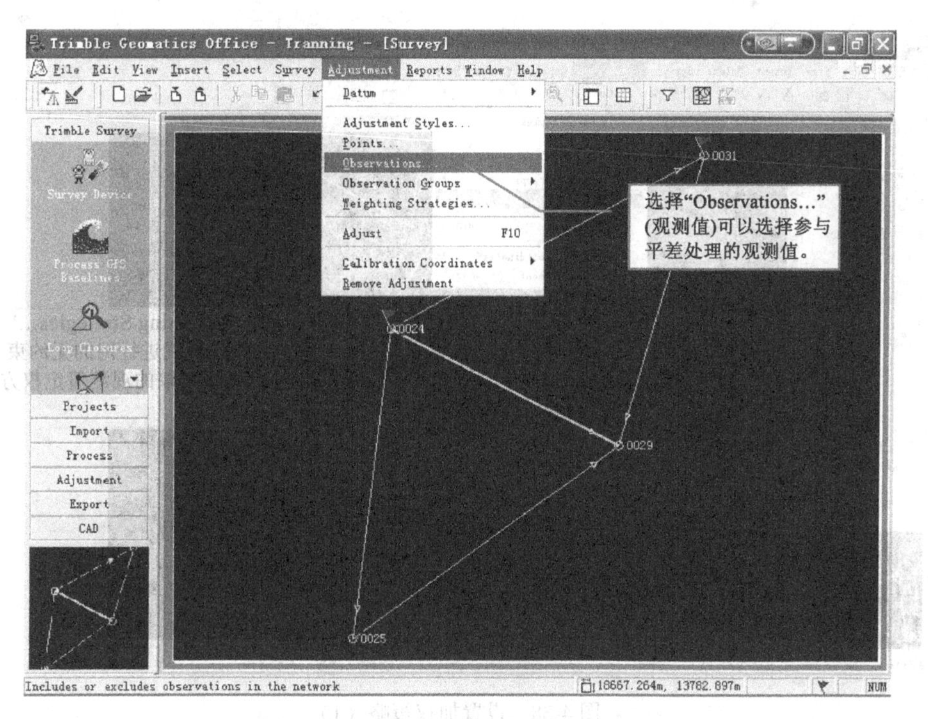

图 4-36　选择观测值（1）

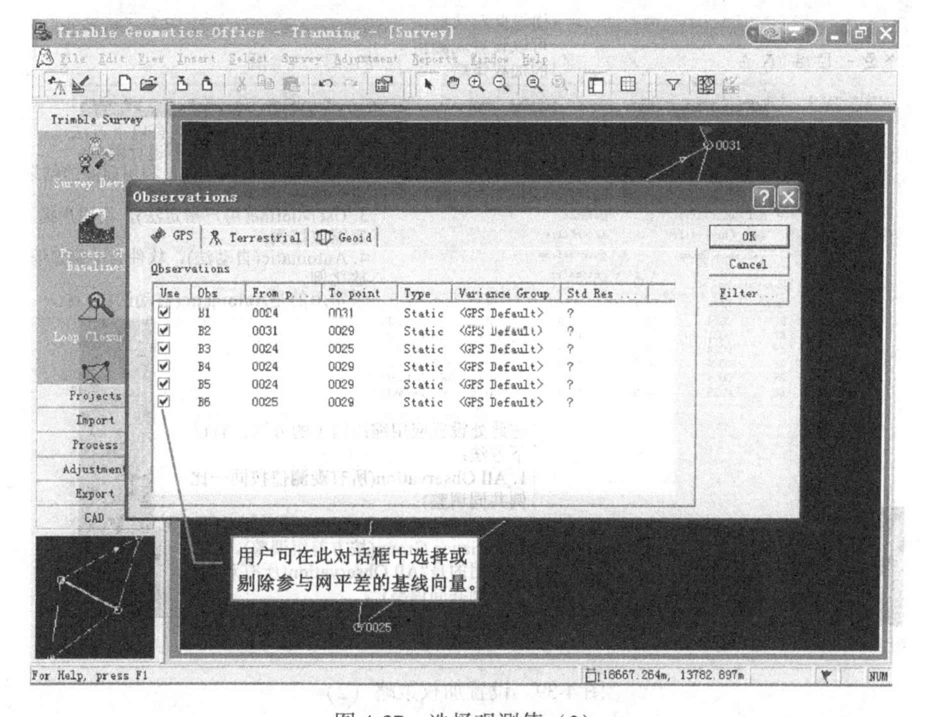

图 4-37　选择观测值（2）

（4）选定“Adjustment/Weighting Strategies”（平差/加权策略）菜单项，设置进行网的无约束平差时所采取的观测值定权方法（如图4-38和图4-39所示）；

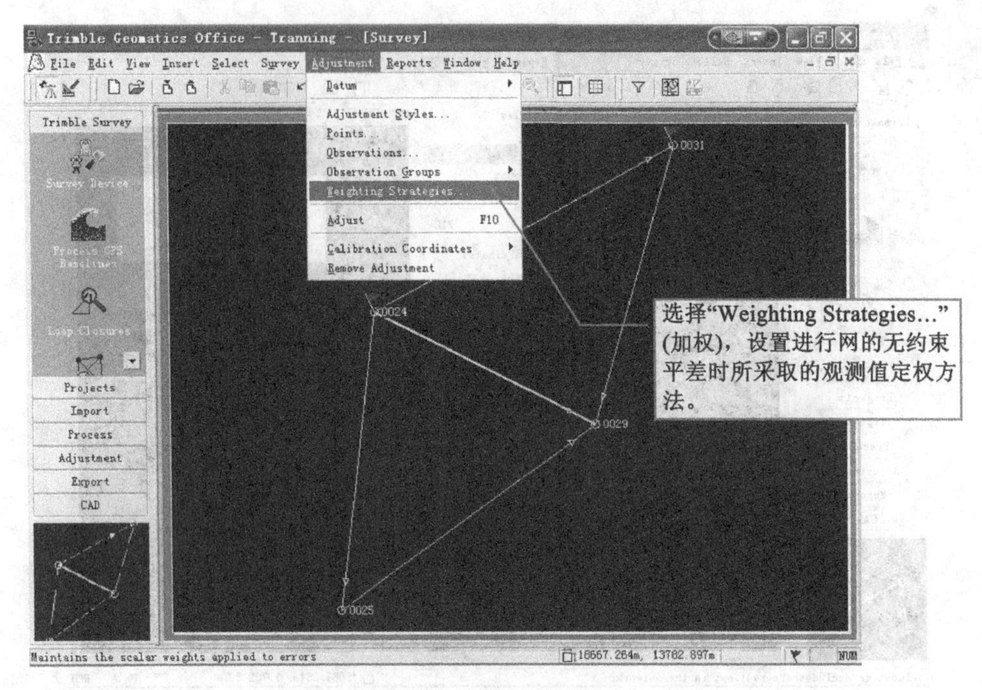

图4-38 设置加权策略（1）

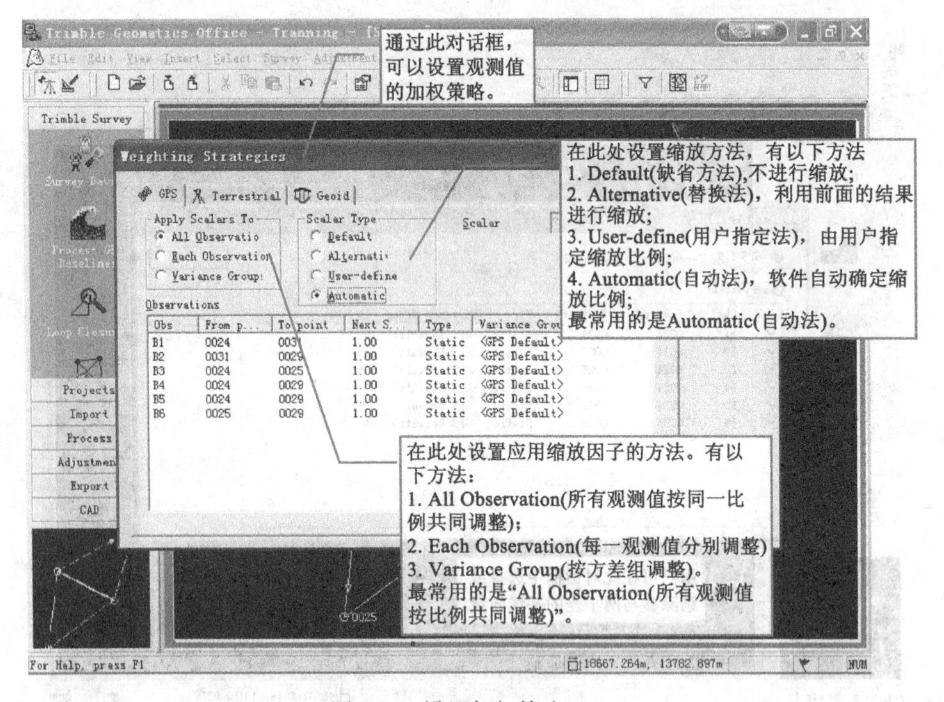

Obs	From p...	To point	Next S...	Type	Variance Grou
B1	0024	003	1.00	Static	<GPS Default>
B2	0031	0029	1.00	Static	<GPS Default>
B3	0024	0025	1.00	Static	<GPS Default>
B4	0024	0029	1.00	Static	<GPS Default>
B5	0024	0029	1.00	Static	<GPS Default>
B6	0025	0029	1.00	Static	<GPS Default>

图4-39 设置加权策略（2）

（5）选择“Adjustment/Adjust”（平差/平差）菜单项，进行网的无约束平差（如图4-40所示）；

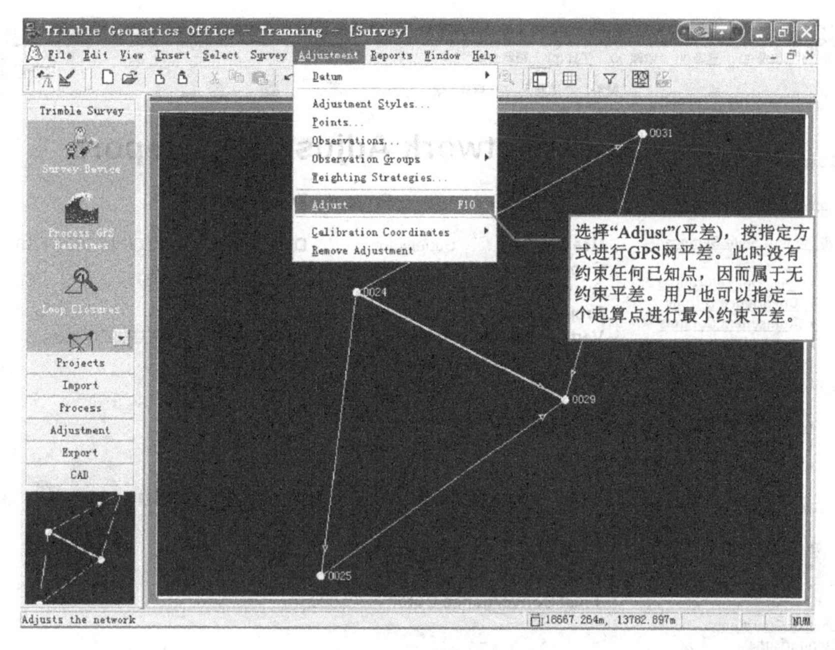

图4-40　进行平差处理

（6）选择“Reporets/Network Adjustment Report”（报告/网平差报告）菜单项，生成网平差报告（如图4-41所示）；

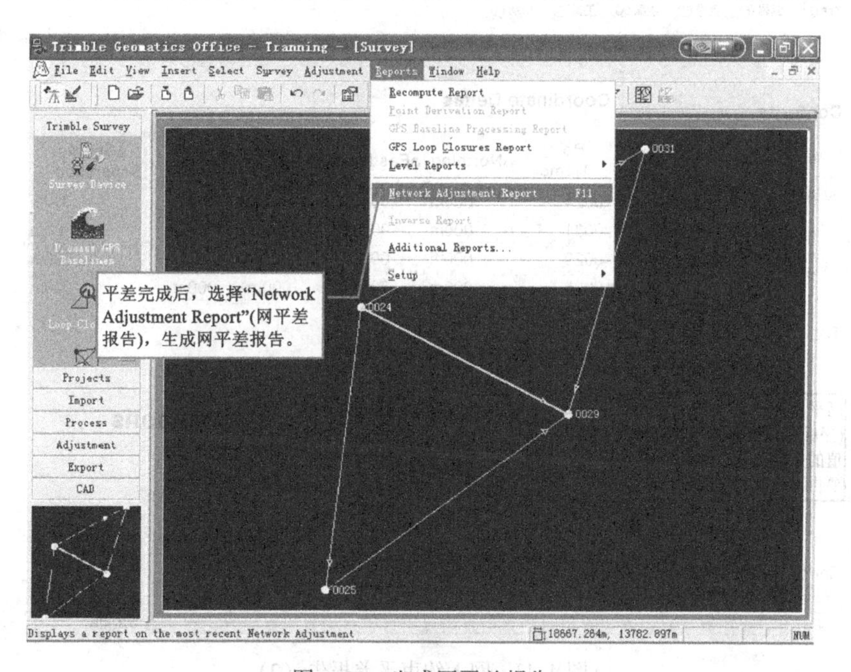

图4-41　生成网平差报告

(7) 分析网无约束平差报告，进行 GPS 网测量成果的质量控制（如图 4-42 ~ 图 4-45 所示）。

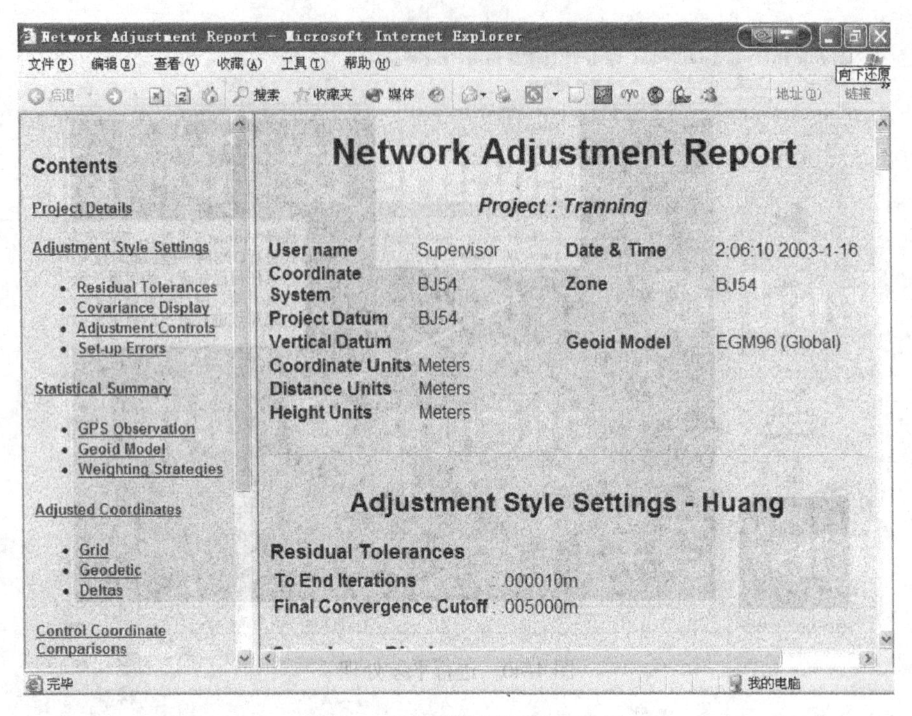

图 4-42　网无约束平差报告（1）

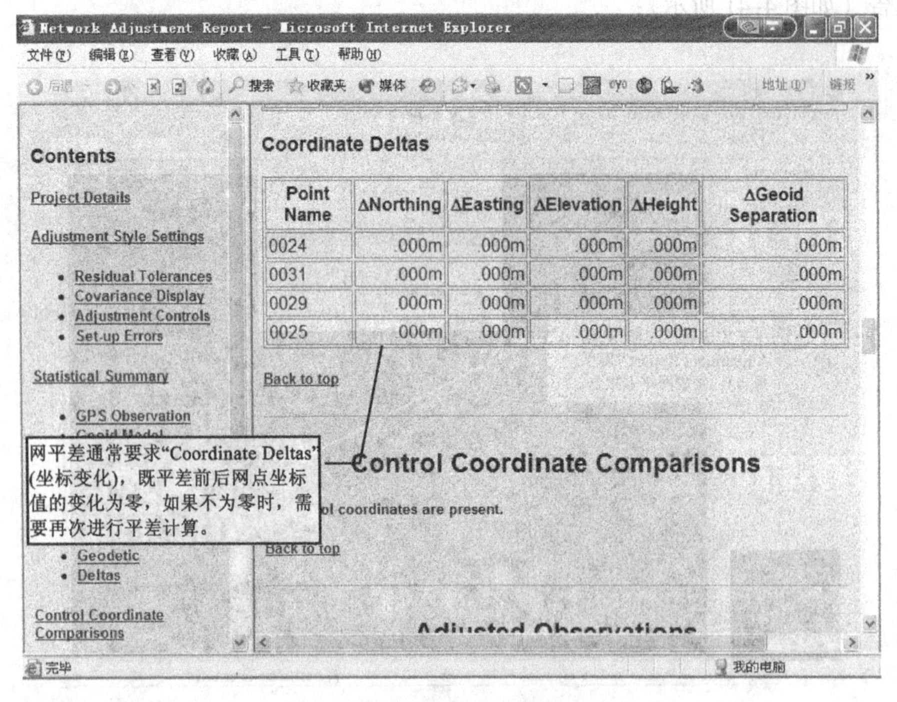

Point Name	ΔNorthing	ΔEasting	ΔElevation	ΔHeight	ΔGeoid Separation
0024	.000m	.000m	.000m	.000m	.000m
0031	.000m	.000m	.000m	.000m	.000m
0029	.000m	.000m	.000m	.000m	.000m
0025	.000m	.000m	.000m	.000m	.000m

图 4-43　网无约束平差报告（2）

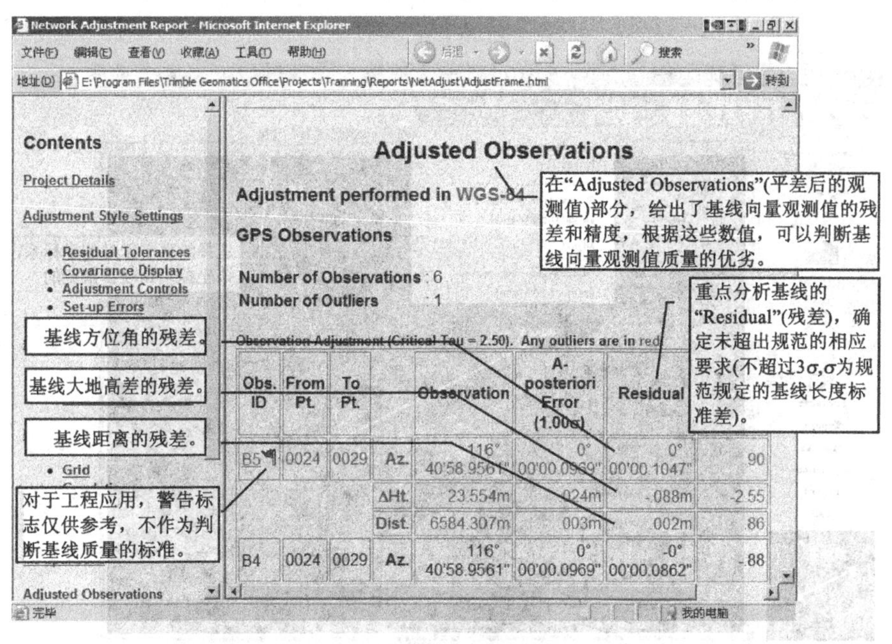

Obs. ID	From Pt.	To Pt.		Observation	A-posteriori Error (1.00σ)	Residual	
B5	0024	0029	Az.	116° 40'58.9561"	0° 00'00.0969"	0° 00'00.1047"	.90
			ΔHt.	23.554m	.024m	-.088m	-2.55
			Dist.	6584.307m	.003m	.002m	.86
B4	0024	0029	Az.	116° 40'58.9561"	0° 00'00.0969"	-0° 00'00.0862"	-.88

图 4-44　网无约束平差报告（3）

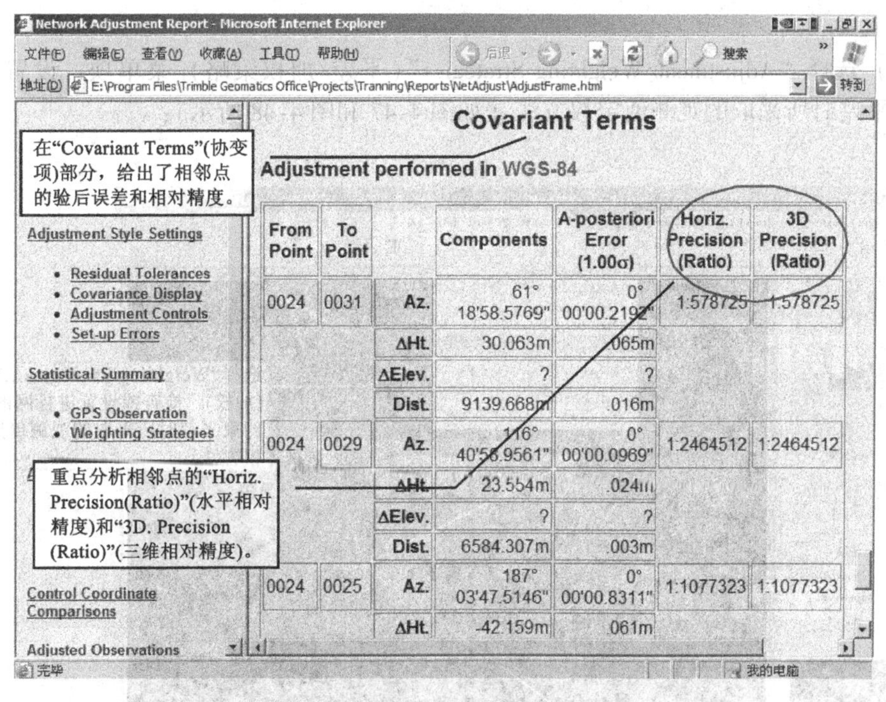

From Point	To Point		Components	A-posteriori Error (1.00σ)	Horiz. Precision (Ratio)	3D Precision (Ratio)
0024	0031	Az.	61° 18'58.5769"	0° 00'00.2192"	1:578725	1:578725
		ΔHt.	30.063m	.065m		
		ΔElev.	?	?		
		Dist.	9139.668m	.016m		
0024	0029	Az.	116° 40'58.9561"	0° 00'00.0969"	1:2464512	1:2464512
		ΔHt.	23.554m	.024m		
		ΔElev.	?	?		
		Dist.	6584.307m	.003m		
0024	0025	Az.	187° 03'47.5146"	0° 00'00.8311"	1:1077323	1:1077323
		ΔHt.	-42.159m	.061m		

图 4-45　网无约束平差报告（4）

6. GPS 网约束平差

完成 GPS 网的无约束平差后，如果各项质量指标达到要求，就可以开始进行 GPS 网的约束平差。进行 GPS 网约束平差的方法为：

（1）将坐标系改变为项目所要求的当地坐标系（如图4-46所示）；

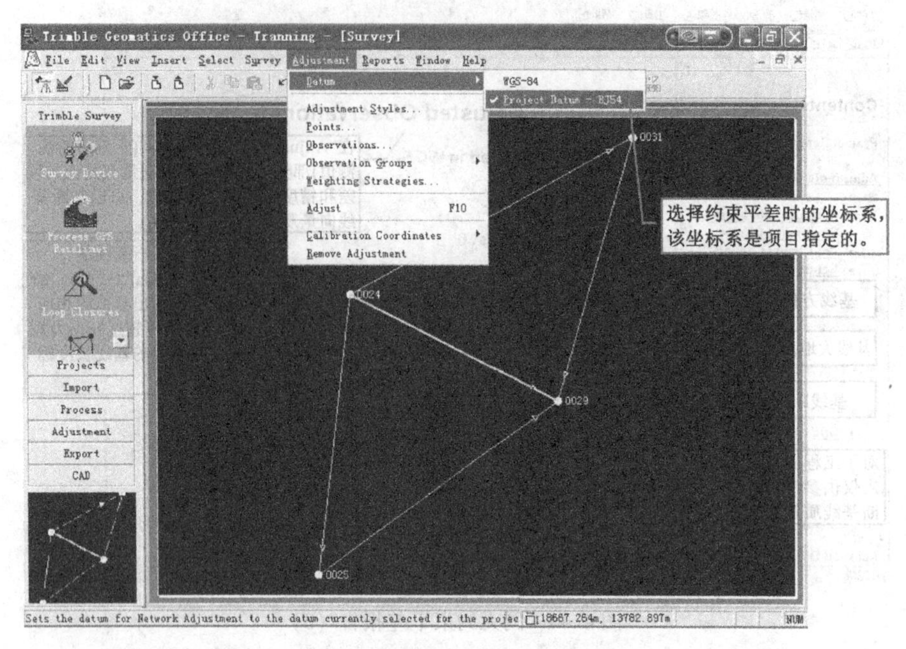

图4-46 设置约束平差的坐标系

（2）选择“Adjustment/Weighting Strategies”（平差/加权策略）菜单项，设置进行网的约束平差时所采取的观测值定权方法（如图4-47和图4-48所示）；

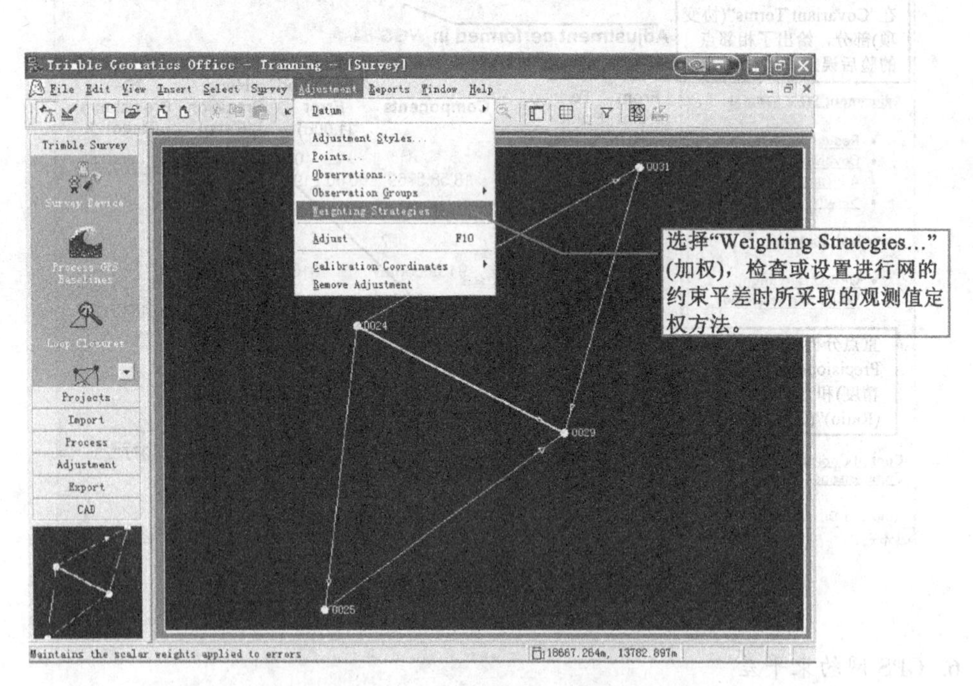

图4-47 检查或设置约束平差的加权策略（1）

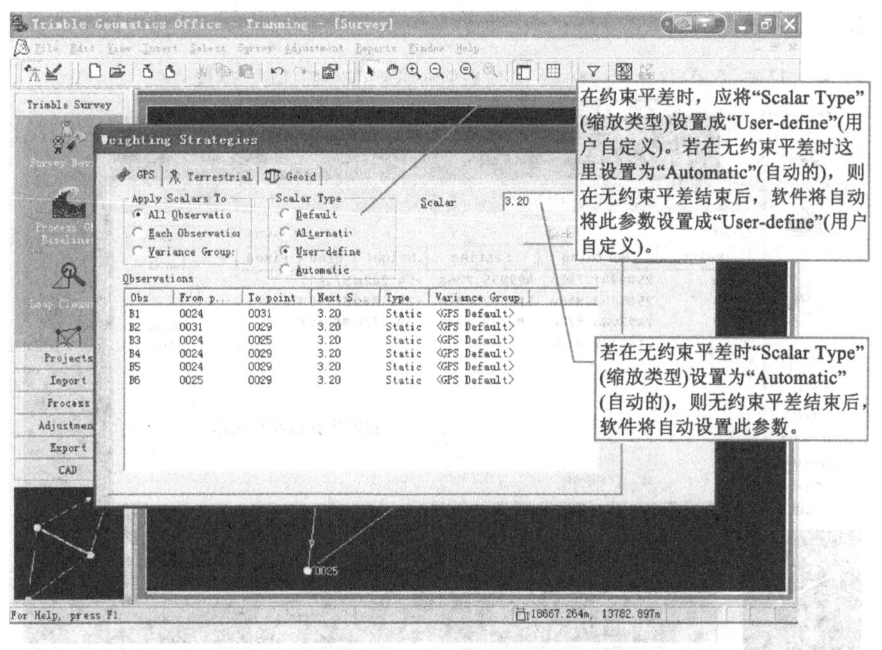

图 4-48　检查或设置约束平差的加权策略（2）

（3）选定“Adjustment/Points”（平差/点）菜单项，设置起算点（如图 4-49 和图 4-50 所示）；

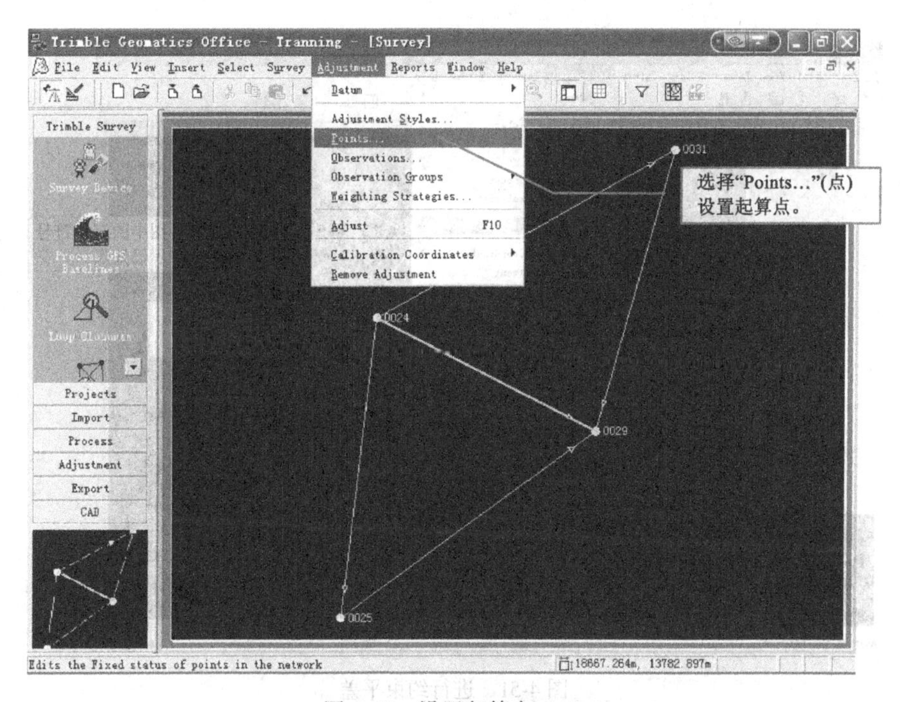

图 4-49　设置起算点（1）

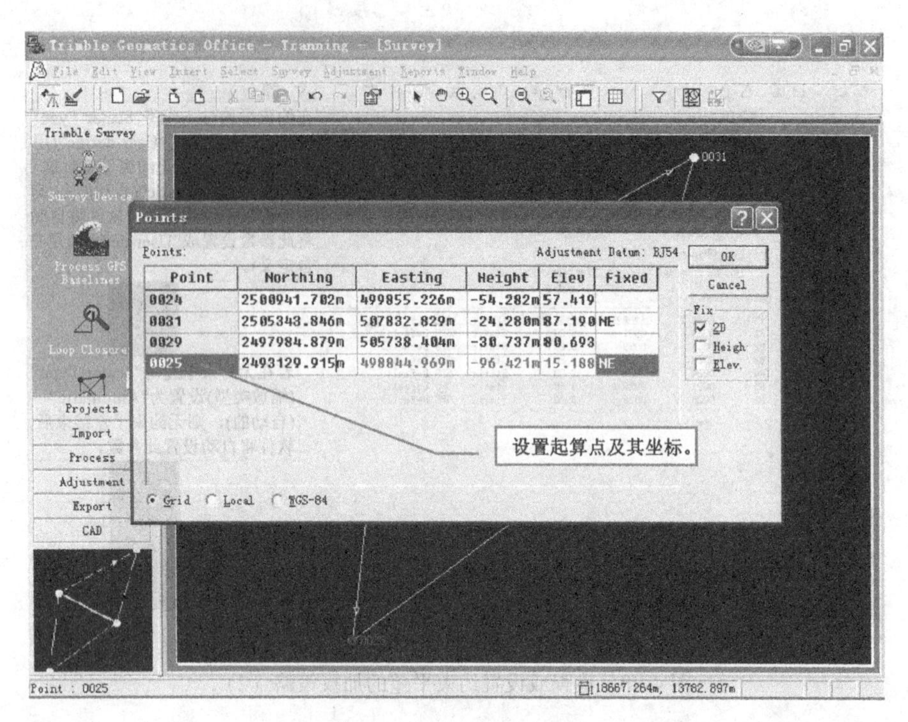

图 4-50　设置起算点（2）

（4）选择“Adjustment/Adjust”(平差/平差）菜单项，进行约束平差（如图 4-51 所示）；

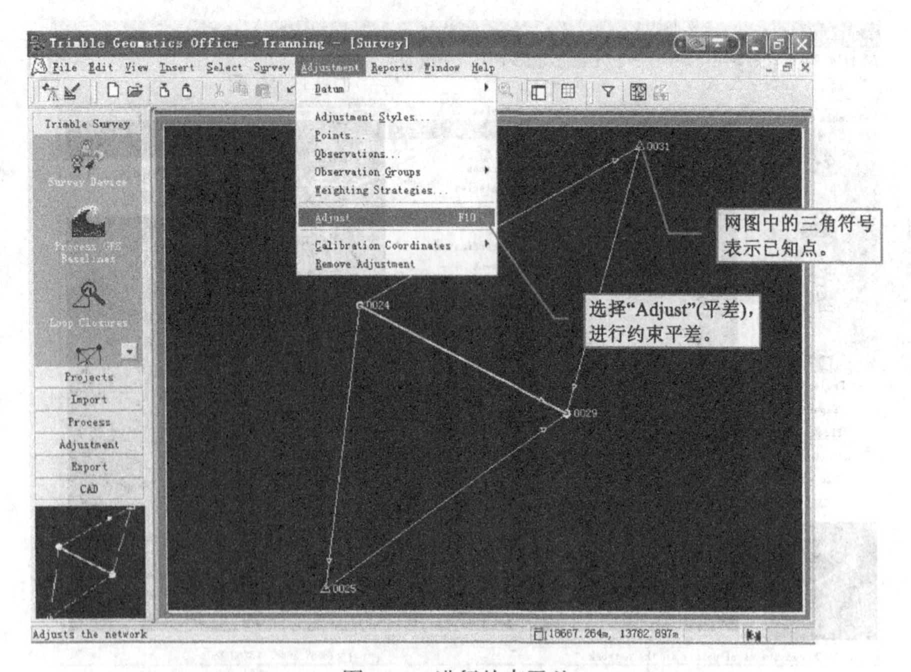

图 4-51　进行约束平差

（5）选择“Reporets/Network Adjustment Report”(报告/网平差报告）菜单项，生成网

平差报告（如图 4-52 所示）。注意，若需保留无约束平差的报告，需要在生成网约束平差报告前进行备份，否则该报告将被覆盖；

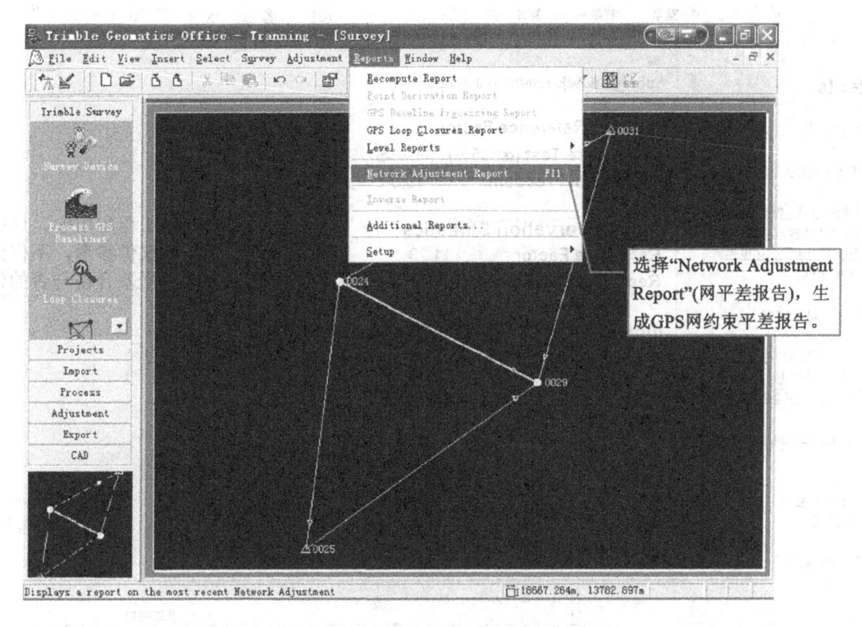

图 4-52　生成网平差报告（约束平差）

（6）分析网的约束平差报告，进行 GPS 网测量成果的质量控制（如图 4-53～图 4-58 所示）。

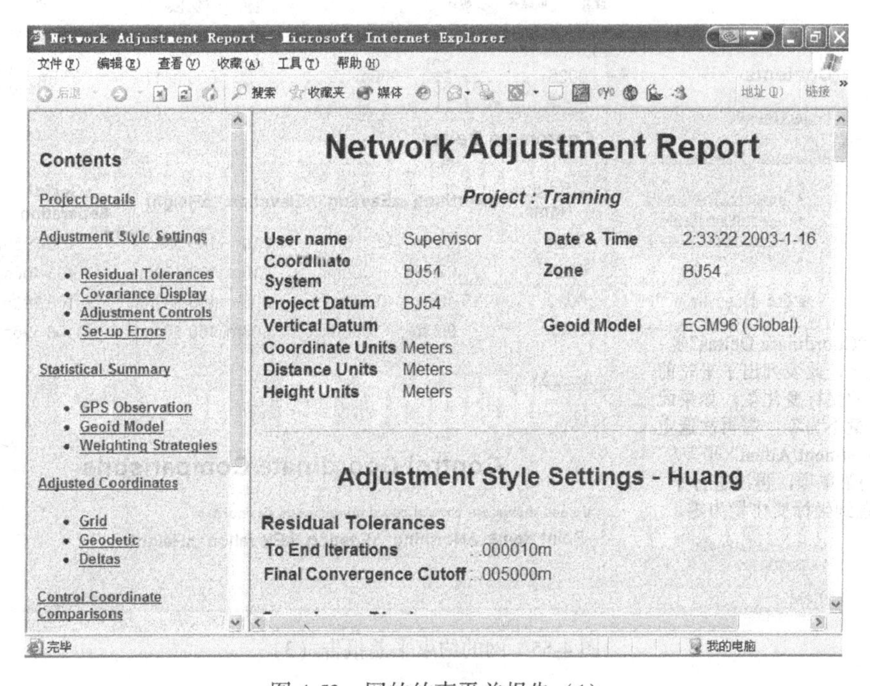

图 4-53　网的约束平差报告（1）

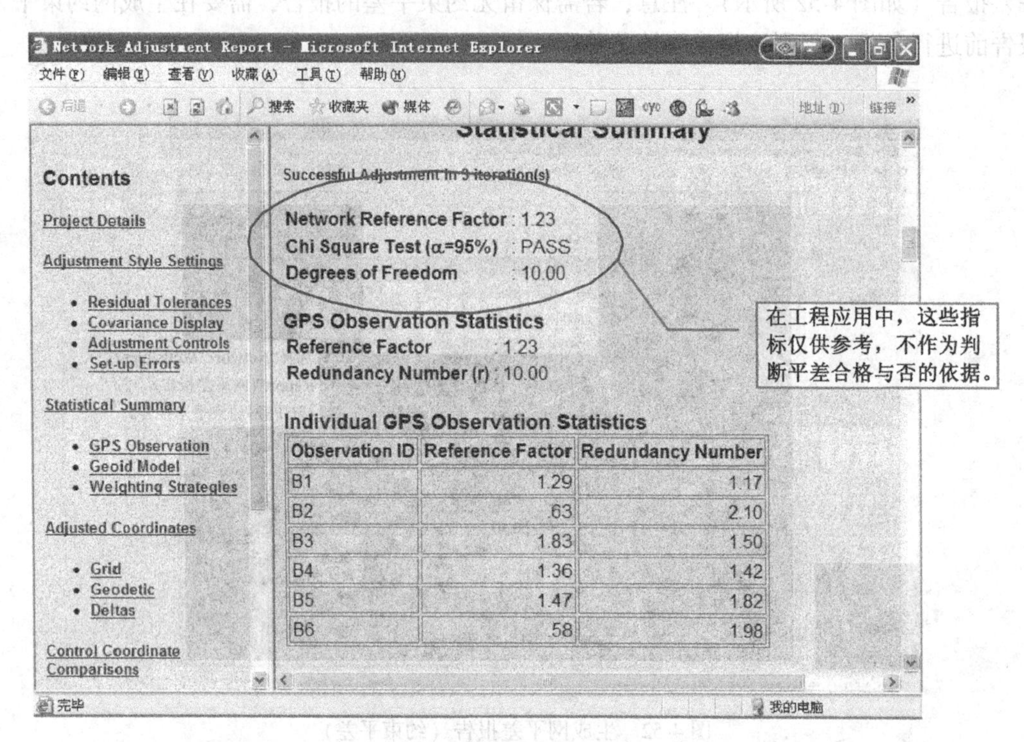

图 4-54　网的约束平差报告（2）

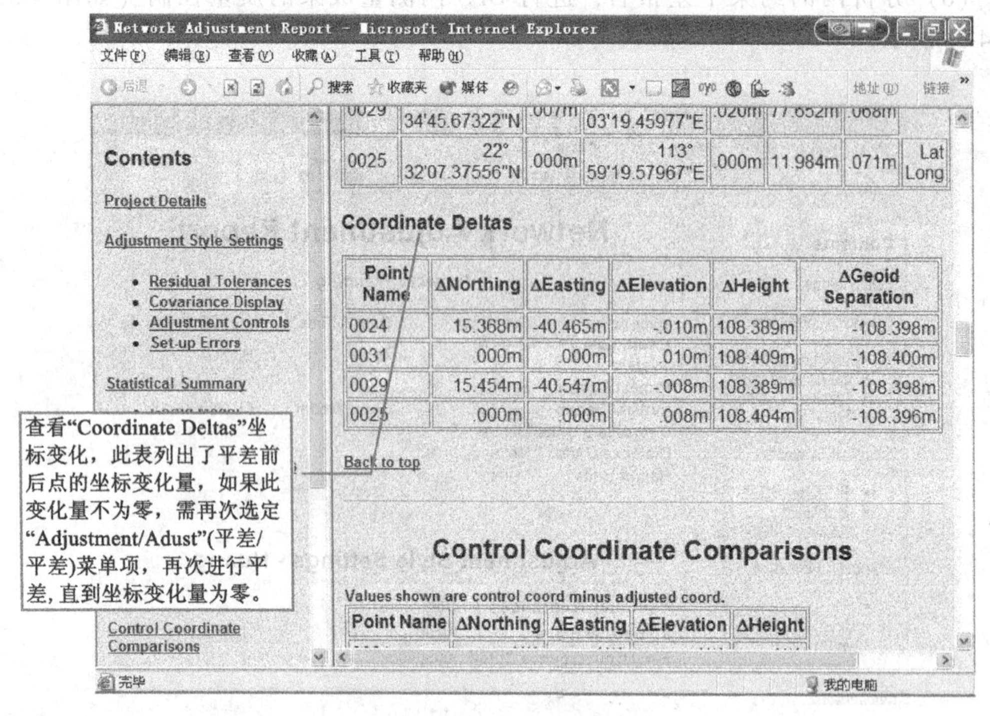

图 4-55　网的约束平差报告（3）

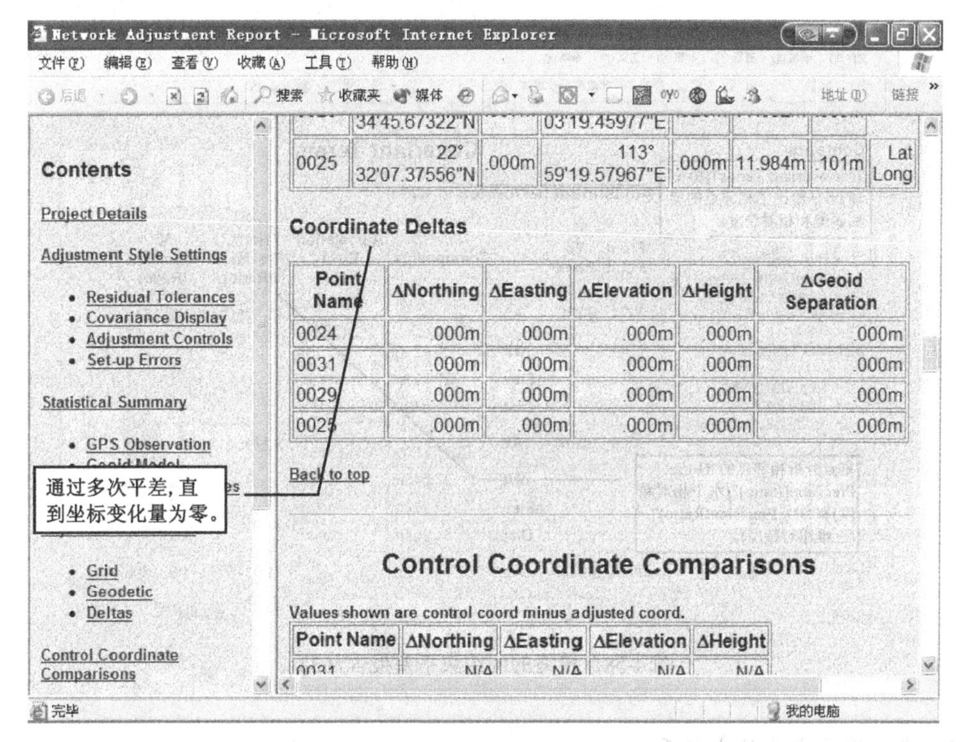

图 4-56　最终的网约束平差报告（1）

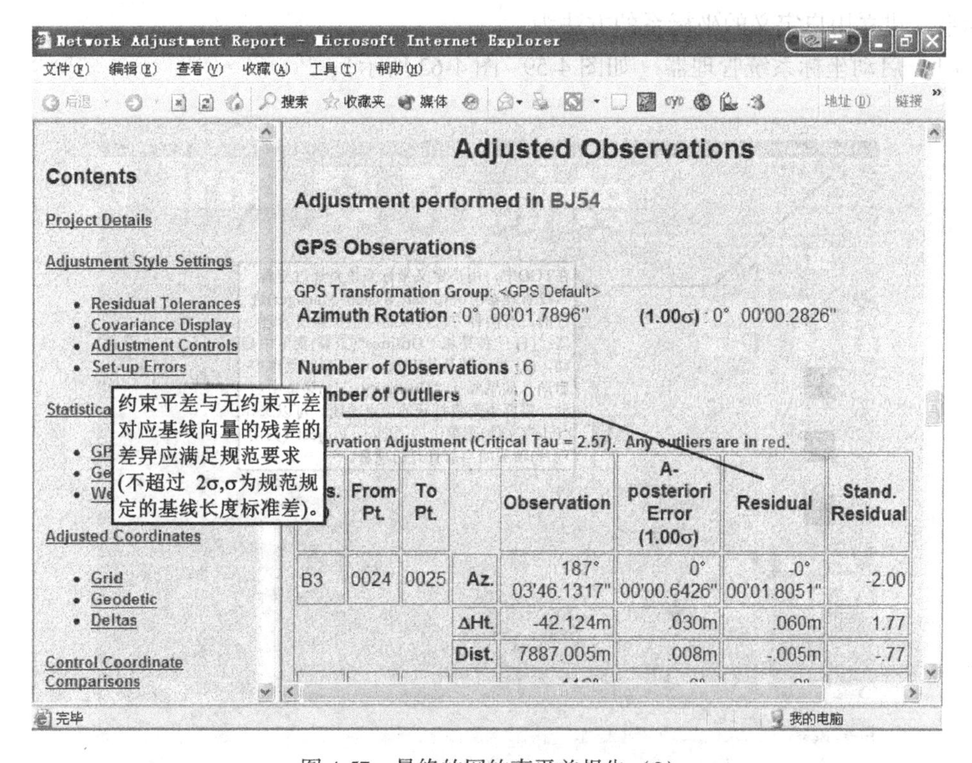

图 4-57　最终的网约束平差报告（2）

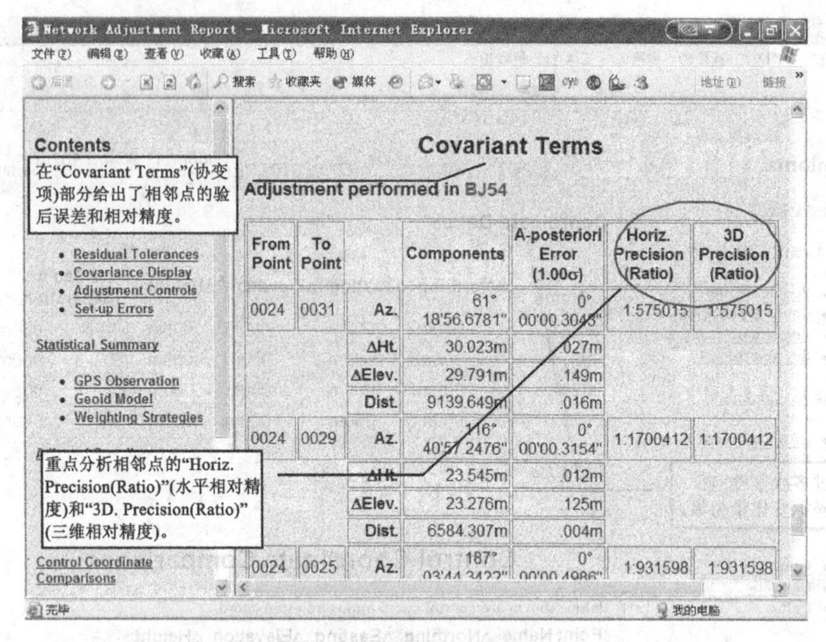

图 4-58　最终的网约束平差报告（3）

7. 建立用户定义的坐标系

如果在进行约束平差时所需要的坐标系在 TGO 中未事先定义，则需要用户自行定义坐标系。建立用户定义的坐标系的方法为：

（1）启动坐标系统管理器（如图 4-59～图 4-62 所示）；

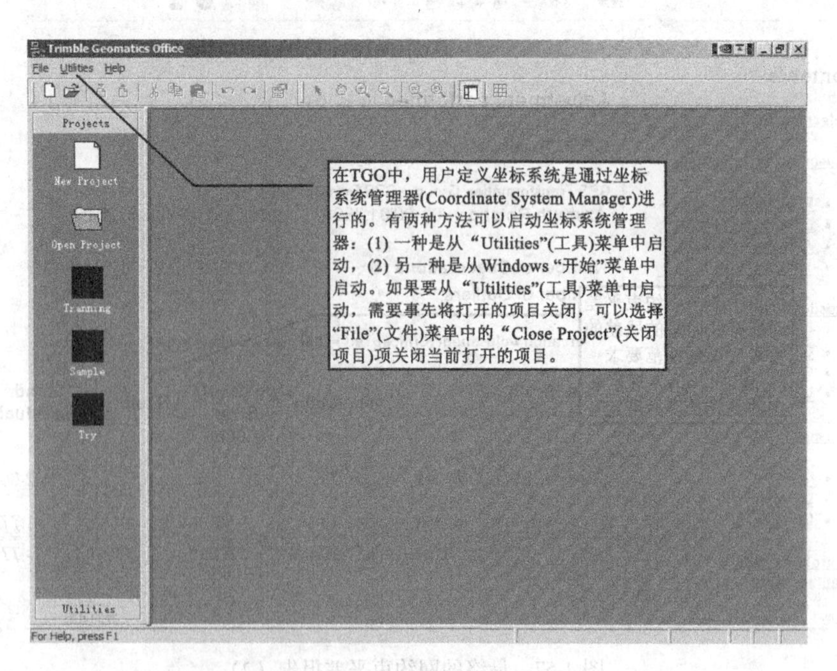

图 4-59　关闭所打开的项目

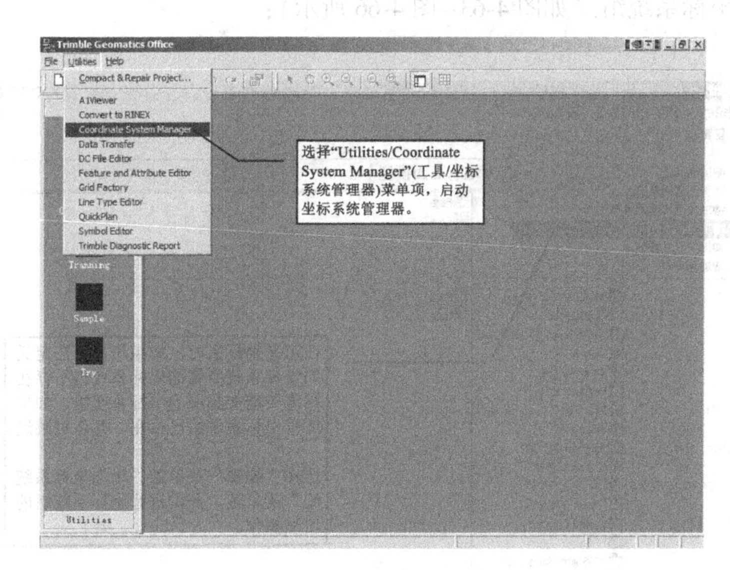

图 4-60　从 Utilities（工具）菜单中启动坐标系统管理器

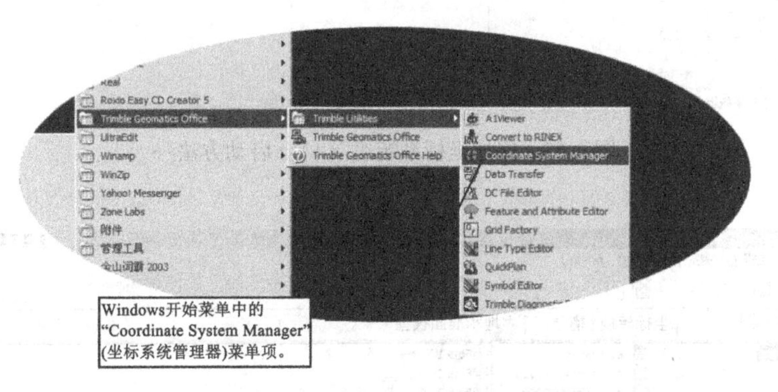

图 4-61　从 Windows“开始”菜单中启动坐标系统管理器

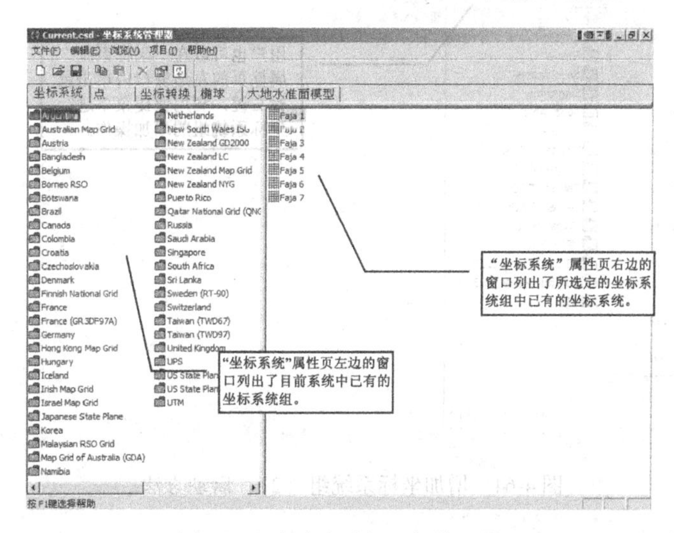

图 4-62　完成启动的坐标管理器

（2）增加坐标系统组（如图 4-63～图 4-66 所示）；

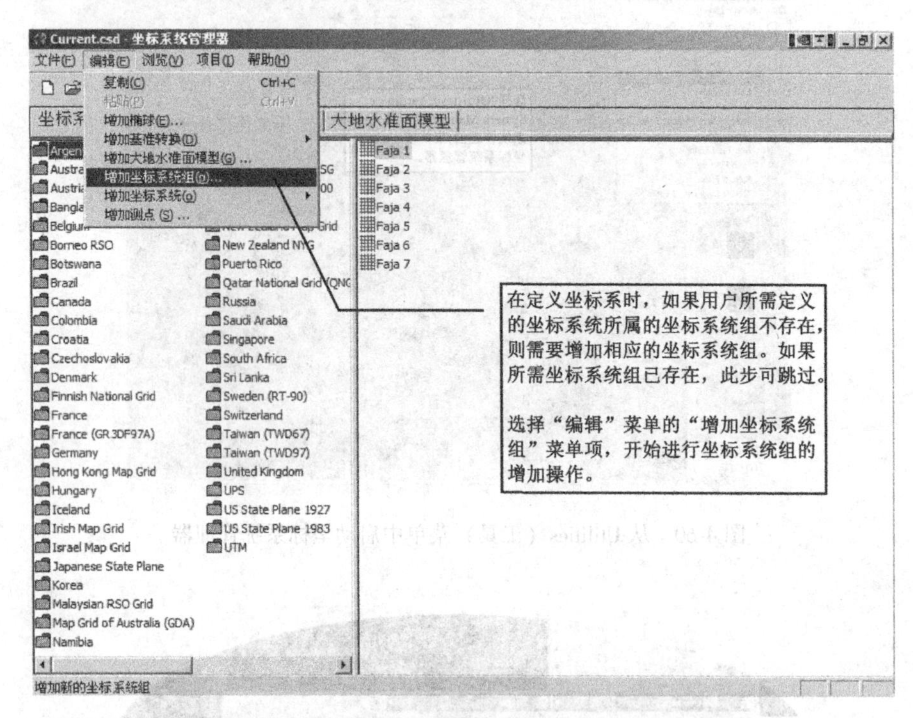

图 4-63　增加坐标系统组（1）：启动方法一

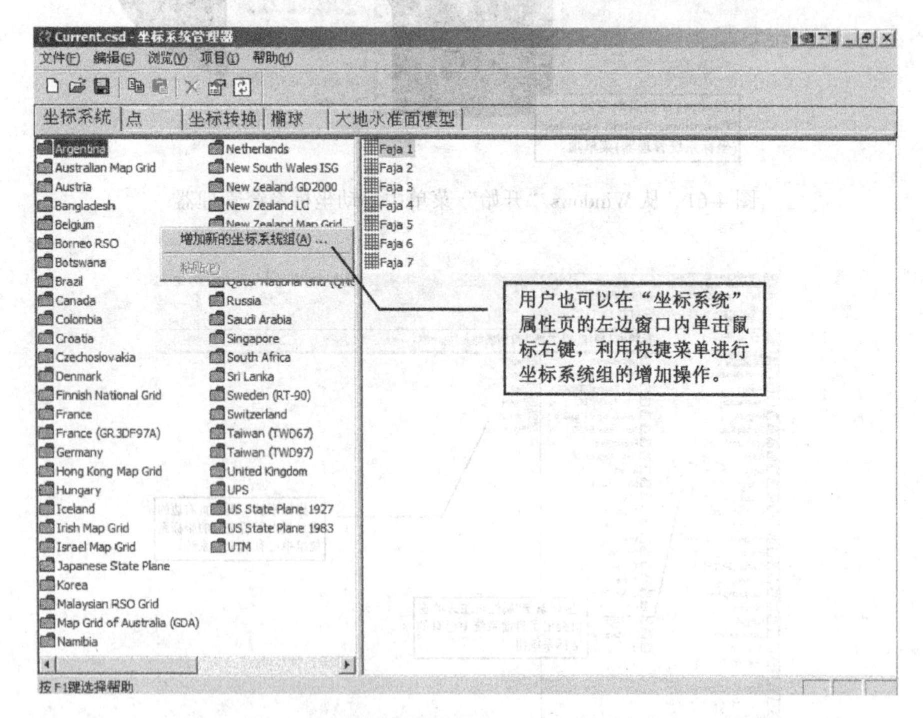

图 4-64　增加坐标系统组（2）：启动方法二

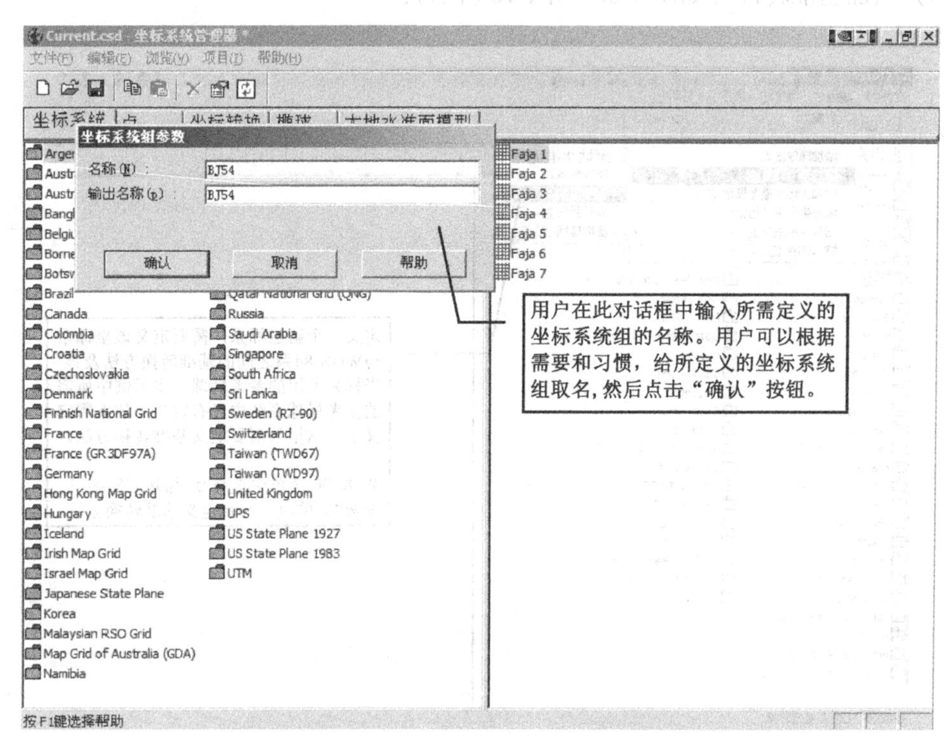

图 4-65 增加坐标系统组（3）：输入名称

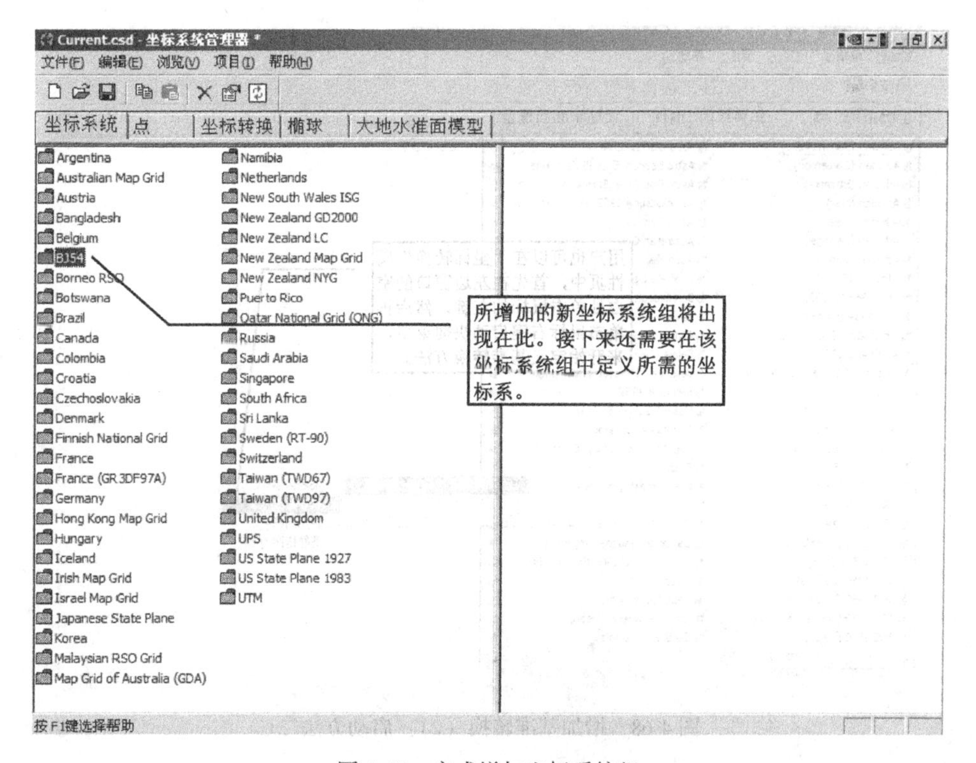

图 4-66 完成增加坐标系统组

（3）增加基准转换（如图 4-67～图 4-70 所示）；

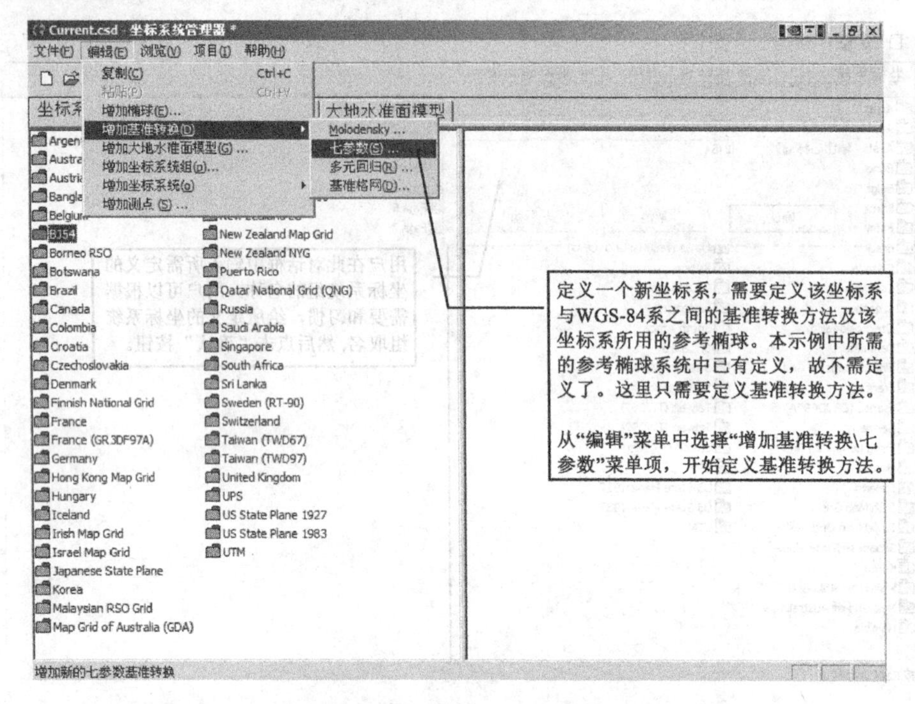

图 4-67 增加基准转换（1）：启动方法一

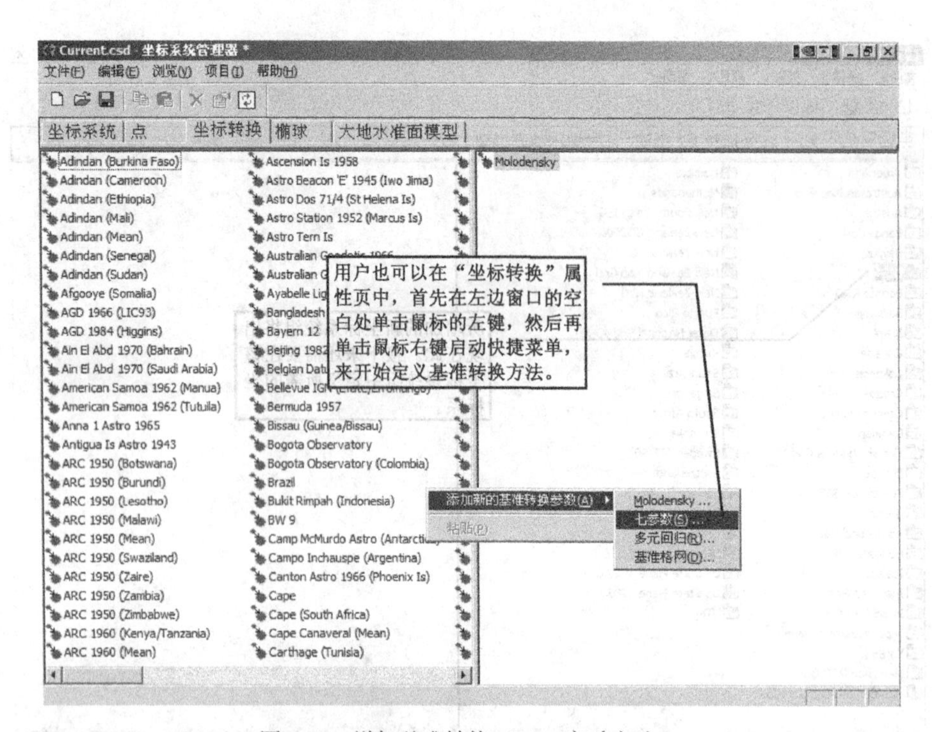

图 4-68 增加基准转换（2）：启动方法二

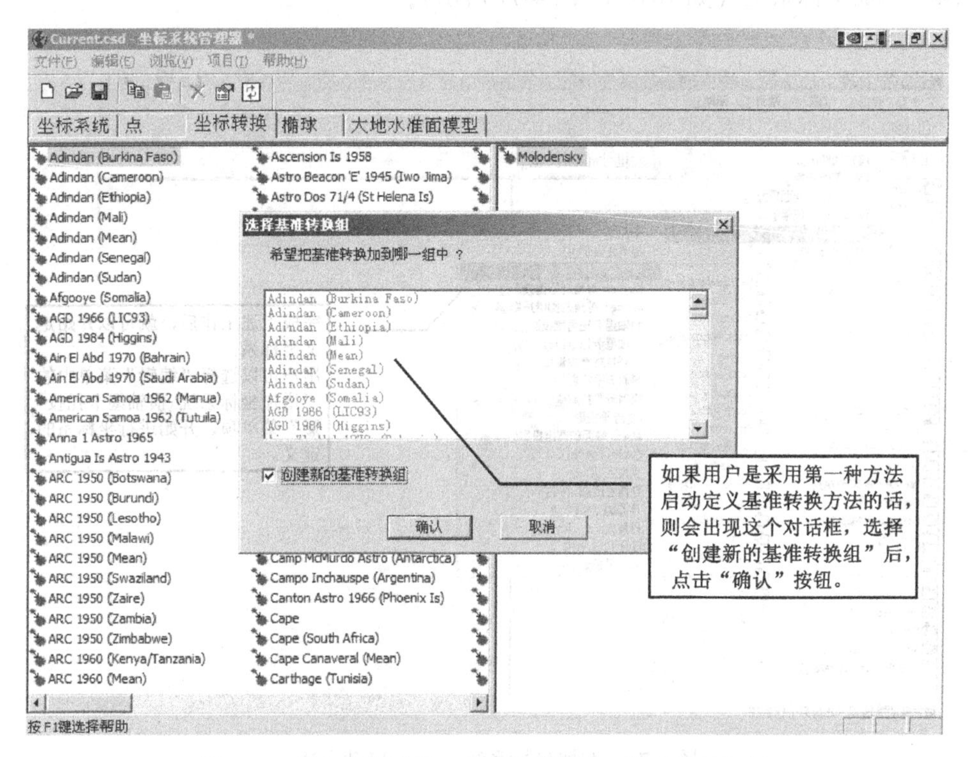

图 4-69　增加基准转换（3）：选择创建新的基准转换组

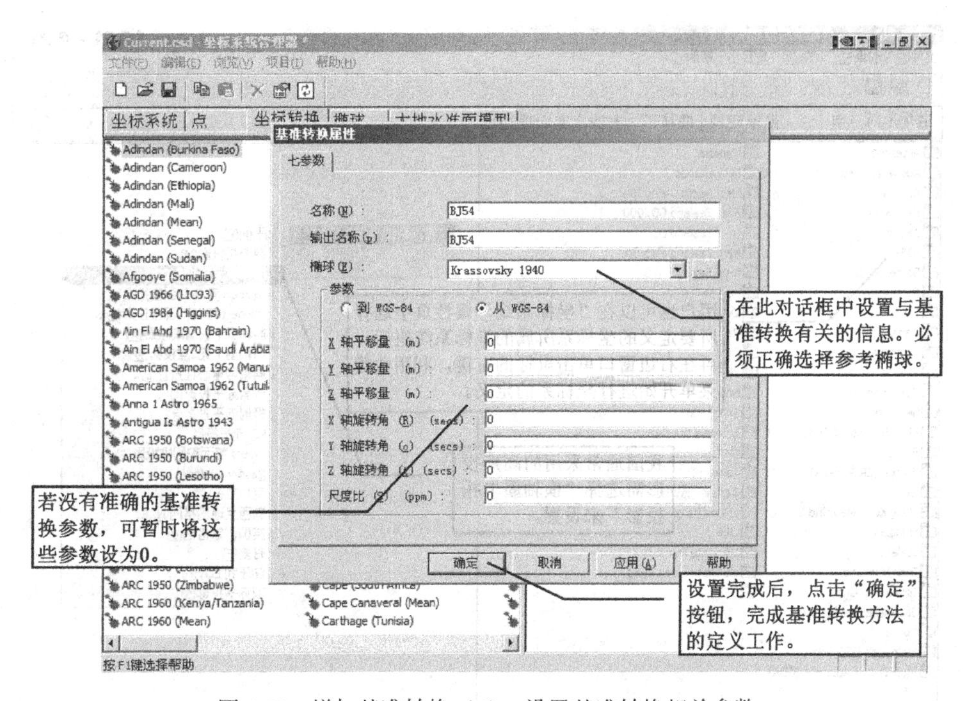

图 4-70　增加基准转换（4）：设置基准转换相关参数

（4）增加坐标系统（如图 4-71～图 4-77 所示）；

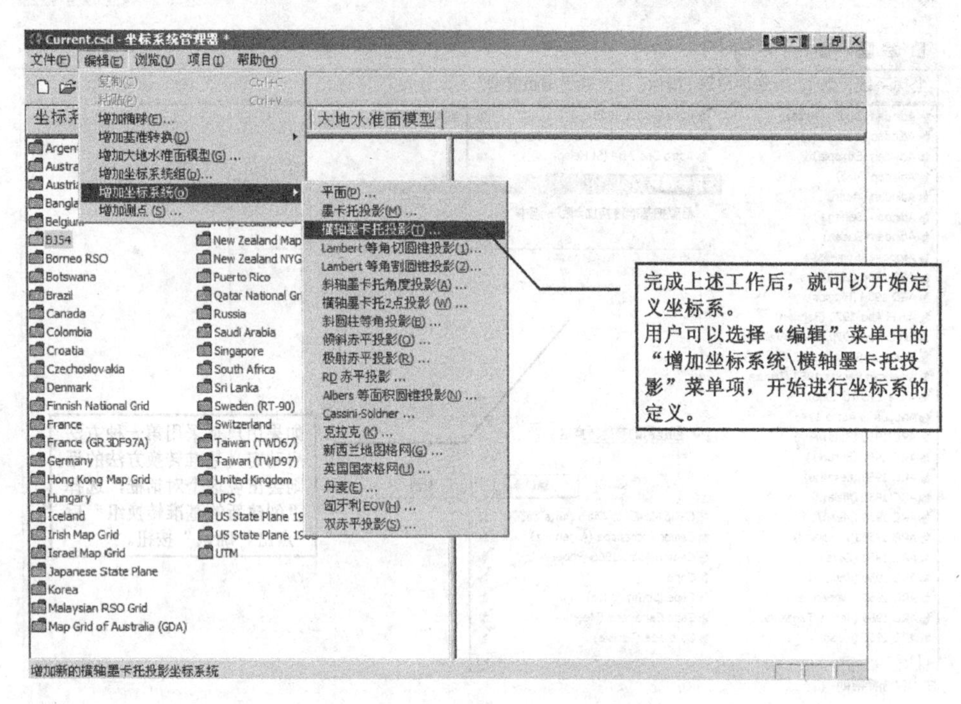

图 4-71　增加坐标系统（1）：启动方法一

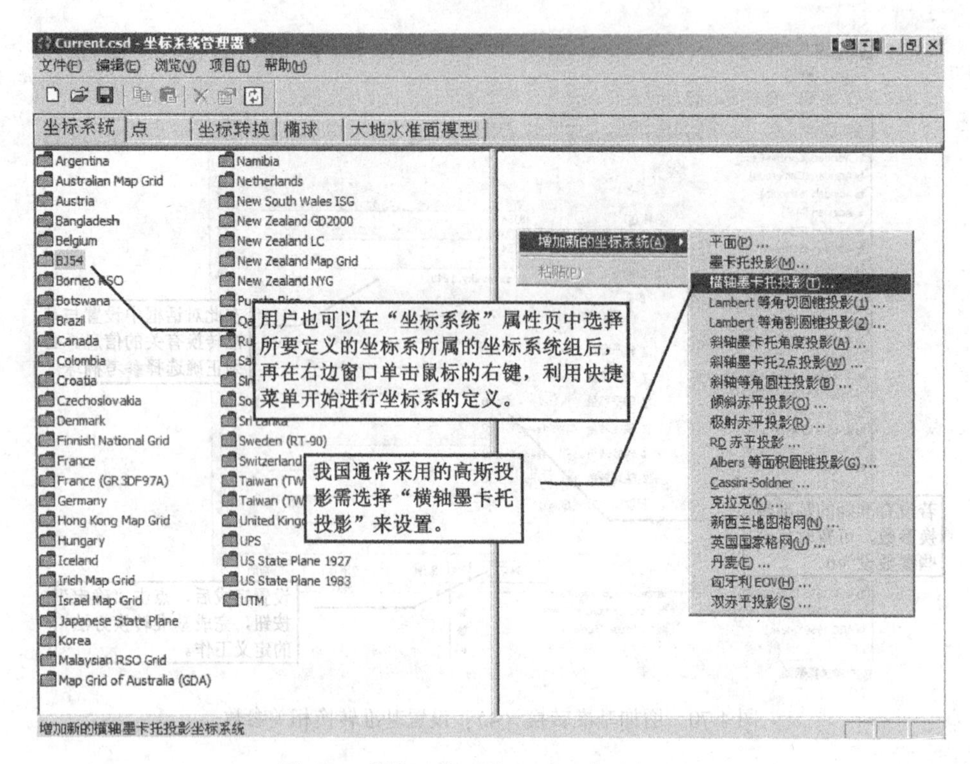

图 4-72　增加坐标系统（2）：启动方法二

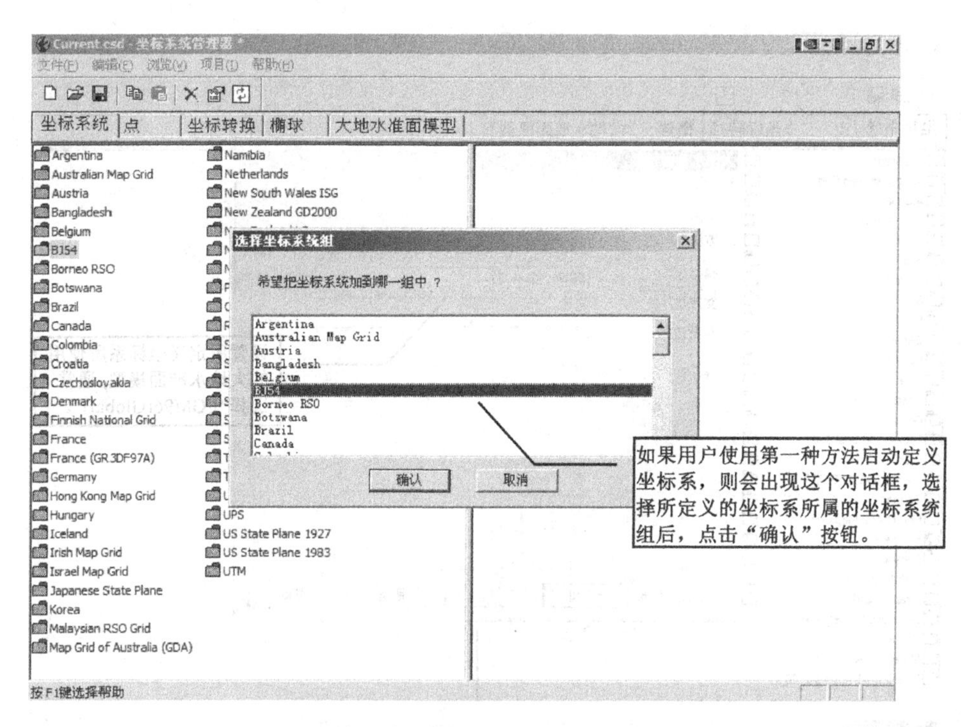

图 4-73　增加坐标系统（3）：选择所属坐标系统组

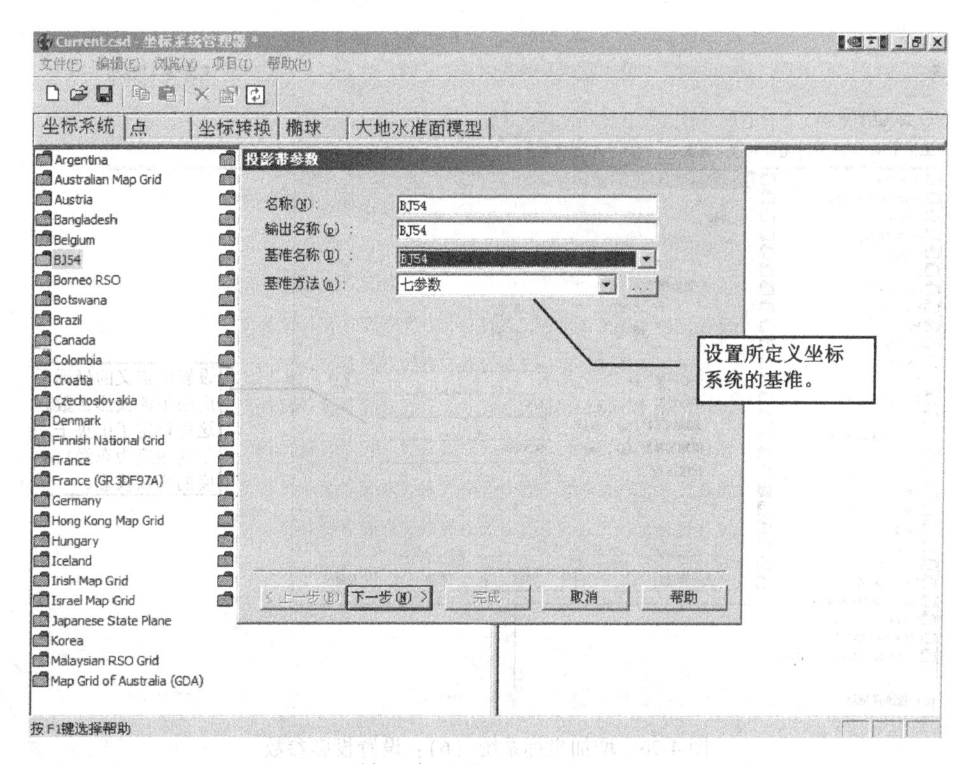

图 4-74　增加坐标系统（4）：设置投影带参数

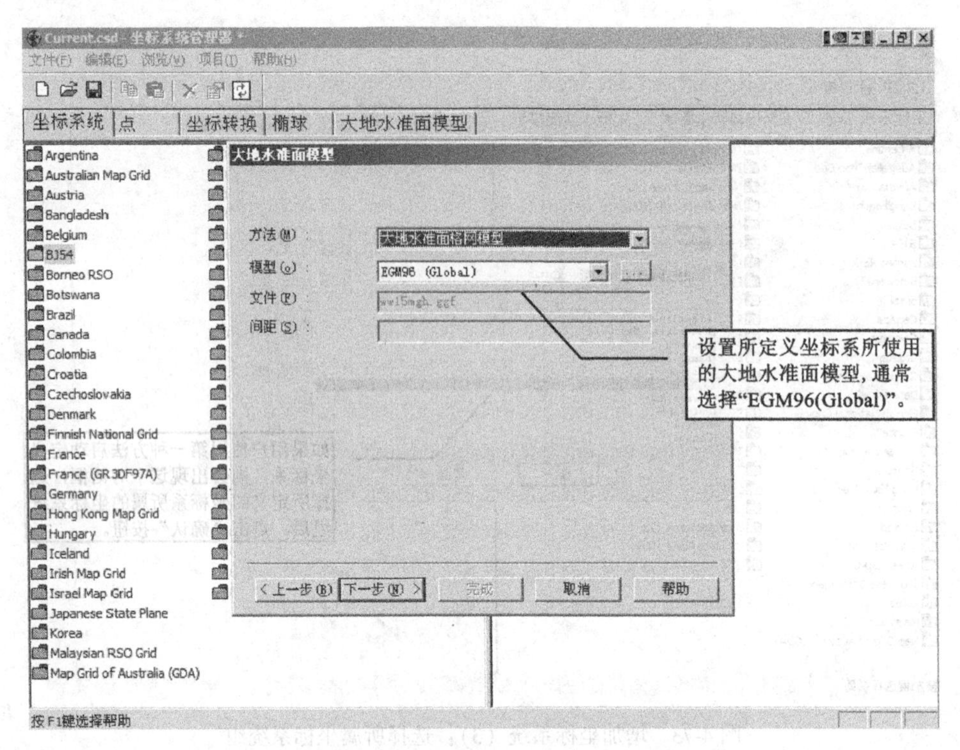

图 4-75　增加坐标系统（5）：设置大地水准面模型

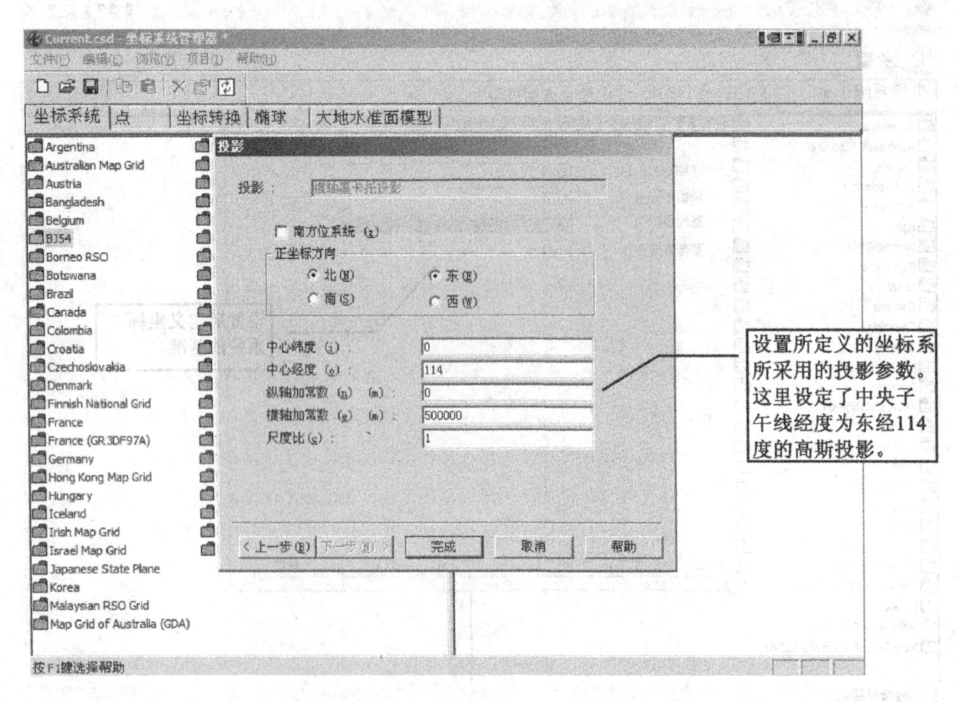

图 4-76　增加坐标系统（6）：设置投影参数

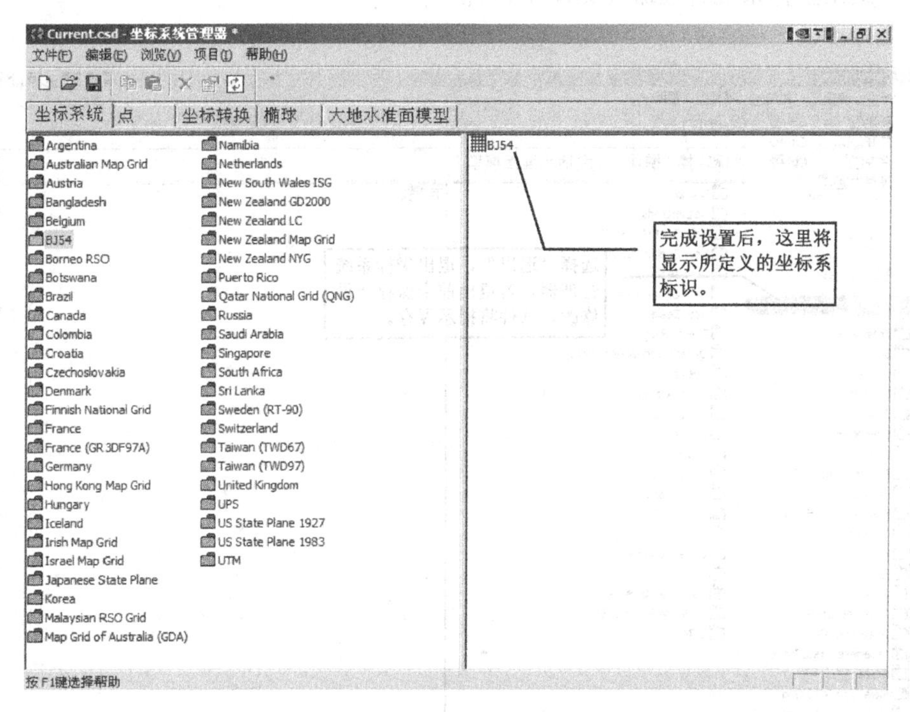

图 4-77　完成增加坐标系统

（5）保存坐标系设置结果（如图 4-78 所示）；

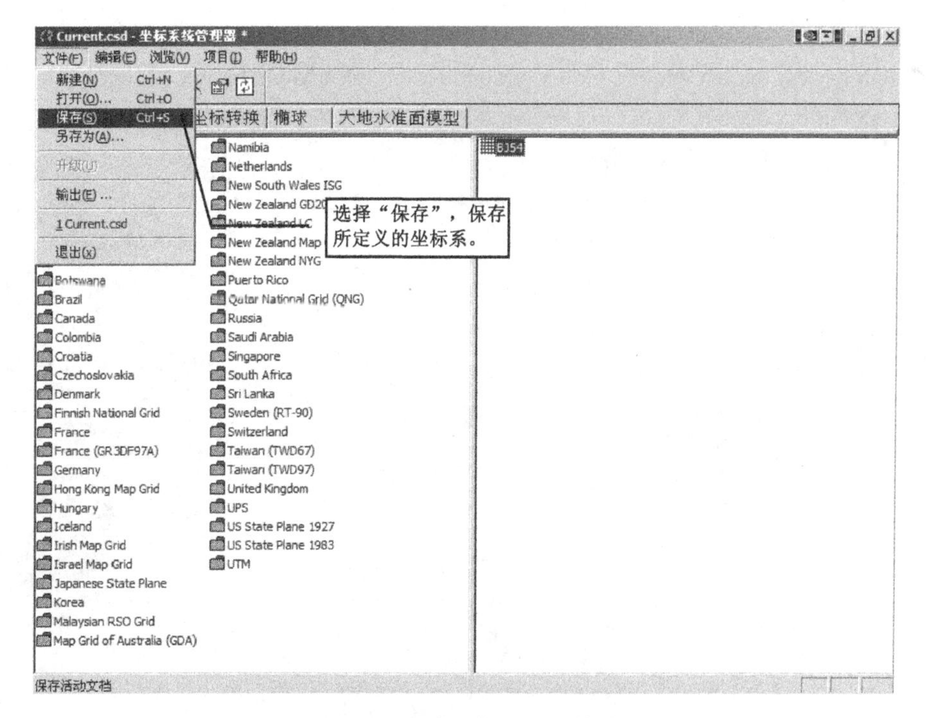

图 4-78　保存坐标系设置结果

（6）退出坐标系统管理器（见图 4-79）。

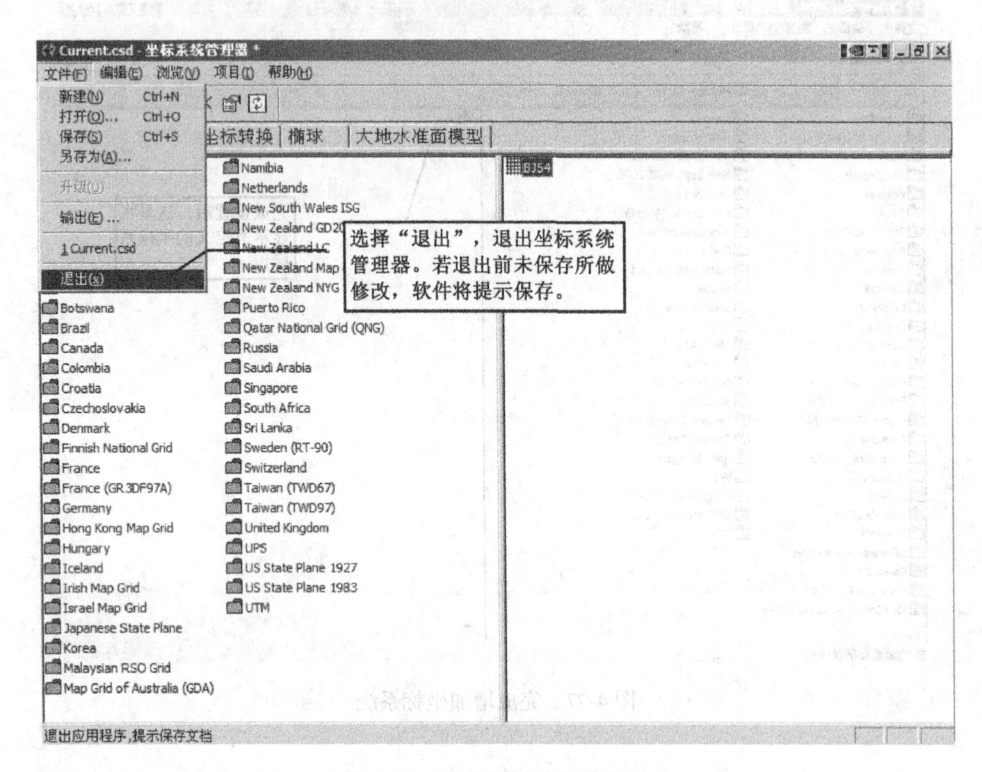

图 4-79　退出坐标系统管理器

第二部分

GPS 网建立

第 5 章　GPS 控制网技术设计

5.1　实 习 纲 要

5.1.1　目的

（1）了解 GPS 网技术设计的基本要素和过程，掌握编写技术设计报告的方法；
（2）完成指定的 GPS 网的技术设计，为后面的实习项目提供技术依据。

5.1.2　内容

（1）学习 GPS 控制网技术设计的内容和编写技术设计报告的方法；
（2）以个人为单位编写设计书，以小队为单位进行讨论，最终形成小队在后续实习中将采用的技术设计方案。

5.1.3　安排

性质：综合。
方式：个人及小队相结合完成设计。
时间：6 个学时（个人编写 4 个学时，小队讨论 2 个学时）。

5.1.4　条件

场所：多媒体教室（用于技术设计方案的讨论）。
硬件：无。
软件：无。

5.1.5　成果

每人编写一份 GPS 控制网技术设计书。

5.2　实 习 指 南

技术设计是建立 GPS 控制网的首要工作，这是因为技术设计提供了布设 GPS 网的技术准则，在布设 GPS 网过程中所遇到的所有技术问题都需要从技术设计中寻找答案。GPS 网的技术设计就是依据有关规范（规程），并结合 GPS 网的用途、用户的要求等，对 GPS 网的图形、精度及基准等进行具体而详细的设计。

5.2.1 GPS 网技术设计的依据

GPS 网技术设计的主要依据是 GPS 测量规范（规程）和测量任务书或合同书。GPS 测量规范（规程）是国家测绘管理部门或行业部门制定的技术法规；测量任务书或合同书是测量施工单位上级主管部门或合同甲方下达的技术要求文件，这种技术文件是指令性的，它规定了测量任务的范围、目的、精度的密度，提交成果和资料的时间，完成任务的经济指标等。

目前 GPS 设计依据的规范（规程）主要有：

（1）国家技术质量监督局发布的国家标准《全球定位系统（GPS）测量规范》(GB/T 18314-2001)；

（2）建设部发布的行业标准《全球定位系统城市测量技术规程》(CJJ 73—1997)；

（3）各部门根据本部门 GPS 工作的实际情况制定的其他 GPS 测量规程或细则。

在进行 GPS 网设计时，一般首先依据测量任务书或合同书提出的 GPS 网的精度、密度和经济指标，再结合规范（规程）的规定及现场踏勘结果，确定各点间的连接方法、各点设站观测的次数以及时段长短等布网观测方案。

5.2.2 GPS 网的精度、密度设计

1. GPS 测量精度标准及分类

各类 GPS 网的精度设计主要取决于 GPS 网的用途，根据我国 2001 年由国家质量技术监督局发布的国家标准《全球定位系统（GPS）测量规范》(GB/T 18314-2001)，GPS 基线向量网被分为 AA、A、B、C、D、E 六个等级，对于不同等级的 GPS 网，精度要求见表 5-1。

表 5-1　　**GPS 测量精度分级（GB/T 18314-2001）**

测量分类	固定误差 a（mm）	比例误差系数 b	相邻点间平均距离（km）
AA	≤3	≤0.01	1000
A	≤5	≤0.1	300
B	≤8	≤1	70
C	≤10	≤5	10~15
D	≤10	≤10	5~10
E	≤10	≤20	0.2~5

在建设部发布的行业标准《全球定位系统城市测量技术规程》(CJJ 73—1997) 中，用于城市或工程的 GPS 控制网可根据相邻点的平均距离和精度划分为二、三、四等和一、二级，具体精度分级见表 5-2。

表 5-2　　**GPS 测量精度分级（CJJ 73—1997）**

等级	相邻点间平均距离（km）	固定误差 a（mm）	比例误差系数 b（1×10^{-6}）	最弱边相对中误差
二	9	≤10	≤2	1/120000
三	5	≤10	≤5	1/80000
四	2	≤10	≤10	1/45000
一级	1	≤10	≤10	1/20000
二级	<1	≤15	≤20	1/10000

注：当边长小于 200m 时，边长误差应小于 20mm。

在所有 GPS 规范（规程）中，各等级 GPS 网的精度指标是指 GPS 网中相邻点间基线长度精度（即 GPS 基线长度的中误差），用下式来表示：

$$\sigma=\sqrt{a^2+(bd)^2}$$

式中：σ 为 GPS 基线长度的中误差（mm）；a 为固定误差（mm）；b 为比例误差系数（1×10^{-6}）；d 为 GPS 网中相邻点间的平均距离（km）。

按照规范的要求，当某一 GPS 网整个内外业完成后，其精度就是按照上面的指标来衡量，而不是用 GPS 点位中误差来评价，因为 GPS 点位精度不但与 GPS 网的精度有关，还与网中已知点的精度有关，用它作为 GPS 网的精度评价标准并不恰当。

2. GPS 点的密度标准

在布设 GPS 网时，由于任务要求和服务对象不同，对 GPS 点的分布要求也不同。对于国家特级（A 级）基准点及大陆地球动力学研究监测所布设的 GPS 点，主要是用于提供国家级基准、精密定轨、星历计划及高精度形变信息，所以布设时平均距离可达数百千米；而一般城市和工程测量布设点的密度主要为了满足测量图加密和工程测量的需要，平均边长往往在几千米以内。因此，现行规范和规程都对 GPS 网中两相邻点间距离、各等级 GPS 网相邻点的平均距离作出了规定（具体见表 5-1 和表 5-2），相邻点间的最小距离应为平均距离的 1/3～1/2，最大距离可为平均距离的 2～3 倍。

规范中的规定一般是指在标准情况下的设计，具有原则性的指导意义。在实际工作中，精度标准和密度标准的确定还要根据用户的实际需要及人力、物力、财力情况进行合理设计，也可参照本部门已有的规程和作业经验适当掌握。

5.2.3　GPS 网的基准设计

GPS 测量获得的是 GPS 基线向量，它属于 WGS-84 坐标系的三维坐标差，而工程应用实际需要的是国家坐标系或地方独立坐标系的坐标，所以在进行 GPS 网的技术设计时必须明确 GPS 成果所采用的坐标系和起算数据，即明确 GPS 网所采用的基准，这项工作被称为 GPS 网的基准设计。

GPS 网的基准包括方位基准、尺度基准和位置基准。方位基准一般以给定的起算方位角的值确定，也可以由 GPS 基线向量的方位作为方位基准；尺度基准一般由地面的电磁波测距边确定，也可由两个以上的起算点间的距离确定，同时也可以由 GPS 基线的距离确定；GPS 网的位置基准，一般都是由给定的起算点坐标来确定。GPS 网的基准设计，实质上主要是确定网的位置基准的问题。

在基准设计时，应充分考虑以下几个问题：

(1) 为求得 GPS 点在地面坐标系中的坐标，应在地面坐标系中选定起算数据并且联测原有地方的若干个控制点，用以进行坐标转换。在选择联测点时，既要充分利用旧资料，又要使新建的高精度 GPS 网不受旧资料精度较低的影响，因此，大中城市 GPS 控制网应与附近的国家控制点联测 3 个以上，小城市或工程控制可以联测 2~3 个点。

(2) 为保证 GPS 网进行约束平差后坐标精度的均匀性以及减少尺度比例误差的影响，对 GPS 网内重合的高等级国家点或原城市等级控制网点，除与未知点连接进行观测外，对它们也要适当地构成长边进行观测。

(3) GPS 网经平差计算后，可以得到 GPS 点在地面坐标系中的大地高。为求得 GPS 点的正常高，可根据具体情况联测高程点。联测的高程点需均匀分布于网中，对丘陵或山区联测高程点应按高程拟合曲面的要求进行布设，具体联测宜采用不低于四等水准精度标准的方法进行。

(4) 新建 GPS 网的坐标系应尽量与测区过去采用的坐标系一致。有些测区的坐标系不一定采用了国家坐标系，而可能是采用地方独立或工程坐标系，所以一定要了解与起算点坐标有关的以下参数：

①所采用的参考椭球；

②坐标系的中央子午线经度；

③纵横坐标加常数；

④坐标系的投影面高程及测区平均高程异常值；

⑤起算点的坐标值。

5.2.4 GPS 网图形构成基本特征条件的确定

在进行 GPS 网图形设计前，必须明确有关 GPS 网图形构成的几个基本概念，掌握 GPS 网的特征条件计算方法。

1. 几个基本概念

在这里，先给出几个在 GPS 网建立过程中常用的基本概念。

观测时段：测站上从开始接收卫星信号到观测停止连续工作的时间段，简称时段。

同步观测：两台或两台以上接收机同时对同一组卫星进行观测。

同步观测环：三台或三台以上接收机观测获得的基线向量所构成的闭合环。

独立观测环：由独立观测所获得的基线向量构成的闭合环，在构成多边形环路的所有基线向量中，只要有非同步观测基线向量，该环就是独立观测环，独立观测环也被称为异步观测环，简称异步环。

独立基线：没有线性相关性的一组基线向量，对于由 N 台 GPS 接收机构成的同步观测环，若其中有 J 条同步观测基线，则其中独立基线数为 ($N-J$)。

2. GPS 网特征条件的计算

首先，最重要的是要确定完成整个 GPS 网的图形构成所需要的最少观测时段数，其计算公式为：

$$C=n \cdot m/N$$

式中：C 为完成整个 GPS 网的图形构成所需要的最少观测时段数，n 为 GPS 网的观测点个数，m 为每点平均设站次数，N 为使用的接收机台数。

对于某一 GPS 网，点的个数 n 通过图上的选点可以确定，每点平均设站次数 m 根据本网的设计精度等级可以在规范里找到相应要求（见图 5-1 中的观测时段数），接收机台数就是计划投入观测的接收机台数，由测量单位自行确定，确定上述数据后根据公式即可求出整个 GPS 网的图形构成所需要的最少观测时段数。

各级 GPS 测量基本技术要求规定

级别 / 项目	AA	A	B	C	D	E
卫星截止高度角（°）	10	10	15	15	15	15
同时观测有效卫星数	≥4	≥4	≥4	≥4	≥4	≥4
有效观测卫星总数	≥20	≥20	≥9	≥6	≥4	≥4
观测时段数	≥10	≥6	≥4	≥2	≥1.6	≥1.6

图 5-1　规范中对每点平均设站次数的要求

注意：这里由规范得到的 C 只是最少观测时段数，意味着少于这个时段数就满足不了规范的要求。当然低于这个时段数也可以完成整网图形的构成，只是可靠程度不高。最终的观测时段数 C' 由测量单位在最少观测时段数的基础上结合图形设计来确定。

在 GPS 网中，在确定了最终的时段数 C' 后，就可以得到以下特征条件：

（1）总基线数 $J_T=C' \cdot N \cdot (N-1)/2$；

（2）必要基线数 $J_N=n-1$；

（3）独立基线数 $J_D=C' \cdot (N-1)$；

（4）多余基线数 $J_S=C' \cdot (N-1)-(n-1)$。

依据上述公式，就可以确定出一个具体的 GPS 网图形结构的主要特征。

3. GPS 网同步图形及独立边的选择

对于一个时段，由 N 台 GPS 接收机构成的同步图形中包含的 GPS 基线数为：

$$J=N \cdot (N-1)/2$$

其中只有 $N-1$ 条是独立的 GPS 基线，其余为非独立的 GPS 基线。

当同步观测的 GPS 接收机台数 $N \geq 3$ 时，需要检查一个时段里由三条同步观测基线所构成的同步闭合环的闭合差。理论上，同步闭合环中各 GPS 边的坐标差之和（即闭合差）应为 0，但由于观测误差的存在，同步闭合环的闭合差并不等于零。GPS 规范规定了同步闭合差的限差，原则上应遵守此限差的要求，但当由于某种原因导致不能较好同步时，应适当放宽此项限差要求。

值得注意，若同步闭合环的闭合差较小，通常只能说明这一时段的 GPS 基线向量的处理模型和过程没有问题，但不能确认没有接收的信号受到干扰而产生的某些粗差或人为的粗差（如仪器高量错）。

为了确保GPS观测效果的可靠性，有效地发现观测成果中的粗差，必须使GPS网中的独立边构成一定的几何图形，这种几何图形可以是由数条GPS独立边构成的非同步多边形（或称独立闭合环），也可以是当GPS网中有若干个起算点时由两个起算点之间的数条GPS独立边构成附合路线。GPS网的图形设计，也就是根据对所布设的GPS网的精度要求和其他方面的要求，设计出由独立GPS边构成的多边形网。

对于独立闭合环的构成，一般应按所设计的网图选择，必要时也可根据具体情况适当调整。

5.2.5 GPS网的图形设计

在常规测量中对控制网的图形设计是一项非常重要的工作，而在GPS图形设计时，因为GPS同步观测不要求通视，所以其图形设计具有较大的灵活性。GPS网的图形设计主要取决于用户的要求、经费、时间、人力以及所投入的接收机类型、设备数量和后勤保障条件等。在通过5.2.4小节中的方法结合测区具体情况确定了最终时段数后，就可以利用测区已有的1∶10000地形图在图上进行选点和图形设计。

GPS网的图形布设在同步图形之间的连接通常有点连式、边连式、网连式及边点混合连接四种基本方式，也有布设成星形边接、附合导线连接、三角锁形连接等方式，选择什么样的组网方式，取决于工程所要求的精度、野外条件及GPS接收机台数等因素。

在实际工作中，当只有三台GPS接收机时，整个网的布设连接方式存在较多选择，需要多做些图形优化设计的工作；有四台GPS接收机时，一般采取边连式来完成图形连接；有五台或更多GPS接收机时，多采取网连式，每个同步图形间通过2个或3个共同点来完成图形连接。在图形设计过程中，可以采取从网的某一端开始，向其他待测地域扩展的方式；也可采取从网的中间向四周扩展的图形设计方式，具体情况应结合实际地形、交通状况、工作安排，在后续的外业观测调度工作中，也可酌情修改图形设计。

在实际布网设计时还要注意以下几个原则：

（1）GPS观测的一个优点就是在GPS网中点与点间不要求通视，所以在图上选点时尽可能考虑方便测量作业；但如果需要考虑以后用常规测量方法加密，则每个GPS控制点和相邻控制点间应有一个以上的通视方向。

（2）为了沿用原有城市测绘成果资料以及各种大比例尺地形图，应采用原有城市坐标系统，对符合GPS网点要求的旧点，应充分利用其标石。

（3）GPS网必须由非同步独立观测边构成若干闭合环或附合路线，在各级GPS网中，每个最简独立闭合环或附合路线的边数应符合规定（国家规范的要求见表5-3，建设部的行业规程要求见表5-4）。

表5-3　**最简独立闭合环或附合路线边数的规定（GB/T 18314—2001）**

等级	A	B	C	D	E
闭合环或附合路线的边数	≤5	≤6	≤6	≤8	≤10

表 5-4　　最简独立闭合环或附合路线边数的规定（CJJ 73—1997）

等级	二	三	四	一级	二级
闭合环或附合路线的边数	≤6	≤8	≤10	≤10	≤10

5.2.6　技术设计报告的内容

相关资料搜集整理完毕后，应编写技术设计报告，主要编写内容如下：

(1) 任务来源及工作量

包括 GPS 项目的来源、下达任务的项目、用途、意义和 GPS 测量点的数量（包括新定点数、约束点数、水准数、检查点数）。

(2) 测区概况

测区隶属的行政管辖，测区范围的地理坐标、控制面积，测区的地理位置、气候、人文、经济发展状况、交通条件、通信条件等。

这些内容可为今后工程施测工作的开展提供必要的信息，如在施测时的作业时间，交通工具的安排，电力设备和通信设备的使用情况。

(3) 工程概况

工程的目的、作用、要求、GPS 网等级（精度）、完成时间、有无特殊要求等；测区内及与测区相关地区的现有测绘成果的情况，如已知点（精度等级及所属坐标、高程系统）、可利用的测区地形图等；测区控制点的分布及对控制点的分析、利用和评价。

(4) 技术依据

工程所依据的测量规范、工程规范、行业标准及相关的技术要求等。

(5) 布网方案

GPS 网点的图形及基本连接方法；GPS 网结构特征的测算；根据现场踏勘的结果及所拥有的地形图资料进行图上选点，绘制 GPS 网形布设图。

(6) 选点与埋标

根据规范和规程的要求明确 GPS 点位选址的基本要求、点位标志的选用及埋设方法、点位的编号等。

(7) 施测方案

根据规范和规程要求确定测量采用的仪器设备的种类，确定外业观测时的具体操作规程、技术要求等，包括仪器参数的设置（如采样率、截止高度角等）、对中精度、整平精度、天线高的量测方法及精度要求等，制定观测调度计划，提出数据采集应注意的问题。

(8) 数据处理方案

详细的数据处理方案包括基线解算和网平差处理所采用的软件和处理方法等内容。

基线解算的数据处理方案应包含以下内容：基线解算软件，参与解算的观测值，解算时所使用的卫星星历类型，解算结果的质量控制指标和评定等。

网平差的数据处理方案应包含以下内容：网平差处理软件，网平差类型，网平差时的坐标系，基准及投影，起算数据的选取等。

(9) 提交成果要求

规定提交成果的类型及形式。

5.2.7 报告编写示例

A市GPS城市控制网测量技术设计书

1. 概述

1.1 任务的目的

为了满足“A市第二次土地调查”的相关测绘工作需要，甲方“A市国土局地理信息中心”委托B对整个A市区域的控制网进行全面更新，从而为后续的测量工作提供平面和高程控制。

1.2 任务的内容

按甲方的要求，本项目拟在整个A市区域范围布设城市控制网，分为平面控制和高程控制两部分。

平面控制：整个控制网的平面控制的精度要求按照国家D级GPS网的要求布设，城区在国家D级GPS网的基础上加密一级导线。

高程控制：按照城区和农村区别对待。

对于城区D级GPS控制网点，所有点（高楼上的点除外）联测四等水准，从而得到城区国家四等水准精度的高程控制。对于一级导线点（高楼上的点除外），与D级GPS网点沿线的点顺便联测四等水准，然后以这些点作为高程控制点，其他一级导线点采用高程导线测量方式，达到等外（五等）水准高程测量精度。

农村地区用GPS高程拟合的方式得到其他D级GPS网点的高程。

1.3 预计工作量

(1) 测量四等GPS点__点（含__个已知点）；

(2) 测量一级导线__公里（约__点）；

(3) 测量四等水准__公里；

(4) 埋设四等GPS点__点；

(5) 埋设一级导线点__点。

2. 测区概况

2.1 测区踏勘概况

由于A市中间由C湖和D分割，所以整个测区形状很不规则。从行政区划上分为三个区，分别为E区、F区和G区。根据国土局提供的资料，本项目控制网的测绘面积约×平方公里，按照地形条件测区又可分为城区和农村两部分。

整个测区交通较便利（详细说明）；

城区楼房多，道路的宽敞程度、通视条件介绍；

农村主要为小山地和丘陵，地形较破碎，最高高程为×米左右，最低高程为×米左右，介绍通视条件；

测区属亚热带气候，预计测量作业的时间为夏季。在选点和踏勘已知点期间下了大雨，预计观测时应该会保持晴好天气，对外业的正常实施比较有利。

测区电力供应情况等。

2.2 测区已知点资料

×月×日，我方在省国土厅调集了控制点和测区内 1 ∶10000 的地形图资料；×月×日至×月×日，我方对测区内调集到的已知点的资料进行了现场踏勘。

2.2.1 已有的平面控制资料

省国土厅提供的控制点全部是为“A 市大地水准面精化”布设测量的 GPS、水准共用点，平面测量结果为 C 级 GPS 控制网，1980 西安坐标系，6 度带，中央子午线为 111 度。

经实地踏勘，这些点保存完好。这 5 个已知点在测区里分布均匀，图形结构好，可以很好地起到平面控制的效果，详细情况参见附录一“控制点点之记”。

2.2.2 已有高程控制资料

前面介绍的 5 个点都具有 85 国家高程基准下的正常高成果，可以利用。除此之外，从省国土厅还调到 4 个水准点资料。经现场踏勘，发现该 4 点保存完好。这些高程已知点在测区里分布均匀，图形结构好，可以很好地起到高程控制效果，详细情况参见附录一“控制点点之记”。

2.2.3 已有地形图资料

从省国土厅还调集到覆盖测区范围的 44 幅 1 ∶10000 地形图资料，多数为××年测绘的航测地形图，该资料可供本次控制测量选点时使用。

2.3 坐标和高程系统

由于已知点为 1980 西安坐标系下的平面控制测量成果，所以本项目的平面坐标系仍然采用这一坐标系统（3 度带，中央子午线为 111 度），高程系统与已知点所属的高程系统保持一致，为 1985 国家高程基准。

3. 技术设计要求

3.1 作业的技术依据

3.1.1 主要技术依据：

(1)《全球定位系统（GPS）测量规范》(GB/T 18134-2001)

(2)《城市测量规范》(CJJ 8-99)

(3)《国家三、四等水准测量规范》(GB 12898-91)

(4) A 市地理信息中心制定的“A 市第二次土地调查”城市控制网布设原则

3.1.2 次要技术依据：

《全球定位系统城市测量技术规程》(CJJ 73-97)

3.2 作业技术方案

具体内容参见本技术设计书的“平面控制测量”和“高程控制测量”这两部分内容。

4. 平面控制测量

4.1 D 级 GPS 控制网测量

4.1.1 D 级 GPS 控制网布设

遵照甲方今后使用的要求，在城区范围内按照相邻点间距 2km 左右的密度进行布设，农村地区按照相邻点间距 4km 左右的密度进行布设，并很好地附合到已知的 C 级 GPS 控制点上，布设的 GPS 网中最简独立闭合环或附合路线中的边数不大于 8 条。

首先在 1 ∶10000 地形图上按照上述密度要求作图上设计，然后实地选择适合 GPS 观测条件的具体点位并标记下来，对于城区内的点位同时要考虑是否适合联测水准的需要。

点位的基本要求参照国家标准《全球定位系统（GPS）测量规范》(GB/T 18134-2001) 7.2 中的相关规定。在利用旧点时，应检查旧点的稳定性、可靠性和完好性，符合要求方可使用。

由于后续测量中要采用常规测量方法加密 D 级 GPS 控制网，所以 GPS 网点与其周围的 GPS 点间应有 1~2 方向通视。如果通视条件难以满足，可把需要设立与其通视的方位点同样作为 D 级 GPS 控制网点，这样的点需满足相应的选点要求并一起进行 GPS 观测。该点应目标明显，观测方便，和 GPS 点的距离一般不小于 300m。

点名应取居住地名，需向当地政府部门或群众调查后确定。新旧点重合时，最好采用原有旧点名，如需更改应在新点名后的括号内附上旧点名。点名书写采用汉字与点号编排，从 YYDG1 开始顺序往后编号。其中“YYDG”表示 A 市 D 级 GPS 控制点，“1”为控制点顺序号。

选点结束后应上交 GPS 控制网选点图和选点工作总结。

4.1.2 D 级 GPS 控制点埋设

按照国家标准《全球定位系统（GPS）测量规范》(GB/T 18134-2001）中埋石的相关规定，D 级 GPS 控制点埋设可以埋设普通基本标石，即现场浇灌混凝土；也可预先制做普通标石，然后运往各点埋设。在建筑物上可以现场浇灌建筑物上标石。

标石应设有中心标志，普通标石的中心标志可用铁或坚硬的复合材料制作，标志中心应刻有清晰、精细的十字线或嵌入不同颜色金属（不锈钢或铜）制作的直径小于 0.5mm 的中心点，并应在标志表面制有“GPS”字样及施测单位名称。

三种标石的规格见附录二。

在利用旧点时，应首先确认该点标石完好，符合同级 GPS 点埋石要求且能长期保存，必要时需要挖开标石侧面查看标石情况。如遇上标石被破坏，可以以下标石为准，重埋上标石。

GPS 点埋石所占土地应经土地使用者或管理部门同意并办理相应手续，新埋标石时应办理测量标志委托保管书，一式三份，标石的保管单位或个人保管一份，上交和存档各一份。

GPS 点混凝土标石灌制时，均应在基上压印 GPS 点的类级、埋设年代和“国家设施勿动”的字样。

埋石结束应上交的资料：

(1) 填写了埋石填况的 GPS 点之记，点之记格式参见附录三；

(2) 土地占用批准文件与测量标志委托保管书；

(3) 埋石工作总结。

4.1.3 D 级 GPS 控制网观测

4.1.3.1 使用仪器

6 台单频或双频 GPS 接收机，仪器标称精度应优于 10mm±5ppm。

使用的 GPS 接收机应为按规定通过了全面检验后的仪器，同时还需检验：

(1) 天线或基座圆水准器和光学对中器是否正确；

(2) 天线高量尺是否完好，尺长精度是否正确。

4.1.3.2 观测方式

静态观测。

作业调度者应根据测区地形和交通状况、采用的作业方法、设计的基线最短观测时间等因素综合考虑，在测前编写D级GPS控制网施测纲要，制订合理、详细的GPS测量作业调度表（格式见附录四），按该表对作业组下达相应阶段的作业调度命令，同时依照实际作业的进展情况及时做出必要的调整。

4.1.3.3 基本技术要求

基本技术要求见表5-5。

表5-5 **GPS观测基本技术要求**

等级	卫星高度角	有效卫星数	平均重复设站数	同步观测时段长度	数据采样间隔	几何强度因子	备注
D级	≥15°	≥4颗	≥1.6	≥45min	10s	<6	

4.1.3.4 其他技术要求

（1）首次观测前应校准光学对点器，每隔2天重新校准一次，发现异常应及时处理。

（2）观测时GPS天线需牢固地安置在三脚架上，此时应仔细对中，保证对中误差不超过3mm。有长水准管时利用长水准管整平，没有的利用圆气泡整平。天线定向标志线一律指北。在天线互为120°的三处分别量取天线高，较差≤3mm时取天线高的中数。较差>3mm时应重新进行对中和整平，重新量取天线高。

（3）每时段观测前后各量取天线高一次，取位至1mm，两次较差不大于3mm，取中数作为该时段最终的天线高；若始末量取的天线高互差超限，则应查明原因，提出处理意见并记入测量手簿记事栏。

（4）遇雷电、风暴天气时停止GPS测量，保证作业人员的人身安全与仪器设备安全，保证成果的质量。

（5）其余事项参照国家标准《全球定位系统（GPS）测量规范》(GB/T 18134-2001)中观测的相关规定进行。

4.1.3.5 外业成果记录

（1）测量手簿的格式参见附录五。观测前和观测过程中应按要求及时填写各项内容，记录时一律使用铅笔，不得涂改、转抄和追记。如有读、记错误时，可整齐划掉，将正确数据写在上面并注明原因，其中天线高等原始记录不得连环涂改。

（2）每天观测结束后，及时将当天测量手簿（纸质记录）和观测数据收集并妥善保管，外业观测的接收机内存中的观测数据文件应及时传输到计算机拷贝成一式两份，并在标签上注明点名、点号、点段号、文件名、采集日期及测量手簿编号等。两份资料应分别由两人保管，卸下数据时不得进行任何剔除和删改。

4.1.4 D级GPS控制网的数据处理

4.1.4.1 使用软件

基线向量解算采用×公司研制的×软件包进行，控制网平差采用×公司研制的×软件包进行。

4.1.4.2 基线质量检验

（1）同步环坐标分量 $|W_x|$、$|W_y|$、$|W_z|$ 闭合差应 $\leqslant\frac{\sqrt{3}}{5}\sigma$；

（2）独立闭合环或附合路线坐标分量 $|W_x|$、$|W_y|$、$|W_z|$ 闭合差 $\leqslant 3\sqrt{n}\sigma$，全长闭合差 $\leqslant 3\sqrt{3n}\sigma$；

（3）复测基线的长度较差 $ds \leqslant 2\sqrt{2}\sigma$。

在上面的各式中，n 为闭合环边数，σ 为基线长度的规定精度，$\sigma=\sqrt{a^2+(b\cdot D)^2}$，式中 a 为固定误差，以 mm 为单位，本项目为 10mm；b 为比例误差，本工程为 10×10^{-6}；D 为相邻点间距离，以 km 为单位，本工程中 D 取全网基线的平均距离计算。

4.1.4.3 网平差过程

（1）在 WGS-84 坐标系中进行三维无约束平差；

（2）根据 GPS 测量情况，从 5 个 C 级 GPS 已知点中选取部分或全部点为起算点，进行二维约束平差，得到各点在 1980 西安坐标系中的坐标。

4.1.4.4 网平差结果要求

（1）在基线向量解算各项质量检验（同步环、独立闭合环、复测基线）符合要求后，在 WGS-84 坐标系统中进行三维无约束平差，平差结果、基线向量的改正数（$V_{\Delta x}$、$V_{\Delta y}$、$V_{\Delta z}$）的绝对值均不应大于 3σ；

（2）在三维无约束平差确定有效观测量的基础上进行二维约束平差，平差结果、基线向量的改正数与三维无约束平差结果的同名基线相应改正数的较差（$dV_{\Delta X}$、$dV_{\Delta Y}$、$dV_{\Delta Z}$）均不应大于 2σ；

4.2 一级导线测量

略。

4.2.1 一级导线网布设

4.2.2 一级导线点埋设

4.2.3 一级导线点命名

4.2.4 一级导线观测

4.2.5 一级导线平差

5. 高程控制测量

5.1 高程控制网布设

以 H、I、J、K、L、M 为起算点，将城区内所有 D 级 GPS 网点与沿线一级导线点一起组成高程控制网，高程控制网应布设成附合路线、环线或节点网。

5.2 高程控制网等级

高程控制网的等级要求满足国家四等水准测量精度。

5.3 高程控制网观测

高程控制网观测采用几何水准测量与电磁波三角高程测量相结合的方法。

5.3.1 使用仪器

几何水准测量采用____水准仪配合木质双面水准尺，电磁波三角高程测量采用____全站仪(2″/2mm+3ppm)。

5.3.2 观测基本技术要求

观测基本技术要求见表 5-6、表 5-7 和表 5-8。

表 5-6　　　　　　　　　　**四等水准观测基本技术要求**

每公里高差偶然中误差	每公里高差全中误差	路线闭合差	附合水准路线长度	节点与节点间、节点与高级点间长度	往返测
≤±5mm	≤±10mm	≤±20L	≤80km	≤30km	往

表 5-7　　　　　　　　　　**几何水准观测基本技术要求**

施测方法	观测顺序	视线长度	前后视距差	前后视距累积差	视线高度	观测读数	黑红面读数差	黑红面读数差之差
光学测微法	后前前后	≤100m	≤3m	≤10m	≥0. 2m	1mm	≤3mm	≤5mm

表 5-8　　　　　　　　　　**高程导线观测基本技术要求**

测量方法	测回数	指标差较差	测回差较差	对向观测高差较差	路线闭合差
中丝法	4	≤5″	≤5″	≤45D	≤±20∑D

表中 L 为水准路线长度，D 为电磁波测距边长。

5. 3. 3　其他技术要求

（1）水准仪、水准尺应按规范要求进行检查和校准；

（2）前后尺观测时仪器不得调焦；

（3）观测中每次置平时应尽量使气泡沿仪器的同一方向进入居中位置。

5. 4　高程控制网平差

5. 4. 1　使用软件

平差计算采用商用软件×进行，以路线长定权。

5. 4. 2　计算取位

（1）距离及边长：读数至 1m，外业计算至 1m，内业平差取位至 1m（边长可采用一级导线的边长）；

（2）高差：读数至 1mm，外业记录测站高差计算至 0. 1mm，内业计算测段高差取位至 0. 1mm；

（3）高程：取位至 1mm。

5. 4. 3　检查

所有外业记录资料和内业计算资料必须经过充分检查，并有签名记录，确保正确无误后方能进行平差计算。

5. 4. 4　平差计算

以 H、I、J、K、L、M 为起算点，进行平差计算。

5. 4. 5　平差结果

平差结果应满足《全球定位系统（GPS）测量规范》(GB/T 18134-2001）中 GPS 测量

精度分级的相应要求。

5.2.8 上交资料

（1）测量任务书（或合同书），技术设计书；

（2）点之记，环视图，测量标志委托保管书，选点资料和埋石资料；

（3）GPS 接收机，全站仪，水准仪，水准标尺，气象仪及其他仪器设备的检验资料；

（4）全部外业观测记录，测量手簿及其他记录；

（5）数据处理中生成的文件、资料和成果表；

（6）平面控制网图，高程控制网图；

（7）技术总结和成果验收报告。

编写人：

附录一　控制点点之记（略）

附录二　标石类型图（略）

附录三　GPS 点之记（略）

附录四　GPS 测量作业调度表（略）

附录五　GPS 测量手簿（略）

第6章　GPS网选点

6.1　实习纲要

6.1.1　目的

了解选点和埋石的基本要求，掌握GPS网选点及相关文档资料编写的方法。

6.1.2　内容

(1) 编制GPS网的选点草图；
(2) 完成在指定区域内的实地选点工作；
(3) 制作点之记；
(4) 绘制GPS网的实际选点图。

6.1.3　安排

性质：综合。
方式：以小队为单位完成。
时间：4个学时（0.5个工作日）。

6.1.4　条件

场所：外业实习场地。
硬件：导航型GPS接收机（可选，用于寻找已知点和测量点位的近似坐标）。
软件：无。
其他：钢钉，红油漆，毛笔，空白点之记。

6.1.5　成果

每人提交如下资料一份：
(1) 用黑墨水笔填写的GPS点之记和环视图（1点）；
(2) GPS网选点图；
(3) 选点工作总结。

6.2 实习指南

6.2.1 基础知识

1. 选点的基本要求

根据国家标准《全球定位系统（GPS）测量规范》(GB/T18314-2001)(以下简称为国标 GB18314) 的规定，在进行选点作业时需尽可能满足以下基本要求：

(1) 为保证对卫星的连续跟踪观测和卫星信号的质量，要求测站四周视野应尽可能开阔，在10°~15°高度角以上不能存在成片的障碍物；测站上应便于安置 GPS 接收机和天线，可方便地进行观测。

(2) 为减少各种电磁波对 GPS 卫星信号的干扰并保护接收机天线，在测站周围约 200m 的范围内不能有大功率无线电发射源（如电视台、电台、微波站等），远离高压输电线、变压器和变电所等与测站的距离不得小于 50m。

(3) 为避免或减少多路径效应误差的影响，测站应远离对电磁波信号反射强烈的地形、地物，如高层建筑、围墙、广告牌、山坡及大面积成片水域等。

(4) 为便于其他测量手段的扩展和联测，测站应选在交通便利、容易到达的地方。

(5) 为了保持点位的稳定性，测点应位于地质条件良好、基础稳定的地方，易于点位保存和安全作业。

(6) AA、A、B 级 GPS 点，应选在能长期保存的地点。

(7) 测站时可充分利用符合要求的原有控制点。

(8) 选址时应尽可能使测站附近的小环境（地形、地貌、植被等）与周围的大环境保持一致，以减少气象元素的代表性误差。

此外，对于 GPS 连续运行站的站址选择来说，还应该考虑到所选点位要便于接入公共通信网络或专用通信网络、便于架设市电线路或有可靠的电力供应等因素。

2. GPS 标石

(1) 标石类型与适用级别

国标 GB18314 给出了标石类型及其对应的适用级别，如表 6-1 所示。

表 6-1　**GPS 点标石类型及其对应的适用级别**

标石类型	适用级别
基岩天线墩	AA、A
岩层天线墩	AA、A
基层标石	B
岩层普通标石	B~E
土层天线墩	AA、A
普通基本标石	B~E
冻土基本标石	B
固定沙丘基本标石	B

续表

标石类型	适用级别
普通标石	B~E
建筑物上的标石	B~E
注：C 级以下临时性工程网点可埋设简易标志。	

图 6-1 和图 6-2 分别给出了普通标石和建筑物上标石的类型图，其他标石的类型图可参考国标 GB18314。

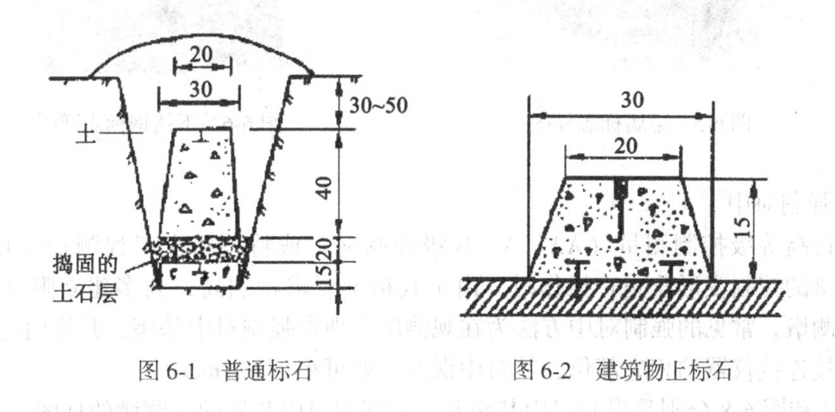

图 6-1 普通标石　　图 6-2 建筑物上标石

(2) 中心标志

各种类型的标石均应设有中心标志，基岩和基本标石的中心标志应该用铜或不锈钢制作，普通标石的中心标志可用铁或坚硬的复合材料制作。标志中心应刻有清晰、精细的十字线或嵌入不同颜色的金属（不锈钢或铜）制作的直径小于 0.5mm 的中心点，并在标志表面注上"GPS"字样及施测单位名称。

图 6-3 和图 6-4 给出了国内某勘察设计研究院所设计的金属标志、不锈钢标志设计图，图 6-5 和图 6-6 给出了国内某单位所生产的金属标志和不锈钢标志样图。

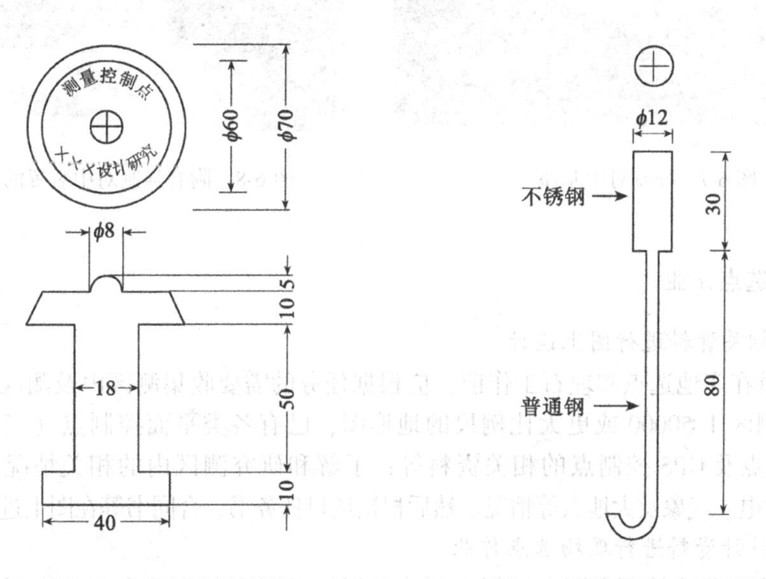

图 6-3 金属标志设计图　　图 6-4 不锈钢标志设计图

图 6-5　金属标志样图

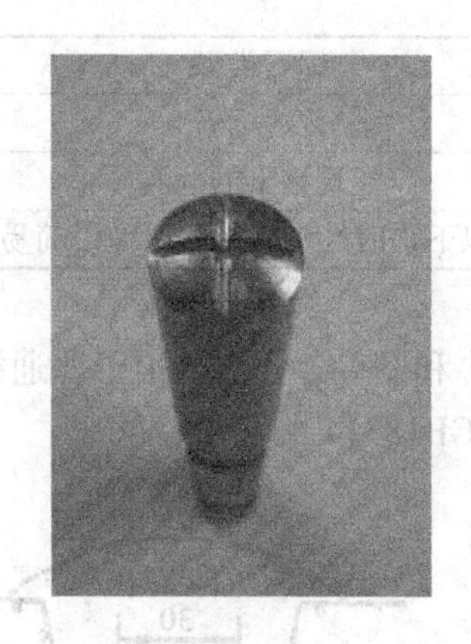

图 6-6　不锈钢标志样图

(3) 强制对中

在进行高等级控制测量（AA、A、B 级控制网）或特种精密工程测量（比如大坝、水库、桥梁的控制变形监测）操作时，由于其精度要求特别高，大多建立附有强制对中装置的观测墩。常见的强制对中方法为在观测墩上埋设强制对中基座，并使用连接螺丝或连接杆直接连接仪器的相应部位，其对中误差一般可小于 0.1mm。

图 6-7 和图 6-8 分别是强制对中基座和富有强制对中装置的观测墩的样图。

图 6-7　强制对中基座

图 6-8　附有强制对中装置的观测墩

6.2.2　选点作业

1. 根据相关资料进行图上设计

选点人员在实地选点和埋石工作前，应根据任务的需要收集测区内及测区附近现有的资料，包括测区 1∶50000 或更大比例尺的地形图，已有各类平面控制点（三角点、导线点等）、水准点及 GPS 控制点的相关资料等；了解和研究测区内的相关情况，特别是交通、通信、供电、气象及大地点等情况。然后根据项目任务书、合同书等在图上进行设计。

2. 根据设计资料进行现场选点作业

(1) 选点人员应按照在图上选择的初步位置以及对点位的基本要求，到实地最终选定点位并做好相应的标记。

（2）利用旧点时，应对旧点的稳定性、可靠性和完好性进行检查，确定符合要求时方可利用。

（3）点名一般使用居住地名，C、D 和 E 级 GPS 点的点名也可取山名、地名、单位名，少数民族地区的点名应使用准确的音译汉语名，在译音后可附原文。

（4）新旧点重合时，应沿用旧点名，一般不应更改。如果由于某些原因确实需要更改时，要在新点名后加括号注上旧点名。GPS 点与水准点重合时，应在新点名后的括号内注明水准点的等级和编号。

（5）点名书写使用汉字，以国务院公布的简化字为准，点号的编排应便于计算机进行管理。

（6）新旧 GPS 点均要在实地绘制点之记，所有内容均要求在现场仔细记录，不得事后追记。AA 级和 A 级 GPS 点在点之记中应填写地质概要、构造背景及地形地质构造略图。

（7）点位周围存在视角高于 10°的障碍物时，应绘制点的环视图。

（8）选点工作完成后，应绘制 GPS 网选点图。

3. 提交选点作业成果

在选点作业完成后，应提交如下成果：

（1）用黑墨水笔填写的 GPS 点之记和环视图；

（2）GPS 网选点图；

（3）选点工作总结。

6.2.3 埋石作业

1. 埋石作业的注意事项

在进行埋石作业时，按照国标 GB18314，需要注意以下事项：

（1）各级 GPS 点的标石一般应该使用混凝土灌制，在有条件的地区，也可用整块花岗石、青石等坚硬石料凿制，但其规格应不小于同类标石的相关规定。

（2）埋设天线墩、基岩标石、基本标石时，应现场浇灌混凝土，普通标石可预先制作，然后运往各点埋设。

（3）埋设标石时，必须使各层标志中心严格在同一铅垂线上，基偏差≤2mm，强制对中装置的对中精度≤1mm。

（4）利用旧点时，应确认该点标石完好并符合同级 GPS 点的埋石要求，且能长期保存。

（5）GPS 点埋石所占土地应该经土地使用者或管理部门同意，并办理相关手续，新埋标石时应填写《测量标志委托保管书》。

（6）AA、A 和 B 级点标石埋设后，至少需经过一个雨季（冻土地区至少需经过一个冻解期），基岩或岩层标石至少需经一个月后，方可用于观测。

2. 埋石作业

（1）根据技术设计、国家规范、选点情况选用合适的中心标志或强制对中基座以及水泥、沙子、钢筋等施工材料。

（2）根据技术设计、国家规范等在现场进行标石坑挖掘、观测墩浇注及标石埋设。

（3）标石埋设完成后，需进行必要的外部整饰，主要包括：① 灌制各类 GPS 点混凝土标石时均应在标石基上压印 GPS 点的类级、埋设年代和“国家设施勿动”的字样；② B 级 GPS 点标石埋设后需在周围砌筑混凝土方井或圆井护框，其内径根据具体情况而定，但至少不小于 0.6m，高为 0.2m；③ 在荒漠或平原中不易寻找的 GPS 点还需在其近旁埋设指示碑，其规格参见国家标准 GB12898。

（4）办理土地占用手续和完成《测量标志委托保管书》等资料的填写和确认工作。

（5）根据埋石作业情况填写 GPS 点之记。

表 6-2 给出了国内某城市的 C 级 GPS 控制点 C002 的埋石作业基本过程。

表 6-2　　　　**C 级 GPS 控制点 C002 的埋石作业过程**

（一）挖掘标石坑	
（二）埋设普通标石	

续表

（三）修建标石护井	
（四）标石外部整饰	

3. 埋石结束上交资料

（1）填写埋石情况的 GPS 点之记，可参考表 6-3（选自国标 GB18314）；

（2）土地占用批准文件与《测量标志委托保管书》；

（3）埋石工作总结。

表 6-3 **GPS 点之记**

<table>
<tr><td colspan="5" rowspan="2"></td><td>所在图幅</td><td colspan="3">149E008013</td></tr>
<tr><td>点　　号</td><td colspan="3">C002</td></tr>
<tr><td>点　名</td><td>南疙疸</td><td>类级</td><td>A</td><td>概略位置</td><td colspan="3">$B=34°50'$　$L=111°10'$　$H=484$m</td></tr>
<tr><td>所在地</td><td colspan="3">山西省平陆县城关镇上岭村</td><td>最近住所及距离</td><td colspan="3">平陆县城县招待所距点 8km</td></tr>
<tr><td>地　类</td><td>山地</td><td>土质</td><td>黄土</td><td>冻土深度</td><td></td><td>解冻深度</td><td></td></tr>
<tr><td colspan="2">最近邮电设施</td><td colspan="2">平陆县城邮电局（电报电话）</td><td>供电情况</td><td colspan="3">上岭村每天有交流电</td></tr>
<tr><td colspan="2">最近水源及距离</td><td colspan="2">上岭村有自来水，距点 800m</td><td>石子来源</td><td>山上有石块</td><td>沙子来源</td><td>县城建筑公司</td></tr>
<tr><td>本点交通情况（至本点通路与最近车站、码头名称及距离）</td><td colspan="3">由三门峡搭车轮渡过黄河向北到山西省平陆县城约 8km，再由平陆县城搭车向车南到上岭村 7km（每天有两班车），再步行约 800m，骑自行车可到达点位。</td><td>交通路线图</td><td colspan="3">N
平陆县
南疙疸
上岭村
茅津
盘南
黄河
三门峡市
1: 200000</td></tr>
</table>

<table>
<tr><td colspan="4">选 点 情 况</td><td>点 位 略 图</td></tr>
<tr><td>单　位</td><td colspan="3">黄河水利委员会测量队</td><td rowspan="6">800
上岭村
200
400
400
单位：m
1:200 000
盘南</td></tr>
<tr><td>选点员</td><td>李纯</td><td>日期</td><td>1990. 6. 5</td></tr>
<tr><td colspan="2">是否需联测坐标与高程</td><td colspan="2">联测高程</td></tr>
<tr><td colspan="2">建议联测等级与方法</td><td colspan="2">Ⅲ 等水准测量</td></tr>
<tr><td colspan="2">起始水准点及距离</td><td colspan="2">1. 5km</td></tr>
</table>

续表

<table>
<tr><td colspan="4">地质概要、构造背景</td><td colspan="2">地形地质构造略图</td></tr>
<tr><td colspan="4"></td><td colspan="2"></td></tr>
<tr><td colspan="4">埋 石 情 况</td><td>标石截面图</td><td>接收天线计划位置</td></tr>
<tr><td>单位</td><td colspan="3">黄河水利委员会测量队</td><td rowspan="6">40
150
15
10
120
70
单位：cm</td><td rowspan="6">天线可直接安置在墩标顶面上</td></tr>
<tr><td>埋石员</td><td>张勇</td><td>日期</td><td>1990. 7. 12</td></tr>
<tr><td colspan="2">利用旧点及情况</td><td colspan="2">利用原有的墩标</td></tr>
<tr><td colspan="2">保管人</td><td colspan="2">陈生明</td></tr>
<tr><td colspan="2">保管人单位及职务</td><td colspan="2">山西省平陆县上岭村会计</td></tr>
<tr><td colspan="2">保管人住址</td><td colspan="2">山西省平陆县上岭村</td></tr>
<tr><td colspan="2">备注</td><td colspan="4"></td></tr>
</table>

第7章　GPS网观测作业计划

7.1　实习纲要

7.1.1　目的

掌握制订GPS网观测作业方案的方法，完成观测作业计划（调度方案）的制订。

7.1.2　内容

制订外业测量的观测计划，编制外业观测调度计划表。

7.1.3　安排

性质：综合。
方式：以小队为单位完成。
时间：4个学时。

7.1.4　条件

场所：多媒体教室（供讨论用）。
硬件：无。
软件：GPS测量项目计划软件。

7.1.5　成果

通过讨论形成小队GPS网外业观测调度计划表。

7.2　实习指南

在完成选点埋石后，下一步的工作就准备进行外业观测作业。对于规模较大、等级较高的GPS网需要编写专门的外业观测施工设计书，对于一般的工程控制网，仅需逐天编制外业观测调度计划表。

观测作业的要求规定了在进行观测时的技术要求，内容包括仪器的架设方法，对中、整平、量高精度，接收机设备参数设置等，这些要求在规范中都有明确的规定。调度安排则给出了在外业观测期间人员、设备、车辆的调度方案，内容包括：人员安排，仪器配备，交通工具配备，观测时间，观测时段长度，迁站安排等内容。

7.2.1 人员安排

人员安排指的是观测小组的组成，需要考虑可供调配的人员、人员的工作能力、经费开支等问题，在进行分组时应注意人员的合理搭配，将能力不同的人员安排在一起，每一小组应至少安排一名操作熟练的人员，对于难以到达的点，可以适当增加小组的人员数目。

7.2.2 接收机配备

接收机的配备要考虑接收机的类型和数量两方面的问题，从工程应用的角度划分，可将接收机分为单频、双频 L2 半波长接收机和双频 L2 全波长接收机。在《全球定位系统（GPS）测量规范》(GB/T 18314-2001）中对不同等级 GPS 网选用的接收机类型及最少同步观测机数做出了明确的规定（见表 7-1)。

表 7-1　　接收机选用（摘自 GB/T 18314-2001）

级别	AA	A	B	C	D、E
单频/双频	双频/全波长	双频/全波长	双频	双频或单频	双频或单频
观测量至少有	L1、L2 载波相位	L1、L2 载波相位	L1、L2 载波相位	L1 载波相位	L1 载波相位
同步观测接收机数	≥5	≥4	≥4	≥3	≥2

理论上，在同一个时段中接收机的数量越多直接相连点的数量就越多，因而网的结构就越好测量推进的速度就越快成本也就越低。但是，可供使用的接收机和外业小组的数量是有限的，另外，作业调度的难度也将随着仪器数量的增加迅速增大。在一般的工程应用中，接收机的最佳数量为 4~6 台。

利用双频载波相位观测值可以较为彻底地消除电离层折射的影响，而且还有利于周跳的探测，因而在高精度应用中被广为采用。

7.2.3 交通工具的配备

在工程应用中需要利用车辆作为迁站时的交通工具，为了不影响作业进度，所需车辆的数量不应少于外业观测组数量的一半。

7.2.4 观测时间及时段长度

观测时间主要取决于卫星星座，有时还要考虑削弱大气折射的问题。对于卫星星座的问题，可以通过专门的“计划”软件来解决，此类软件利用卫星历书提供指定时间的卫星星座状况，从而可以提供有利于确定合适的观测窗口的信息。不过根据目前的 GPS 卫星星座，中低纬度地区在全天的绝大部分时间里可供观测的卫星数都在 5 颗以上，因而几乎在全天的任何时间均满足要求。对于削弱大气折射的问题，则往往是根据经验以及规范要求来进行的。

在理论上，为了达到一定的测量质量所需的观测时段长度与卫星星座、基线长度和环境因素有关，不过要想根据上述因素严格确定出最短的观测时段长度却是相当困难的。在实践中，观测时段长度是根据规范的要求来确定的，规范所规定的观测时段长度是根据GPS网的等级给出的相对保守的值。

7.2.5 接收机参数设置

在进行外业观测期间，接收机必须设置成统一的卫星截止高度角和采样间隔参数，在规范中对此也有规定（见表7-2）。需要说明的是，规范中所给出的卫星截止高度角和采样间隔应理解为上限值，实际作业时可根据接收机的存储器容量、观测精度要求及观测时段的长短适当减小它们的设置值，如卫星截止高度角可低至5°，采样间隔可短至5s。

表7-2 观测基本要求（GB/T 18314-2001）

级别	AA	A	B	C	D	E
卫星截止高度角（°）	10	10	15	15	15	15
观测时段数	10	6	4	2	1.6	1.6
时段长度	≥720	≥540	≥240	≥60	≥45	≥40
采样间隔	30	30	30	10~30	10~30	10~30

注：观测时段数，至少60%测站观测两个时段以上。

7.2.6 同步图形的连接方式

在GPS网布设时，通常网中点的数量要远远多于用来观测的GPS接收机的数量，这就需要采用逐步推进的测量方法（如图7-1所示）。使用同步图形推进的作业方式具有作业效率高、图形强度好的特点，它是目前在GPS测量中普遍使用的一种推进方式。

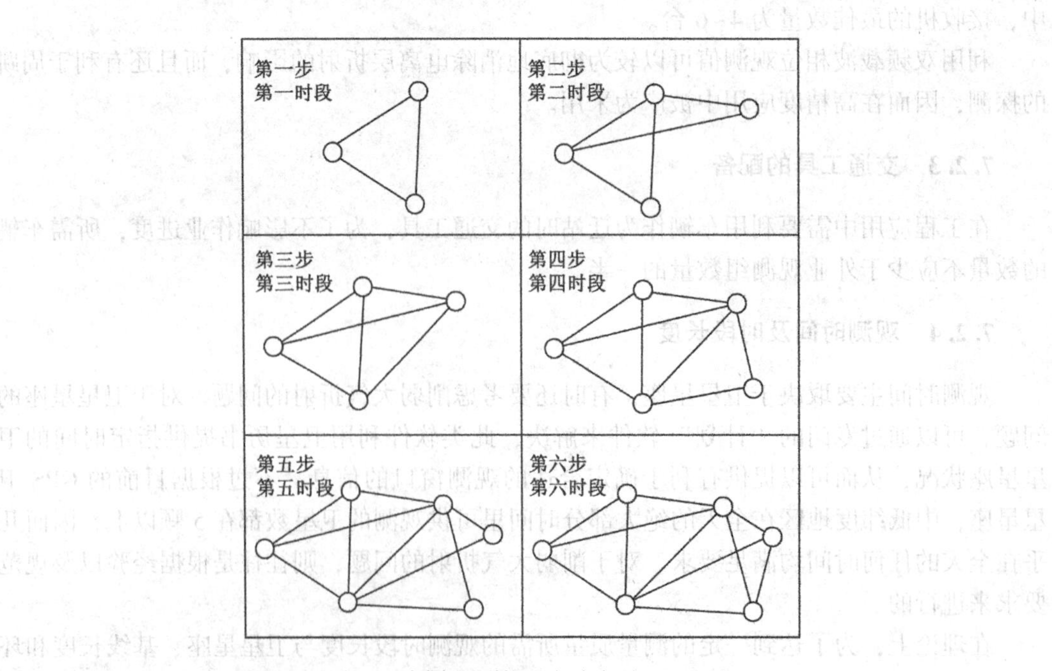

图7-1 同步图形推进方式布设GPS网

使用同步图形推进方式布设 GPS 基线向量网时，同步图形间的连接方式主要有点连式、边连式和网连式 3 种基本形式。

所谓点连式就是在观测作业时，相邻的同步图形间只通过一个公共点相连（见图 7-2）。点连式观测作业方式的优点是作业效率高，图形扩展迅速；它的缺点是图形强度低，如果连接点发生问题，将影响到后面的同步图形。

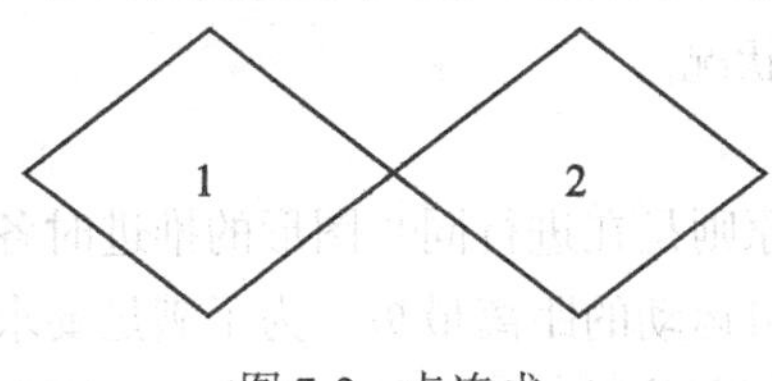

图 7-2　点连式

所谓边连式就是在观测作业时，相邻的同步图形间有一条边（即两个公共点）相连（见图 7-3）。边连式观测作业方式具有较好的图形强度和较高的作业效率。

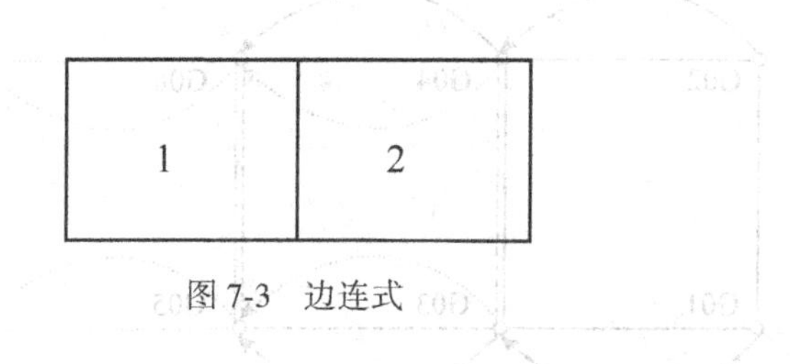

图 7-3　边连式

所谓网连式就是在作业时，相邻的同步图形间有 3 个或 3 个以上的公共点相连（见图 7-4）。采用网连式观测作业方式所测设的 GPS 网具有很强的图形强度，但网连式观测作业方式的作业效率较低。

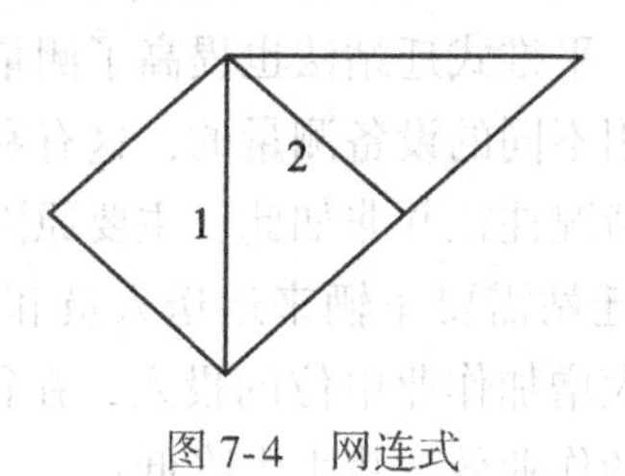

图 7-4　网连式

在实际的 GPS 作业中，一般并不是单独采用上面所介绍的某一种观测作业模式，而是根据具体情况，有选择地灵活采用这几种方式作业，这样的观测作业方式也被称为混连式，它实际上是点连式、边连式和网连式的结合。

7.2.7　迁站方案

1. 概要

迁站方案是在连续多个时段的观测作业期间各小组的调度部署计划，它是调度方案的核心内容，解决的是何组、何时在何点进行测量，以及如何到达该点的问题。

在进行GPS网的外业观测安排时，需要考虑以下因素：

（1）一天内观测时段的数量；

（2）迁站及设备安置和拆卸时间；

（3）每点的观测次数；

（4）可供使用的车辆；

（5）观测小组成员对点位即到达点位的交通路线的熟悉程度；

（6）点与点之间的交通状况。

2. 平推式

平推式迁站方法的基本原则是在进行同步图形的推进时各小组从一点到另一点的路线距离长度基本保持一致且每组运动的距离最短。为了满足要求，在推进时通常是所有小组都需要迁站，每个组基本上都向前迁到临近的一个点，如图7-5所示。

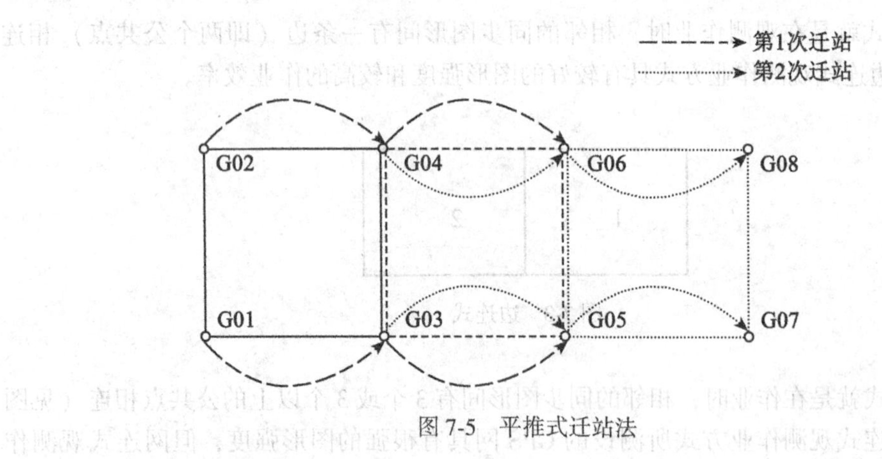

图7-5　平推式迁站法

从理论上看，平推式迁站法的效率很高，因为每个小组在一个共同的时间里进行迁站，时间利用率非常高；另外，平推式迁站法也提高了测量成果的可靠性，因为在网中将会有许多点是由不同的小组采用不同的设备测量的，这有利于发现上站错误以及仪器削弱对中整平误差的影响。但实际情况往往并非如此，主要原因有：

（1）在实际工程应用中，迁站需要车辆来运送人员和设备，采用平推式迁站法需要为每个小组配备车辆，这将大大增加作业单位的投入，在很多情况下无法满足这一条件，在车辆不足的情况下，平推式的作业效率将大大降低；

（2）平推式迁站法在很多时间里将出现所有小组同时迁站的情况，各小组在作业期间不停地运动，这既加大了作业强度，也加大了由于某一个组出现意外而导致整个观测作业延误的可能性，增加了协同的难度。

3. 翻转式

翻转式迁站法的基本方法是在进行同步图形扩展时，一部分小组留在原测站上，另一部分小组则迁站到新的测站上；在进行下一次同步图形扩展时，上一次留在原测站上的小组迁站，而上一次迁站的小组则留在原测站上（如图7-6所示）。

翻转式迁站法的调度比较简单，各作业小组在外业观测过程中的作业强度较小，但是这种方式无法发现上站发生错误的情况。另外，为了削弱仪器对中整平误差的影响，在原

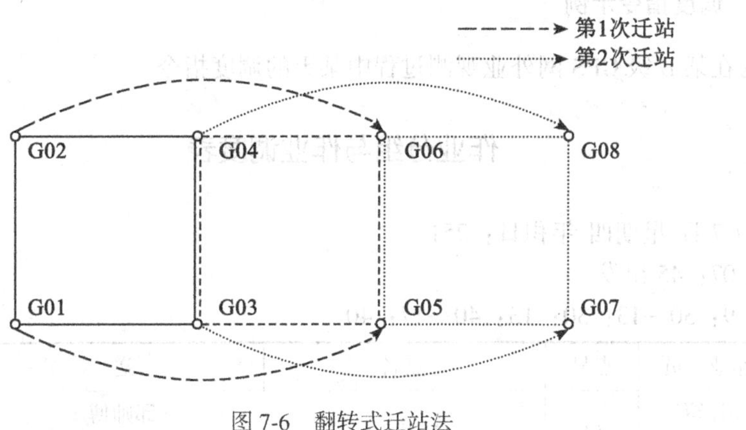

图 7-6　翻转式迁站法

测站上连续观测多个时段的小组一定要在进行每个时段的测量时重新安置仪器。

4. 伸缩式

伸缩式迁站法也是小组轮流迁站，其具体方法是：在开始进行同步图形扩展时，位于扩展方向后部的数个小组留在测站上，位于扩展方向前部的数个小组则迁站到新的测站上；到了下一次同步图形扩展时，位于后部的数个小组迁至前面小组在前次迁站前的测站上，而位于前部的小组则留在测站上，这就完成一次伸缩循环，以此类推，完成整个网的测量（如图 7-7 所示）。

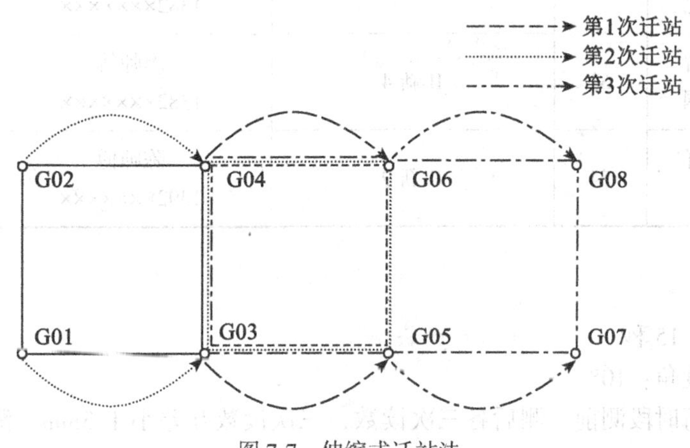

图 7-7　伸缩式迁站法

伸缩式迁站法的特点是所构成网的边长短结合，精度均匀；每个点都采用不同的仪器进行了观测，有利于发现一些人为误差。不过与翻转式相比，伸缩式迁站法的调度略显复杂，而且每个小组需要寻找更多的点。

5. 选择迁站方式的基本原则

制定迁站的基本原则是高可靠性、高精度、高效率，常用的迁站方法有平推式、翻转式和伸缩式。

7.2.8 调度指令示例

下面为在某 B 级 GPS 网外业观测过程中某天的调度指令。

作业分组与作业调度表

2000 年 9 月 7 日 星期四 年积日：251
作息时间：07：45 出发
作业时间：9：30—13：30；13：40—17：40

组别	作业人员	点号	点名	送	接
①	田泽海 兰贵文	51	II 新 10	邱师傅 1360×××××××	邱师傅
②	黄勇 邱华	57	II 新 6	邱师傅 1360×××××××	邱师傅
③	张洪波 黄海兰	72	I 广深惠 118	陈师傅 1392×××××××	陈师傅
④	张波 吴云	70	I 穗普 43-1	小陈师傅 1382×××××××	小陈师傅
⑤	邵永强 曾文宪	71	I 穗普 39-1	小陈师傅 1382×××××××	小陈师傅
⑥	朱黎智 丁建国	62	II 新 4	廖师傅 1382×××××××	廖师傅
⑦	董立祥 老曾	54	II 新 9	陈师傅 1392×××××××	陈师傅

作业要求：

1. 采样率：15 秒。
2. 截止高度角：10°。
3. 量高：每时段测前、测后各三次读数，三次读数互差小于 3mm，测前与测后互差小于 2mm。
4. 气象元素：0.5 小时一次，测定干温、湿温和气压，温度读至 0.1℃，气压读至 0.1hPa。
5. 测站跟踪记录：0.5 小时一次。
6. 电源状态：至少 0.5 小时查看一次。

注：

1. 如遇到特殊情况请及时与大本营联系，联系电话：1361××××××× （黄老师）。
2. 请大家带全仪器及相关器件：天线，主机，基座，脚架，温度计，气压计，电池，电缆，指南针，卷尺，铅笔，记录纸，卷笔刀，雨布，电筒，铲子，铁锹等。

第8章　GPS网观测作业

8.1　实 习 纲 要

8.1.1　目的

掌握GPS网的外业观测作业方法。

8.1.2　内容

根据观测作业计划，进行GPS网的观测。

8.1.3　安排

性质：综合。
方式：以小队为单位完成。
时间：16学时（2个工作日）。

8.1.4　条件

场所：外业实习场地。
硬件：测量型GPS接收设备及辅助设备。
软件：GPS接收机设置软件。

8.1.5　成果

（1）GPS原始观测数据；
（2）外业观测记录。

8.2　实 习 指 南

8.2.1　外业观测过程

GPS外业观测过程：
（1）队长向各小组下达调度指令；
（2）各小组根据调度指令按时到达待测量的点；
（3）仪器开箱，安装GPS接收机，安置天线并进行天线定向；
（4）量测记录天线高，如有需要，量测温度、气压和湿度；

(5) 启动接收机，输入点号、天线高等；

(6) 开始跟踪测量；

(7) 监视接收机的运行和数据记录；

(8) 停止观测；

(9) 再次量取天线高并记录；

(10) 拆卸仪器并装箱；

(11) 按调度指令到达下一点进行测量。

8.2.2 天线安置和高度量测

1. 天线安置

以下是天线安置的一些相关的过程和要求：

(1) 天线通常应该按它上面的方向标识进行定向，所有测站上的天线均应采用罗盘使其指向同一方向，这样可以确保任何天线的中心偏移（由其机械中心量测到电气相位中心）以系统性的方式传递到基线解（地面标识到地面标识）中；

(2) 同一天线、接收机和电缆应集中到一起，保存到仪器箱中；

(3) 由于 GPS 测量的精度很高，因而天线的对中非常重要，如果对中不好，整个测量的精度都将受到影响。应避免采用垂球对中，要对带有光学对中器的基座经常进行检校；

(4) 天线应安置在带有光学对中器的标准测量基座上，并安放在高质量的测量脚架上；

(5) 将天线安置在观测墩上是既省力又能保证观测质量的方式；

(6) 如果接收机需要在原地观测两个或更多的时段，每次都应该重新安置天线；

(7) 量测天线高时必须要仔细。

正如前面所提到的，在测量过程中，天线的安置可能最为关键，因而对此还要进一步叙述。由天线外罩上的标准参考点所量测的天线高于点标志的高度，需要量到毫米，而且需要在每一时段的开始和结束时进行。由于这是一个常见的误差源，因而需要对量测值进行检查，例如由另外的人独立量测或采用英制单位来量测，进行交叉检验。

2. GPS 接收机天线高的量测

由于 GPS 的观测值是相对于 GPS 天线的相位中心（APC-Antenna Phase Center）得来的，因而 GPS 定位软件最初计算出的位置就是天线相位中心的位置。

但是用户所需要的位置通常是一个物理标识，它通常直接在天线的下方。天线的相位不是一个物理点，而是相对于天线上一个物理特性，它可以通过一组校正观测值来确定。天线上还有一个被称为天线参考点的特殊点，它通常位于天线底部中央，从天线参考点（ARP-Antenna Reference Point）到相位中心的向量称为天线偏移量（Antenna Offset）。另外，对于 L1 和 L2 载波相位数据来说，天线偏移量是不相同的。

天线偏移量与天线高之间的关系如图 8-1 和图 8-2 所示。

图 8-1　GPS 接收机天线的偏移量

图 8-2　GPS 接收机天线的天线高

不同类型的天线有不同的建议量高方法，图 8-3 给出了两种常用的为安置在脚架上的天线量取天线高的方法。应该对所有的天线高量测值加以仔细的记录，最好附加图示。

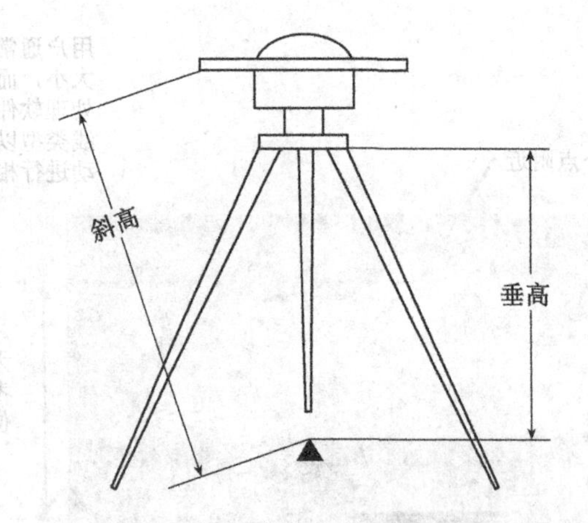

图 8-3　对于采用脚架安置的天线高的量测方法

8. 2. 3　外业记录表

外业记录表记录有在测站上进行观测和数据采集时所输入的信息，这样的表通常包含有下列信息：

(1) 日期与时间和作业人员；

(2) 点名和点号；

(3) 时段号；

(4) 接收机、天线、数据记录器、内存卡等的序列号；

(5) 观测的开始和结束时间；

(6) 观测期间卫星的状态；

(7) 天线高；

(8) 气象观测值（如温度、气压和相对湿度）；

(9) 接收机运行参数，如数据记录率、观测值类型、截止高度角等；

(10) 观测期间发生的问题。

8. 2. 4　观测时应观察的内容

在进行外业观测期间，应注意如下情况：

(1) 电池状态；

(2) 所剩存储空间；

(3) 所跟踪的卫星及其信号信噪比；

(4) 实时导航定位状态；

(5) 天线连接指示符；

(6) 数据记录量状态。

8. 2. 5　GPS 静态测量外业观测手簿

以下为 GPS 静态测量外业观测手簿。

组号：__________　　小组成员：______________________________

GPS静态测量外业观测手簿

点　号		点　名		图幅编号	—
观 测 员		记 录 员		观测日期	
接收机名称及编号		天线类型及编号		数　据文件名	
温度计类型及编号	—	气压计类型及编号	—	其他仪表名及编号	—
近似纬度	° ′ N	近似经度	° ′ E	近似高程	m
预热时间	—	开始记录时　间	h min	结束记录时　间	h min
站时段号		日时段号		点位略图	

天线高测定	测定方法及略图	点位略图
测前：　测后： 测定值1…………；…………m 测定值2…………；…………m 测定值3…………；…………m 平均值…………；…………m 输入值　…………m		

记事	

8.2.6 队伍组织与调度

由于在GPS外业观测期需要多个外业小组协同作业，因此必须进行细致的外业组织。每个外业组通常要包含1~2名熟练的观测人员，要向外业小组提供简要的观测计划（包括开始/停止跟踪时间、点位分配等内容）。计划必须具有弹性，以便应付不可预见的情况变化。

另外，作业队的指挥人员还要负责开展下列工作：

（1）联系相关部门以获得点的使用许可，安排住宿和交通，进行诸如通信、供电（用于计算机和接收机）等情况的调查；

（2）制订调度计划；

（3）外业作业的指挥，包括发生突发状况时的应急方案，进行观测方案的修改等；

（4）观测数据的检查。

8.2.7 注意事项

在外业观测期间要注意如下事项：

（1）确保正确上点，当对所在点位发生疑惑时应尽快与有关人员联系确认；

（2）对中、整平、量高要仔细，天线高应在观测开始前和观测结束后各量测一次，最好是由不同的人员进行量测；

（3）注意保证备用电源的供应；

（4）注意检查电缆是否存在接触不良的情况；

（5）防止在测量结束后误删数据。

第9章　数据传输及格式转换

9.1 实习纲要

9.1.1　目的

掌握GPS观测数据的数据传输与格式转换方法，完成GPS观测数据文件的下载。

9.1.2　内容

（1）进行GPS接收机外业观测数据的下载；
（2）将接收机专有格式的数据文件转换为RINEX格式的数据文件。

9.1.3　安排

性质：综合。
方式：以小队为单位完成。
时间：2个学时。

9.1.4　条件

场所：计算机房。
硬件：测量型GPS接收设备（记录有观测数据），数据存储卡，读卡器。
软件：GPS接收机数据传输及数据格式转换软件。

9.1.5　成果

下载并保存在计算机中的原始观测数据和由转换得到的RINEX格式数据。

9.2 实习指南

9.2.1　概述

在一天的外业观测结束后，需要尽快进行内业的数据传输、归档与处理工作，主要内容包括：

（1）将数据由接收机传送到计算机；
（2）进行数据验证、格式转换、备份和归档；
（3）进行基线的初步计算；

(4) 进行初步的质量控制检验，如复测基线、闭合环的检验和已构网的无约束平差。

本章将主要讨论有关数据下载和格式转换的问题。

9.2.2 Trimble系列数据下载及格式转换

1. 数据下载

数据传输下载使用的是Trimble数据传输软件Data Transfer，这个软件具有全中文操作界面，是Trimble所有产品共用的通信软件，包括GPS接收机、手簿控制器、全站仪、电子水准仪以及GIS数据采集器。Trimble数据传输软件Data Transfer点击连接按钮时，PC机开始与所选设备进行连接；点击断开按钮时，PC机断开与所选设备的连接。接收：建立连接后，外部所选设备的数据传输至计算机内。发送：建立连接后，计算机内部的数据传输至所选设备内，发送的方法是在硬件与计算机建立连接后，点击添加要传输的数据文件，选中要传输的数据后，点击全部传送即可，Data Transfer的界面如图9-1所示。

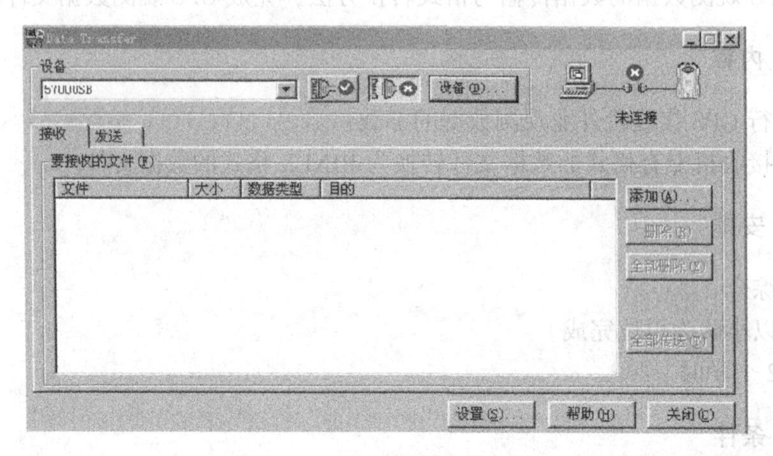

图9-1 Trimble数据传输软件

2. 格式转换

采用TGO软件。可以把Trimble的静态数据转换成Rinex格式，可使用TGO软件自带的Rinex格式转换模块。以下介绍TGO软件的Rinex格式转换模块。在TGO功能菜单下点击Convert to RINEX，打开格式转换模块（如图9-2所示）。

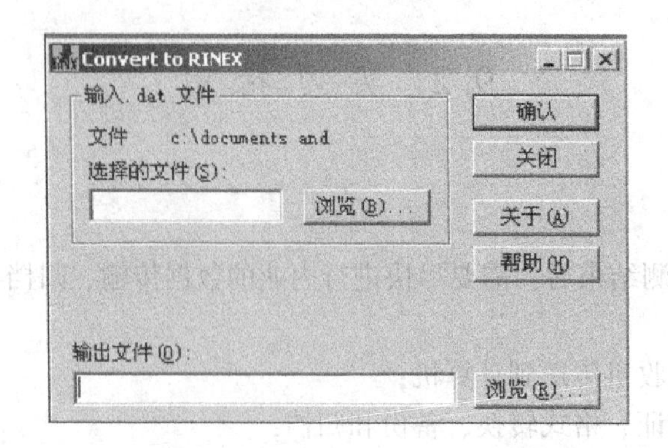

图9-2 Trimble Convert to RINEX对话框

如图 9-2 所示的 Trimble Convert to RINEX 对话框中，输入 . dat 文件指的是通过浏览选择要转换的 . dat 文件；输出文件指的是通过浏览选择转换后 Rinex 文件存放的地址，配置完毕后点击“确认”。

在配置对话框内（如图 9-3 所示），可以输入文件名的前缀、Rinex 版本、天线类型等一些信息，然后点击完成即可完成格式转换。

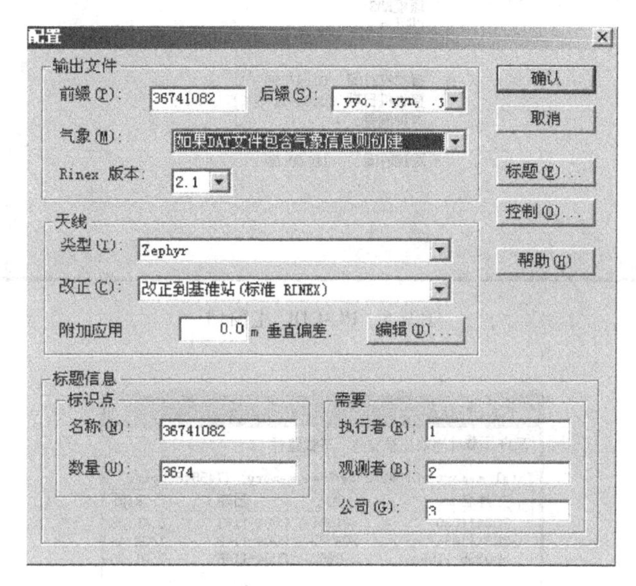

图 9-3　Trimble Convert to RINEX 配置

9. 2. 3　Topcon HiPer Plus 接收机的数据下载及格式转换

1. 数据下载

用 PC-CDU 软件进行原始数据下载。

(1) 将接收机与计算机连接好后，打开接收机电源，点击桌面的快捷方式启动 PC-CDU软件，如图 9-4 所示；

图 9-4　PC-CDU 图标

(2) 设置连接端口（如 COM1）及传输波特率（如 115200）；

(3) 点击“连接”，此时如果 PC -CDU 与接收机连接成功，将出现如图 9-5 的所示界面；

(4) 进入“文件”菜单，选择“文件管理”，出现如图 9-6 所示的对话框；

(5) 在“下载路径”中选择原始数据文件的下载路径（如C：\ Documents and Settings \ 2051 \ 桌面 \ GPS 静态数据），在“文件下载”中选择需要下载的文件，点击“下载”按钮进行数据下载。

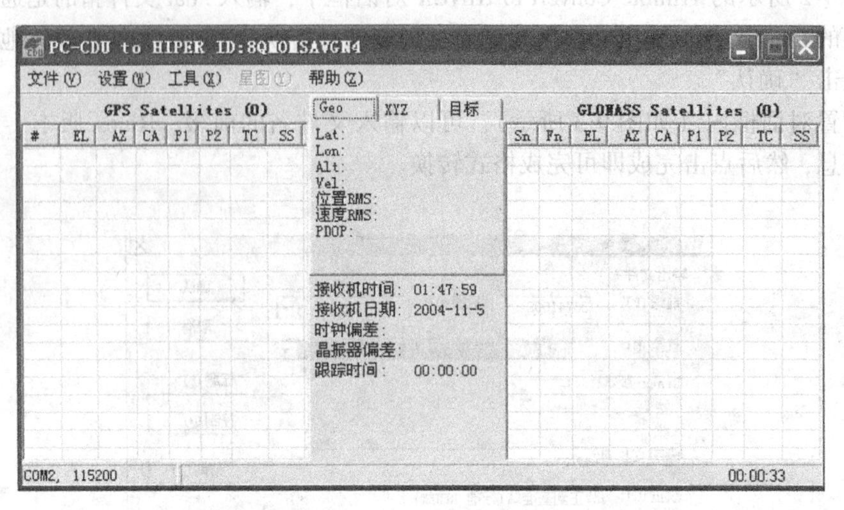

图 9-5　PC-CDU 主窗口

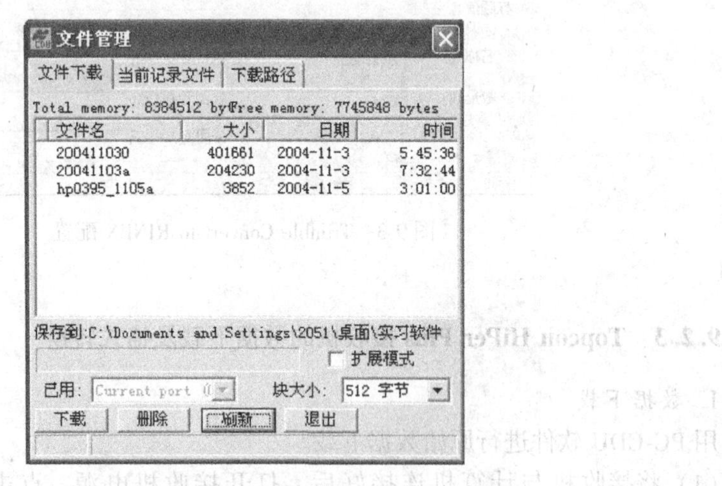

图 9-6　PC-CDU 的文件管理对话框

2. 格式转换

格式转换的步骤为：

（1）运行 Pinnacle 软件后，在出现的对话框中点击“新建”按钮进行项目新建；

（2）在出现的对话框中选择存储的路径，如要建立新的文件夹，再点击“新建”按钮，在出现的对话框中输入新的文件夹名称，点击“确定”按钮返回到上个界面，再次点击“确定”按钮；

（3）输入项目名称，建议使用项目名称进行管理，点击“确定”；

（4）点击“结束”关闭向导；

（5）点击工具条上的“新建控制网”按钮；

（6）在新建控制网上点击右键打开菜单选择“导入数据”命令，如图 9-7 所示；

（7）在出现的导入数据的界面中，点击工具条上的“本地计算机”按钮；

（8）在出现的界面中选择数据下载的路径，按 Ctrl+A 可以全部选择，点击“打开”

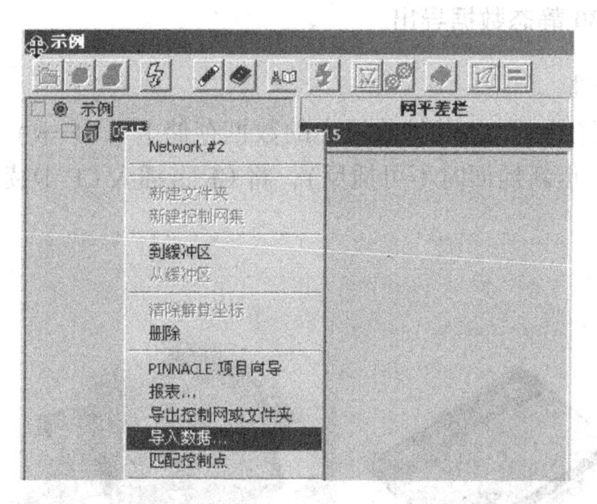

图 9-7　Pinnacle 导入数据

就可以将数据全部导入；

（9）在出现的界面中，点击工具条上的“开始”按钮，将数据导入数据库中；

（10）导入数据后，将提示“观测时段成功过滤，导入完成”，点击右上角的关闭命令快捷键关闭该对话框；

（11）在原始数据栏中点击每个新任务前的“+”可以看到输入的原始数据，该原始数据是按照时间顺序进行排列的，右键单击第一个点名，选“属性”(如图 9-8 所示)，可以对点名、天线高等信息进行编辑；

图 9-8　数据属性

（12）选择“导出 RINEX 格式”选项就可以实现格式的转换，但要注意的是：若所使用的软件是低版本的话，对原始数据文件要逐个转换，否则会出错。

9.2.4 Leica 1230 静态数据导出

1. 数据文件的转储

测量结束以后，将 Leica 1230 接收机中的数据存储卡（CF 卡）取出（此时应特别留意 CF 卡的插入方式，重新插回时不可插反），将 CF 卡插入 CF 卡读卡器（如图 9-9 所示）并与计算机连接。

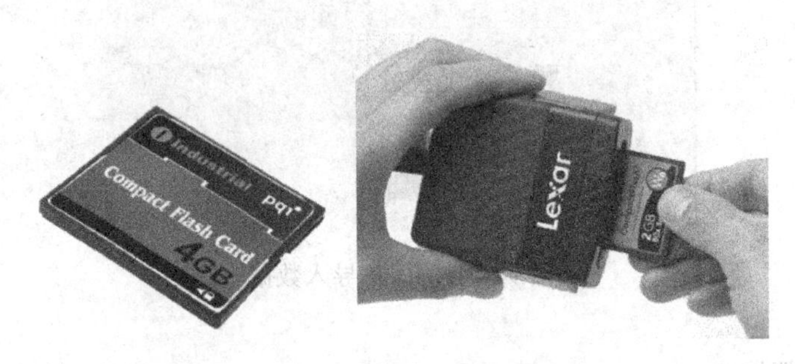

图 9-9 CF 卡与读卡器

在 CF 卡的 DBX 文件夹中（如图 9-10 所示），找到需要转换的文件（文件名以测量时建立的作业名开头），将其复制到电脑硬盘上。

图 9-10 Leica 1230 CF 卡文件目录

2. 新建项目

启动 Leica Geomatics Office（LGO），点击“文件”菜单，选择“新建项目”，如图 9-11所示。

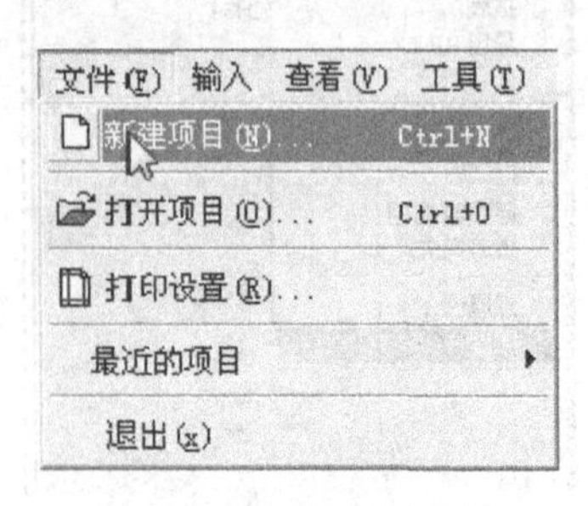

图 9-11 LGO 新建项目

此时出现如图 9-12 所示的“新建项目”界面，输入项目名和保存路径（即“位置”），点击“确定”就完成了项目的新建。

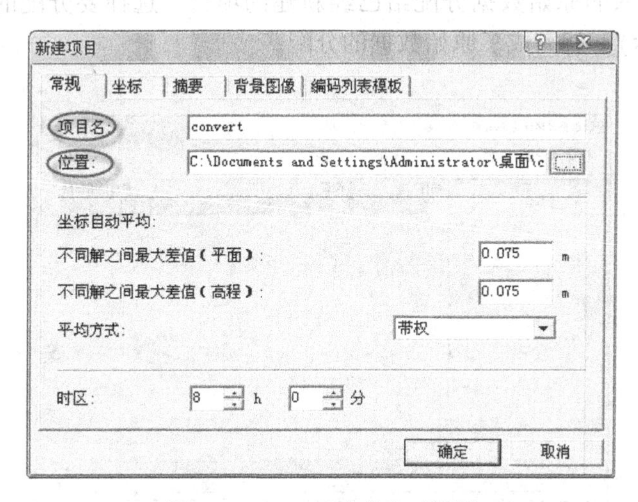

图 9-12　LGO 新建项目对话框

3. 导入原始数据

点击“输入”菜单，选择“原始数据”，如图 9-13 所示；

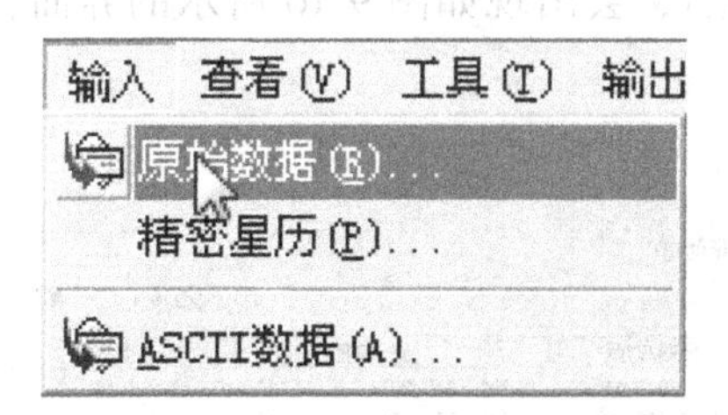

图 9-13　LGO 导入原始数据

在随后出现的“输入原始数据”对话框中，选择需要转换的作业文件，点击“输入”，如图 9-14 所示；

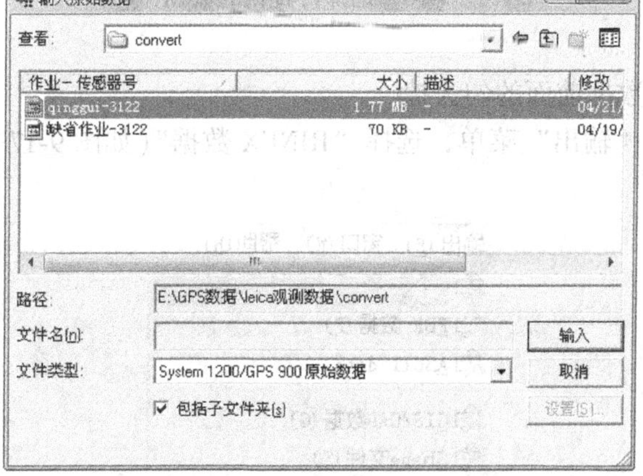

输入原始数据
查看: convert
作业－传感器号 | 大小 | 描述 | 修改
qinggui-3122 | 1.77 MB | - | 04/21/
缺省作业-3122 | 70 KB | - | 04/19/
路径: E:\GPS数据\leica观测数据\convert
文件名(n):
文件类型: System 1200/GPS 900 原始数据
包括子文件夹(s)
输入
取消
设置(S)...

图 9-14　输入原始数据

接下来，将导入的原始数据分配给已经新建的项目。选择要分配的项目，点击“分配”(如图 9-15所示)，就完成了原始数据的分配。

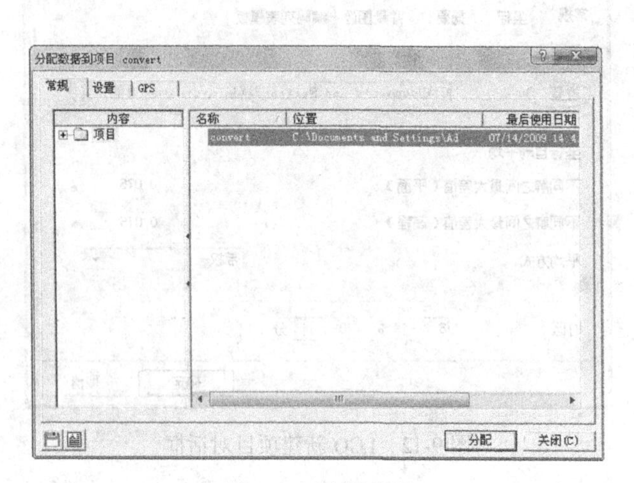

图 9-15 数据分配

4. 导出 RINEX 格式文件

在上一步数据分配完成后，会出现如图 9-16 所示的界面，窗口中列出的是待转化的数据列表。

[项目 convert]

E) 查看(V) 工具(T) 点(P) 输出(E) 窗口(W) 帮助(H)

点标识	点类别	日期/时间	纬度	经度	椭球高	正高	大地...	平面+高程精度
☑ G2132	导航解(N)	04/21/2009 11:...	30° 36′ 20.1...	114° 10′ 49.2...	5.1858	-	-	2.2860
☑ G629	导航解(N)	04/21/2009 09:...	30° 36′ 40.0...	114° 10′ 08.9...	7.6778	-	-	2.3841
☑ G6342	导航解(N)	04/21/2009 07:...	30° 37′ 12.1...	114° 09′ 19.9...	8.1487	-	-	2.2261
☑ g634	导航解(N)	04/20/2009 16:...	30° 37′ 12.2...	114° 09′ 19.9...	6.5874	-	-	2.6579
☑ qgG213	导航解(N)	04/20/2009 07:...	30° 36′ 20.1...	114° 10′ 49.2...	7.6224	-	-	1.6907
☑ qgG214	导航解(N)	04/20/2009 10:...	30° 36′ 20.1...	114° 10′ 49.2...	5.1770	-	-	3.0364
☑ qgG401	导航解(N)	04/20/2009 14:...	30° 37′ 10.6...	114° 07′ 52.8...	2.1002	-	-	2.4813
☑ qgG624	导航解(N)	04/20/2009 12:...	30° 37′ 10.3...	114° 07′ 18.2...	-0.8516	-	-	2.1083
☑ qgG625	导航解(N)	04/20/2009 13:...	30° 37′ 10.3...	114° 07′ 18.2...	-0.6404	-	-	4.7026
☑ qgG634	导航解(N)	04/20/2009 17:...	30° 37′ 12.2...	114° 09′ 19.8...	8.1192	-	-	2.4301

图 9-16 选择待转化的数据

将不需要转化的数据前面的勾去掉。

点击菜单栏中的“输出”菜单，选择“RINEX 数据”(如图 9-17 所示)。

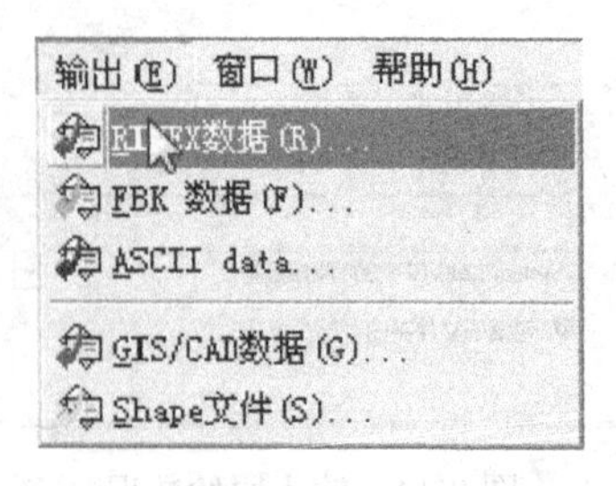

图 9-17 输出 RINEX 数据菜单

在随后出现的“输出 RINEX 数据”对话框中，设定好 RINEX 文件的保存路径，并将“分开不同跟踪的文件”前面的复选框勾选，点击“保存”就可以完成 RINEX 文件的转换，如图 9-18 所示。

输出 RINEX 数据

保存 在(I): leica

名称	大小	类型
LD1_1840.09o	5.58 MB	09O 文件
LD1_1840.09n	25 KB	09N 文件

路径: E:\GPS数据\2009年6月博飞实验\下午\leica

文件名(N): qgG2109#.09o　保存

保存类型(T): Rinex文件　取消

☑ 分开不同跟踪的文件(S)

☑ 忽略窗口(I)

☐ 每一个都创建新文件 1 小

观测者(O):

代理商(A):

图 9-18　输出 RINEX 数据对话框

至此，RINEX 文件已经转换完毕。

5. 天线高改正

注意天线高的量取方式，若外业观测时在控制器界面中的天线类型选择了“AX1202 三脚架”，则控制器软件会自动将测量的仪器高 b 加上 0. 36m 改正到天线参考点（天线座底部，图 9-19 中 a 处）。

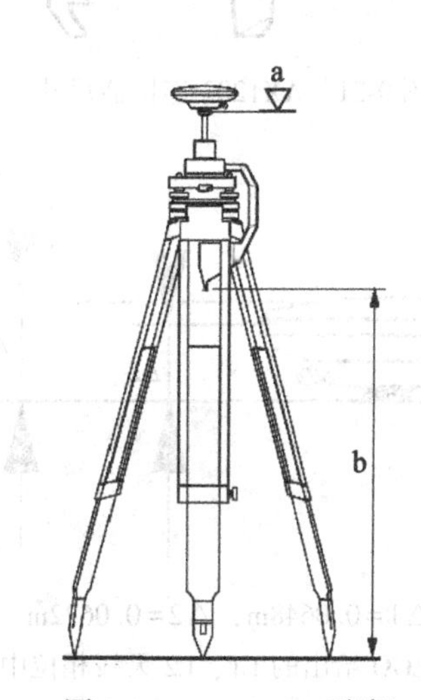

图 9-19　AX1202 三脚架

使用观测墩观测的量高模式的天线高量测如图 9-20 所示，若是其他量高模式可按图

9-21 和图 9-22 所示尺寸将天线高手动改正至天线相位中心。

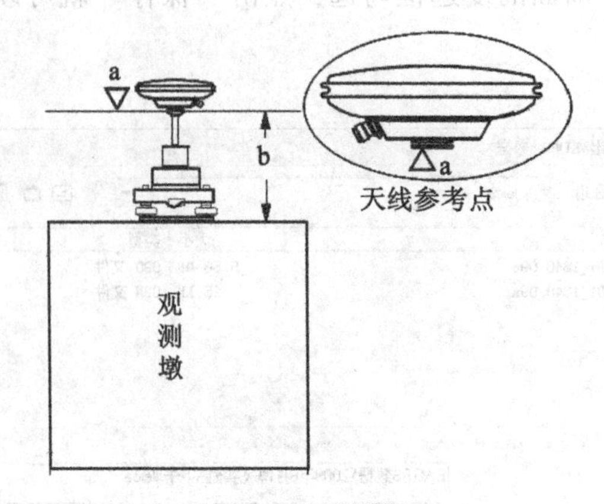

图 9-20　观测墩

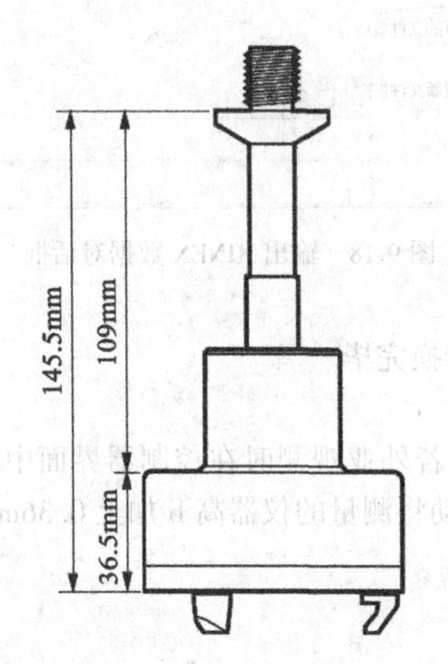

图 9-21　AX1202 连接器尺寸

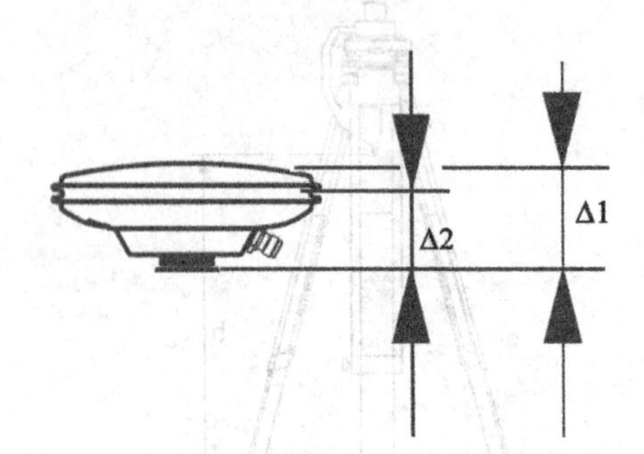

△1＝0.0648m，△2＝0.0622m

图 9-22　LGO 给出的 L1、L2 天线相位中心改正

第10章 GPS基线解算

10.1 实习纲要

10.1.1 目的

（1）掌握GPS基线解算的过程、步骤和质量控制方法；
（2）掌握常用基线精化处理的方法；
（3）为后续的网平差提供合格的基线向量观测值。

10.1.2 内容

（1）采用商用软件（TGO）对所采集的外业观测数据进行基线解算；
（2）对基线解算结果进行质量评定；
（3）根据质量评定结果对质量欠佳的基线向量进行精化处理。

10.1.3 安排

性质：综合。
方式：个人完成所属小队的观测数据处理工作。
时间：8个学时。

10.1.4 条件

场所：计算机房。
硬件：计算机。
软件：Trimble Geomatics Office（TGO）。

10.1.5 成果

（1）基线处理结果；
（2）质量统计分析结果：复测基线，环闭合差；
（3）无约束平差基线向量改正数。

10.2 实习指南

GPS基线解算就是将GPS观测值通过数据处理得到测站的坐标或测站间的基线向量值。

10.2.1　GPS 基线解算的过程及结果

1. GPS 基线解算的过程

每一个厂商所生产的GPS接收机都会配备相应的数据处理软件，虽然它们在具体操作的细节上存在一些差异，但在总体操作步骤上却是大致相同的。GPS 基线解算的过程如下（参见图 10-1）：

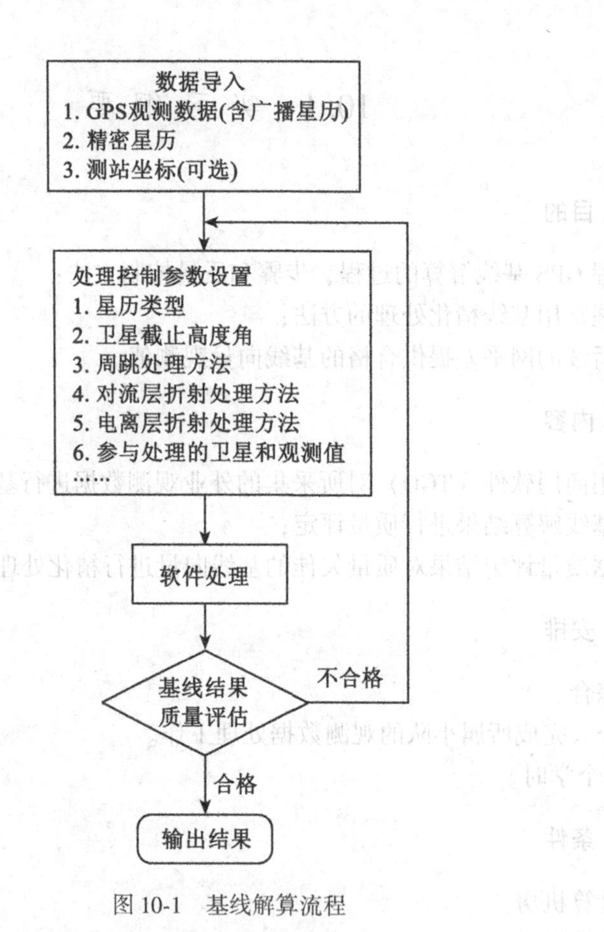

图 10-1　基线解算流程

（1）导入观测数据。在进行基线解算时，首先需要导入原始的 GPS 观测值数据。一般说来，各接收机厂商随接收机一起提供的数据处理软件都可以直接处理从接收机中传输出来的 GPS 原始观测值数据，而由第三方开发的数据处理软件则不一定对全部接收机的原始观测数据都能进行处理，要采用第三方软件处理数据，通常需要进行观测数据的格式转换，将原始数据格式转换为软件能够识别的格式。目前最常用的格式是 RINEX 格式，对于按此种格式存储的数据，几乎所有数据处理软件都能直接处理。

（2）检查与修改外业输入数据。在导入了 GPS 观测数据后，就需要对观测数据进行必要的检查，以发现并改正由于外业观测时的误操作而引起的错误。检查的项目包括：测站名（点号），天线高，天线类型，天线高量高方式等。

（3）设定基线解算的控制参数。基线解算的控制参数用来确定数据处理软件使用何种处理方式来进行基线解算，设定控制参数是基线解算时的一个重要的环节，控制参数的设置直接影响着基线解算结果的质量，基线的精化处理也是通过控制参数的设定来实现的。

（4）基线解算。基线解算的过程一般自动进行，无须人工干预。

（5）基线质量的控制。基线解算完毕后，基线结果并不能马上用于后续的处理，还必须对基线解算的质量进行评估，只有质量合格的基线才能用于后续的处理。若基线解算结果质量不合格，则需要对基线进行重新解算或重新测量。基线的质量评估指标包括RATIO、RDOP、RMS、同步环闭合差、异步环闭合差和重复基线较差，以及GPS网无约束平差基线向量改正数等。

（6）得到最终的基线解算结果。获得通过基线解算阶段质量检核的基线向量。

（7）结束。

2. 基线解算的输出结果

基线处理软件的输出结果随着所使用的软件不同而有所不同，但通常具有一些共有的内容。基线输出结果可用来评估解算的质量，并可以输入到后续的网平差软件中进行网平差处理。一般情况下，基线解算结果包括如下以文字或图形方式给出的内容：

（1）数据记录情况（起止时刻，历元间隔，观测卫星，历元数）；

（2）测站信息：位置（经度、纬度、高度），所采用接收机的序列号，所采用天线的序列号，测站编号，天线高；

（3）每一测站在测量期间的卫星跟踪状况；

（4）气象数据（气压、温度、湿度）；

（5）基线解算控制参数设置（星历类型，截止高度角，解的类型，对流层折射的处理方法，电离层折射的处理方法，周跳处理方法等）；

（6）基线向量估值及其统计信息（基线分量，基线长度，基线分量的方差-协方差阵/协因数阵，观测值残差RMS，整周模糊度解方差的比值（RATIO值），单位权方差因子（参考方差））；

（7）观测值残差序列。

10.2.2 基线解算软件的操作

基线解算软件的操作方法参见第4章。

10.2.3 基线解算阶段的质量控制

1. 概述

质量是产品或工作的优劣程度，质量控制一种用来确保生产出来的产品保持符合规定水平的系统，质量控制的内容包括质量评定与质量改善两个方面。基线解算结果的质量通过一系列质量指标来评定，而基线解算结果质量的改善则通过基线的精化处理来实现。

评定基线解算结果质量的指标有两类，一类是基于测量规范的控制指标，另一类是基于统计学原理的参考指标。在工程应用中，控制指标是必须满足的条件，而参考指标则不作为判别质量是否合格的依据。

2. 质量的控制指标

（1）数据剔除率

在基线解算时，如果观测值的改正数大于某一个阈值时，则认为该观测值含有粗差，必须将其删除。被删除观测值的数量与观测值的总数的比值，就是数据剔除率。数据剔除率从某一方面反映了 GPS 原始观测值的质量，数据剔除率越高，说明观测值的质量越差。

根据我国规范规定，同一时段观测值的数据剔除率应小于 10%。

（2）同步环闭合差

同步环闭合差是由同步观测基线组成的闭合环的闭合差①，同步观测基线间具有一定的内在联系，这种联系使得同步环闭合差的值在理论上应该总是为 0。由于在一般的工程应用中所采用的商用软件的基线解算模式为单基线模式，同步环闭合差并不能保证一定为 0，通常是一个微小的数量。如果同步环闭合差超限，则说明组成同步环的基线中至少存在一条基线向量质量不合格；反之，如果同步环闭合差没有超限，并不能说明组成同步环的所有基线在质量上均合格。

根据我国规范，应该对所有三边同步环进行检验，闭合差应满足如下要求：

$$W_X \leqslant \frac{\sqrt{3}}{5}\sigma,$$

$$W_Y \leqslant \frac{\sqrt{3}}{5}\sigma,$$

$$W_Z \leqslant \frac{\sqrt{3}}{5}\sigma。$$

式中：σ 为相应级别规定的精度（按网的实际平均边长计算）。

（3）异步环闭合差

不是完全由同步观测基线所组成的闭合环称为异步环，异步环的闭合差称为异步环闭合差。当异步环闭合差满足限差要求时，则表明组成异步环的基线向量的质量是合格的；当异步环闭合差不满足限差要求时，则表明组成异步环的基线向量中至少有一条基线向量的质量不合格，要确定出哪些基线向量的质量不合格，可以通过多个相邻的异步环比较或重复基线检查来进行。

根据我国规范，C 级以下各级网、B 级 GPS 网外业基线预处理结果，其异步环或附合路线坐标闭合差应满足如下要求：

$$W_X \leqslant 3\sqrt{n}\sigma,$$

$$W_Y \leqslant 3\sqrt{n}\sigma,$$

$$W_Z \leqslant 3\sqrt{n}\sigma,$$

$$W_S \leqslant 3\sqrt{3n}\sigma。$$

式中：n 为闭合环边数，σ 为相应级别规定的精度（按网的实际平均边长计算）。

（4）重复基线较差

不同观测时段，对同一条基线的观测结果，就是重复基线，这些观测结果之间的差异就是重复基线较差。重复基线较差是评价基线结果质量非常有效的指标，当重复基线较差

---

① 环的闭和差有以下两类：

1. 分量闭合差：$W_X = \left|\sum \Delta X\right|$，$W_Y = \left|\sum \Delta Y\right|$，$W_Z = \left|\sum \Delta Z\right|$。

2. 全长相对闭合差：$W_S = \sqrt{W_X{}^2 + W_Y{}^2 + W_Z{}^2} / \sum S$，其中 $\sum S$ 为环长。

的值超限时，就表明重复基线中一定存在质量不满足要求的基线。通过一条基线三次以上的重复观测结果，通常能够确定出存在质量问题的基线解算结果。

根据我国规范的要求，B 级网基线外业预处理与 C 级以下各级 GPS 网基线处理的复测基线长度较差 d_S 应满足下式的规定：

$$d_S \leqslant 2\sqrt{2}\sigma。$$

式中：$d_S=\sqrt{\Delta X^2+\Delta Y^2+\Delta Z^2}$，$\Delta X$、$\Delta Y$ 和 ΔZ 为复测基线的分量较差，σ 为相应级别规定的精度（按网的实际平均边长计算）。

（5）网无约束平差基线向量残差

网无约束平差基线向量残差也是一项评定基线解算结果质量的总控制指标，根据我国规范的要求，GPS 网无约束平差所得出的相邻点距离精度应满足规范中对各等级网的要求；除此以外，无约束平差基线分量改正数的绝对值（$V_{\Delta X}$、$V_{\Delta Y}$、$V_{\Delta Z}$）应满足如下要求：

$$V_{\Delta X} \leqslant 3\sigma,$$

$$V_{\Delta Y} \leqslant 3\sigma,$$

$$V_{\Delta Z} \leqslant 3\sigma。$$

（6）其他

我国规范还专门针对 AA、A 和 B 级这样高等级的数据处理制订了专门的质量控制指标，具体内容可以参见有关文献。

3. 质量的参考指标

（1）单位权方差

单位权方差也被称为参考方差，其定义为：

$$\hat{\sigma}_0=\sqrt{\frac{V^{\mathrm{T}}PV}{f}}。$$

式中：V 为观测值的残差，P 为观测值的权阵，f 为多余观测值的数量。当观测值的权阵确定时，单位权方差的数值就取决于观测值的残差。从总体上看，残差越大，其数值也越大。

（2）RATIO

$$\mathrm{RATIO}=\sigma_{次最小}/\sigma_{最小}。$$

式中：$\sigma_{最小}$和 $\sigma_{次最小}$分别为在基线解算时确定相位模糊度的过程中，由备选模糊度组所得到的最小单位权方差和次最小单位权方差，显然 RATIO≥1.0。

RATIO 反映了所确定出的整周未知数参数的可靠性，这一指标取决于多种因素，既与观测值的质量有关，又与观测条件①的质量有关。

（3）RDOP

RDOP 指的是在基线解算时待定参数的协因数阵的迹（$\mathrm{tr}(Q)$）的平方根，即

$$\mathrm{RDOP}=\sqrt{\mathrm{tr}(Q)}。$$

RDOP 值的大小与基线位置和卫星在空间中的几何分布及运行轨迹（即观测条件）有关，当基线位置确定后，RDOP 的值就只与观测条件有关了。观测条件是指在观测期间的卫星星座及其变化，卫星数量越多、分布越均匀、同一卫星的位置变化越大，观测条件就

① 在 GPS 测量中的观测条件指的是卫星星座的几何图形和运行轨迹。

越好。

RDOP 反映了观测期间 GPS 卫星星座的状态对相对定位的影响，不受观测值质量的影响。

（4）观测值残差的 RMS

观测值残差的 RMS 的定义为：

$$\mathrm{RMS}=\sqrt{\frac{V^{\mathrm{T}}V}{n}}。$$

式中：V 为观测值的残差，n 为观测值的总数。

由 RMS 的定义可知，从整体上看，RMS 的大小与残差的大小有着直接的关系，残差的大小与观测值和计算值均有关系，而计算值的精度与观测值的质量和观测条件的好坏有关。RMS 是一个内部精度（内符合精度）的指标，RMS 小，内符合精度高，RMS 大，内符合精度低。当然从上面的分析也可以看出，RMS 与结果质量是有一定关系的，结果质量不好时，RMS 会较大，但反过来却不一定成立。在测量中，RMS 的大小并不能最终确定成果的质量，只可作为参考。

10.2.4 影响基线解算结果的因素及应对方法

1. 影响 GPS 基线解算结果的因素

影响基线解算结果的因素主要有：

（1）基线解算时所设定的起点坐标不准确。

起点坐标不准确，会导致基线出现尺度和方向上的偏差。

（2）少数卫星的观测时间太短，导致这些卫星的整周未知数无法准确确定。

当卫星的观测时间太短时，会导致与该颗卫星有关的整周未知数无法准确确定，而对于基线解算来讲，对于参与计算的卫星，如果与其相关的整周未知数没有准确确定的话，就将影响整个观测。

（3）在整个观测时段内有个别时间段里周跳太多，致使周跳修复不完善。

（4）在观测时段内多路径效应比较严重，观测值的改正数普遍较大。

（5）对流层或电离层折射影响过大。

对于影响 GPS 基线解算结果的因素，有些是较容易判别的，如卫星观测时间太短、周跳太多、多路径效应严重、对流层或电离层折射影响过大等；但对于另外一些因素却不容易判断，如起点坐标不准确。

对于由起点坐标不准确对基线解算质量造成的影响，目前还没有简便的判别方法，因此，在实际工作中，要尽量提高起点坐标的准确度，以避免这种情况的发生。

对于卫星观测时间太短这类问题的判断比较简单，只要查看观测数据的记录文件中每个卫星观测数据的数量就可以了，有些数据处理软件还输出卫星的可见性图（如图 10-2 所示），这就更直观了。

对于卫星观测值中周跳太多的情况，可以通过基线解算后所获得的观测值残差来分析。目前，大部分的基线处理软件一般采用双差观测值，当在某测站对某颗卫星的观测值中含有未修复的周跳时，与此相关的所有双差观测值的残差都会出现显著的整数倍的增大。

对于多路径效应、对流层或电离层折射影响的判别，我们也是通过观测值残差来进行

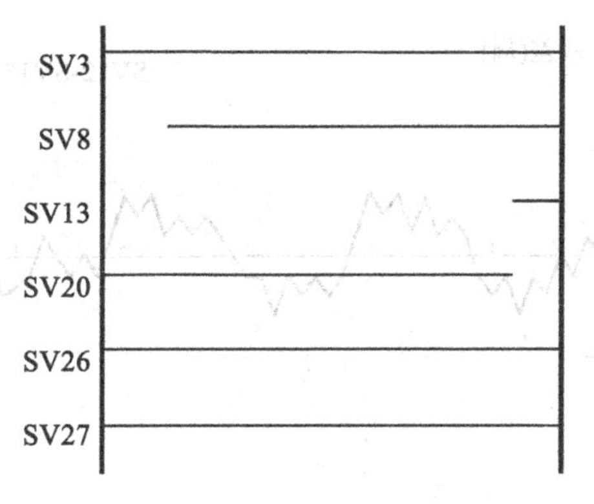

图 10-2　卫星的可见性图（示例）

的。不过与整周跳变不同的是，当路径效应严重、对流层或电离层折射影响过大时，观测值残差不是像周跳未修复那样出现整数倍的增大，而只是出现非整数倍的增大，一般不超过 1 周，但却又明显大于正常观测值的残差。

2. 基线的精化处理方法

要解决基线起点坐标不准确的问题，可以在进行基线解算时使用坐标准确度较高的点作为基线解算的起点，较为准确的起点坐标可以通过进行较长时间的单点定位或通过与 WGS-84 坐标系中较准确的点联测得到；也可以采用在进行整网的基线解算时，所有基线起点的坐标均由一个点坐标衍生而来的方法，使得基线结果均具有某一系统偏差，然后再在 GPS 网平差处理时用引入系统参数的方法加以解决。

若某颗卫星的观测时间太短，则可以删除该卫星的观测数据，不让它参加基线解算，这样可以保证基线解算结果的质量。

对于周跳问题，可采用在发生周跳处增加新的模糊度参数或删除周跳严重的时间段的方法，来尝试改善基线解算结果的质量。

由于多路径效应往往造成观测值残差较大，可以通过缩小编辑因子的方法来剔除残差较大的观测值，也可以采用删除多路径效应严重的时间段或卫星的方法。

对于对流层或电离层折射影响过大的问题，可以使用下列方法：

（1）提高截止高度角，剔除易受对流层或电离层影响的低高度角观测数据。这种方法具有一定的盲目性，因为高度角越低的信号，不一定受对流层或电离层的影响就越大。

（2）分别采用模型对对流层和电离层的延迟进行改正。

（3）如果观测值是双频观测值，可以使用消除了电离层折射影响的观测值来进行基线解算。

3. 基线精化处理的有力工具——残差图

在基线解算时经常要判断影响基线解算结果质量的因素，或需要确定哪颗卫星或哪段时间的观测值在质量上有问题，残差图对于完成这些工作非常有用。所谓残差图就是根据观测值的残差绘制的一种图表。

图 10-3 是一种常见的双差分观测值残差图的示例，它的横轴表示观测时间，纵轴表示观测值的残差，右上角的“SV12-SV15”表示此残差是 SV12 号卫星与 SV15 号卫星的差分观测值的残差。正常的残差图一般为残差绕着零轴上下摆动，振幅一般不超过 0.1 周。

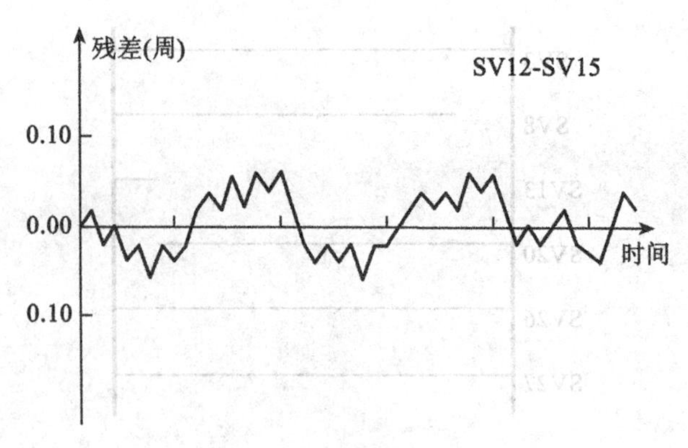

图 10-3　观测值残差图

图 10-4 中的 3 个图表明 SV12 号卫星的观测值中含有周跳。

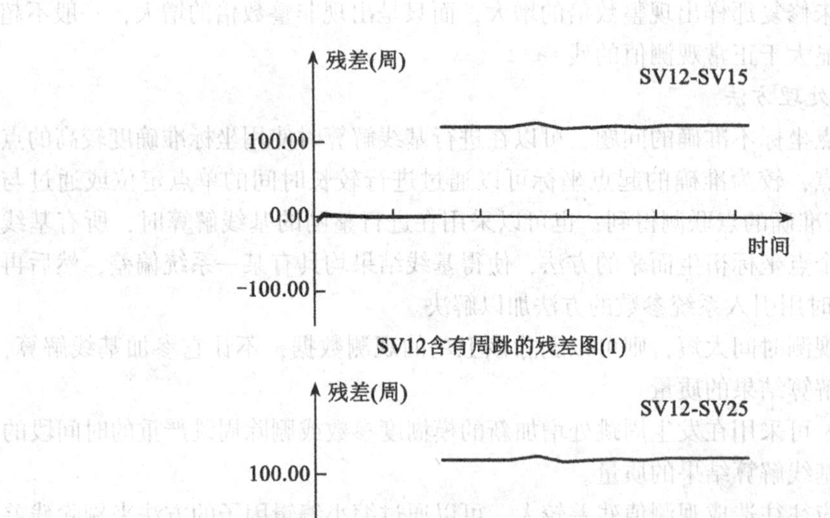

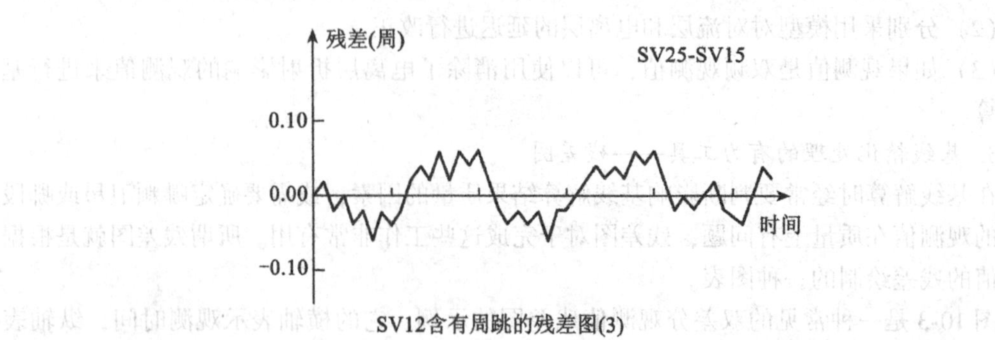

图 10-4　SV12 含有周跳的残差图

图 10-5 中的 3 个残差图表明 SV25 号卫星在 $T_1 \sim T_2$ 时间段内受未知因素（可能是多路径效应，对流层折射，电离层折射或强电磁波干扰）影响严重。

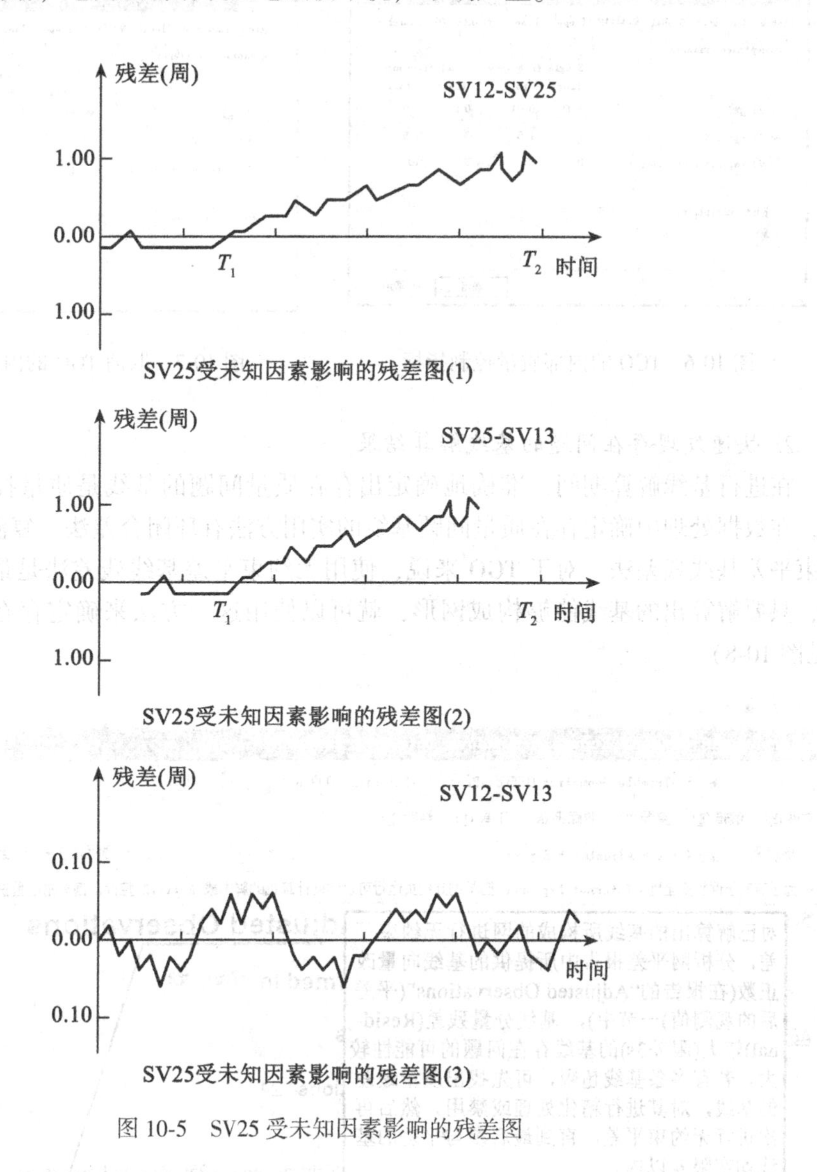

图 10-5　SV25 受未知因素影响的残差图

10.2.5　TGO 基线精化处理方法

Trimble Geomatics Office（TGO）提供了较为强大的基线精化处理方法，这里介绍几种常用的方法。

1. 软件内部质量控制策略

在缺省设置下，TGO 将采用一系列内部质量控制指标对基线解算进行质量控制，这些指标可在“GPS Processing Styles”(GPS 处理形式）中进行设置，见图 10-6。这些指标基于统计学原理，未顾及不同等级 GPS 网精度要求有所不同的问题，往往出现检验过于严格的问题，会剔除一些本来满足工程应用要求的结果。用户可以取消这些内部质量控制指标（见图 10-7)，然后根据规范，结合 GPS 网的等级，自行进行质量控制。

Trimble Default

Static | Kinematic | Global | Quality | Tropo | Iono | Events | OTF Search

Acceptance criteria

	Single frequency Flag	Single frequency Fail	Dual frequency Flag	Dual frequency Fail
☑ If RMS >	0.03	0.04	0.02	0.03
☑ If ratio <	3	1.5	3	1.5
☑ If reference variance >	10	20	5	10

Edit multiplier: 3.5

确定 取消

图 10-6 TGO 的内部质量控制指标

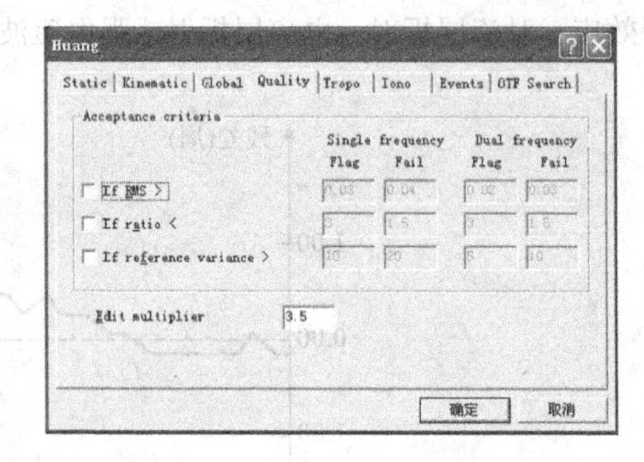

图 10-7 取消 TGO 的内部质量控制

2. 快速发现存在问题的基线解算结果

在进行基线解算期间，准确地确定出存在质量问题的基线是质量控制的一项重要内容，在数据处理中确定存在质量问题基线的实用方法有环闭合差法、复测基线较差法和无约束平差基线残差法。对于 TGO 来说，使用无约束平差基线残差法是最为简单有效的方法，只要解算出的基线能够构成网形，就可以使用这一方法来确定存在质量问题的基线（见图 10-8）。

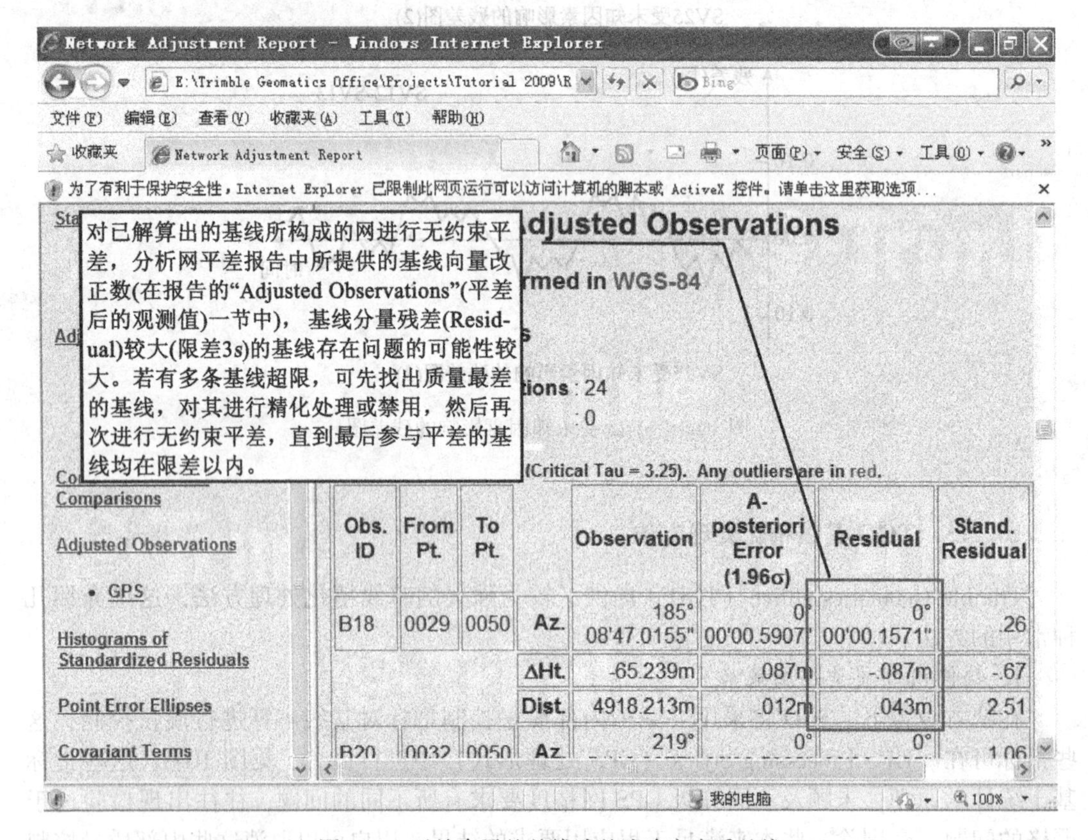

图 10-8 无约束平差基线残差法确定劣质基线

3. 周跳处理策略

周跳是影响基线解算结果质量的重要因素。在数据处理中，处理已探测到的周跳的方法有两种：修复和增加模糊度参数。在很多情况下增加模糊度参数的效果要优于修复的方法，下面以一个实例加以说明。

（1）采用无约束平差基线残差法找出劣质基线：ID 为 B4 的基线（由 0024 至 0029）(见图 10-9)。

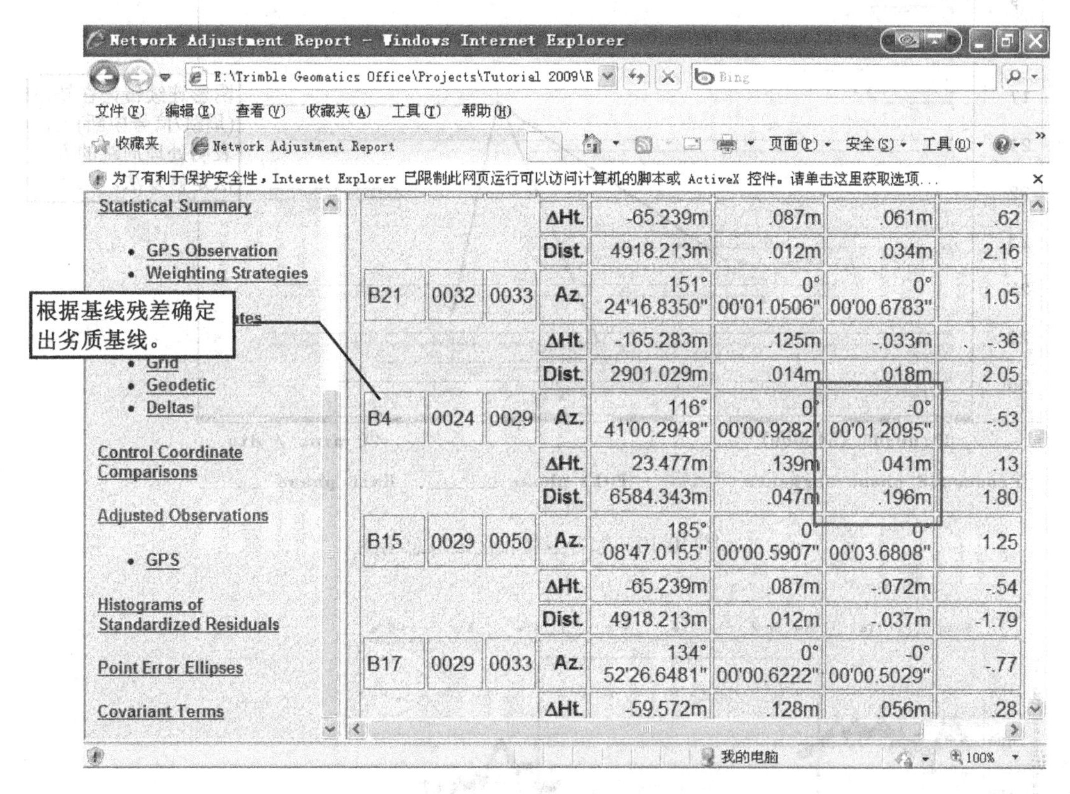

图 10-9　确定残差劣质基线

（2）分析基线 B4 的基线处理报告，可以由综合卫星相位跟踪总结图（综合基线端点的同步跟踪情况）看出有许多周跳是采用修复的方法来处理的（见图 10-10），但从相位残差图可以看出，仍有部分卫星的观测值中存在周跳未能被正确处理的情况（见图 10-11)，解决上述问题的一个方法是改变处理周跳的方式。在 TGO 中控制周跳处理方式的参数位于 GPS 处理形式中的“Global（全局控制）”属性页中（见图 10-12）。

（3）修改 TGO 中控制周跳处理方式的参数，强制以增加模糊度参数的方法来处理周跳（见图 10-13）。重新对存在问题的基线进行处理，并进行网的无约束平差。分析网平差报告，可以发现基线的残差已有所改善（见图 10-14）。分析基线处理报告，可以发现综合卫星相位跟踪总结图（图 10-15）和相位残差图（图 10-16）也已发生变化，而且从相位残差图中已看不出明显的周跳。

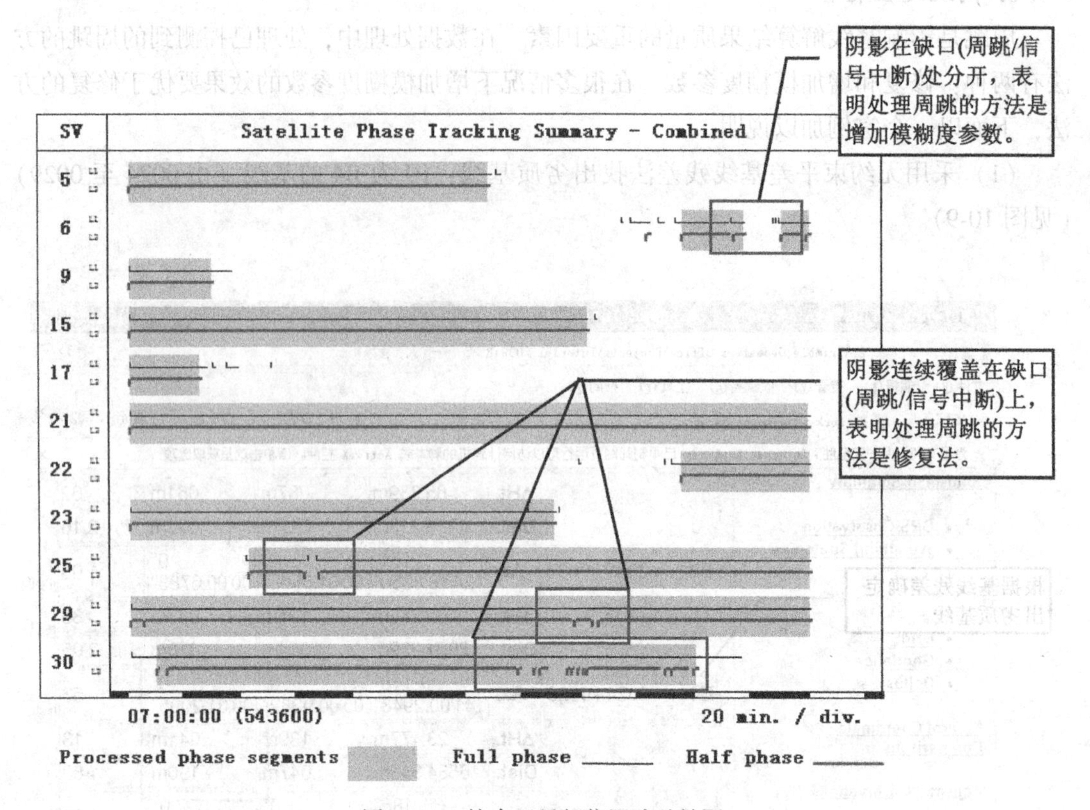

图 10-10　综合卫星相位跟踪总结图

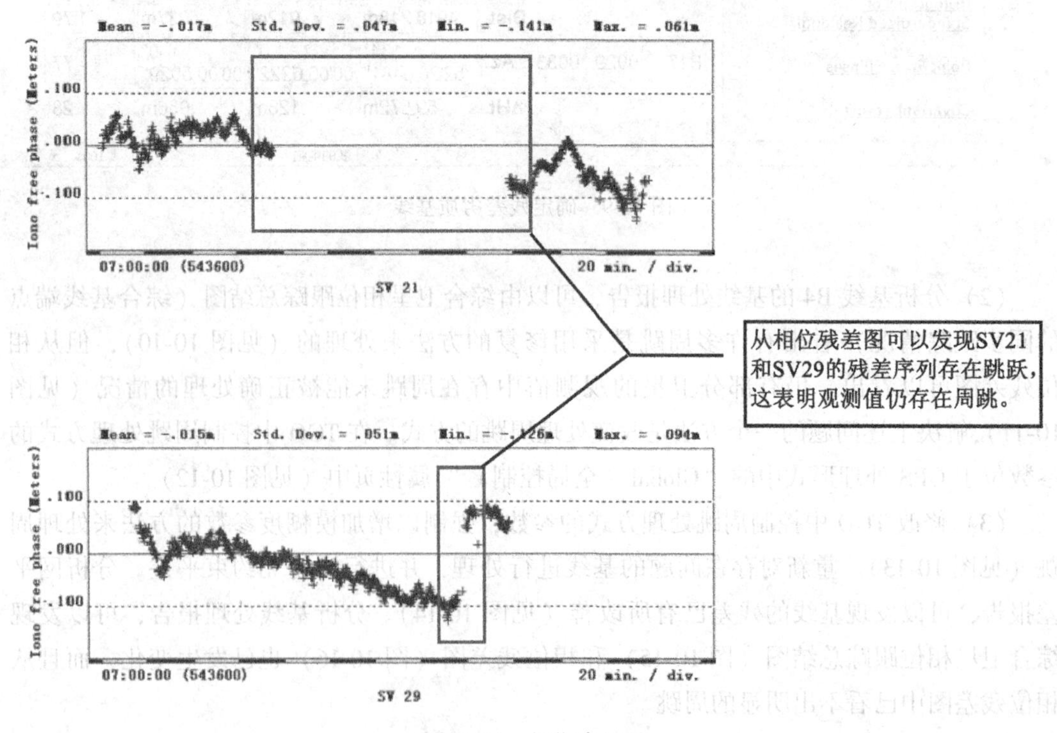

图 10-11　相位残差图

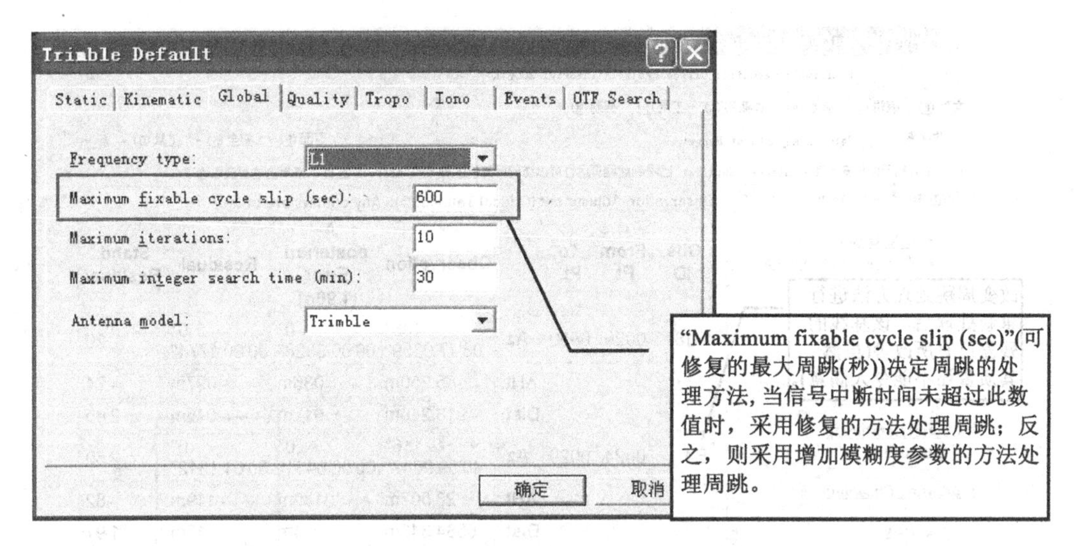

图 10-12　TGO 中控制周跳处理方式的参数

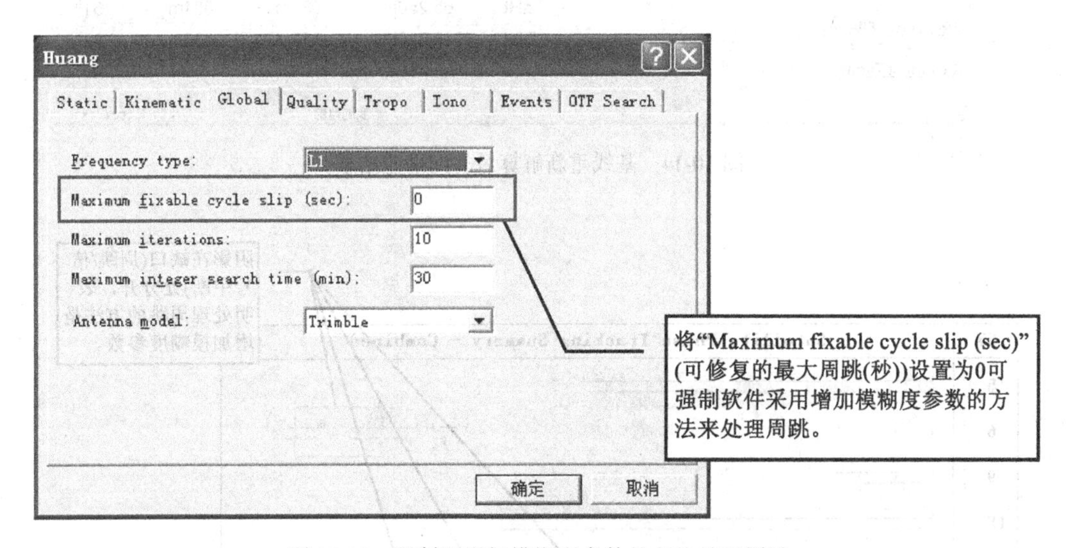

图 10-13　强制以增加模糊度参数的方法处理周跳

4. 天顶对流层延迟估计策略

从上一节可以看出，通过设置适当的周跳处理方法，可以改善基线解算结果的质量，但并非所有基线通过单一参数的调整就能达到满意的结果，往往需要综合运用多种方法。对于上节中的基线 B4，通过调整天顶对流层延迟估计策略，就可以进一步改善质量，具体的方法是：

（1）在上节中，处理基线 B4 时所涉及的与对流层有关的设置见图 10-17。

（2）将"Estimated zenith delay interval（天顶延迟估计间隔）"设置为 4，单位是小时（见图 10-18），对基线 B4 重新进行处理，并进行网的无约束平差。分析网平差报告，可以发现基线的残差又有所改善（见图 10-19）。

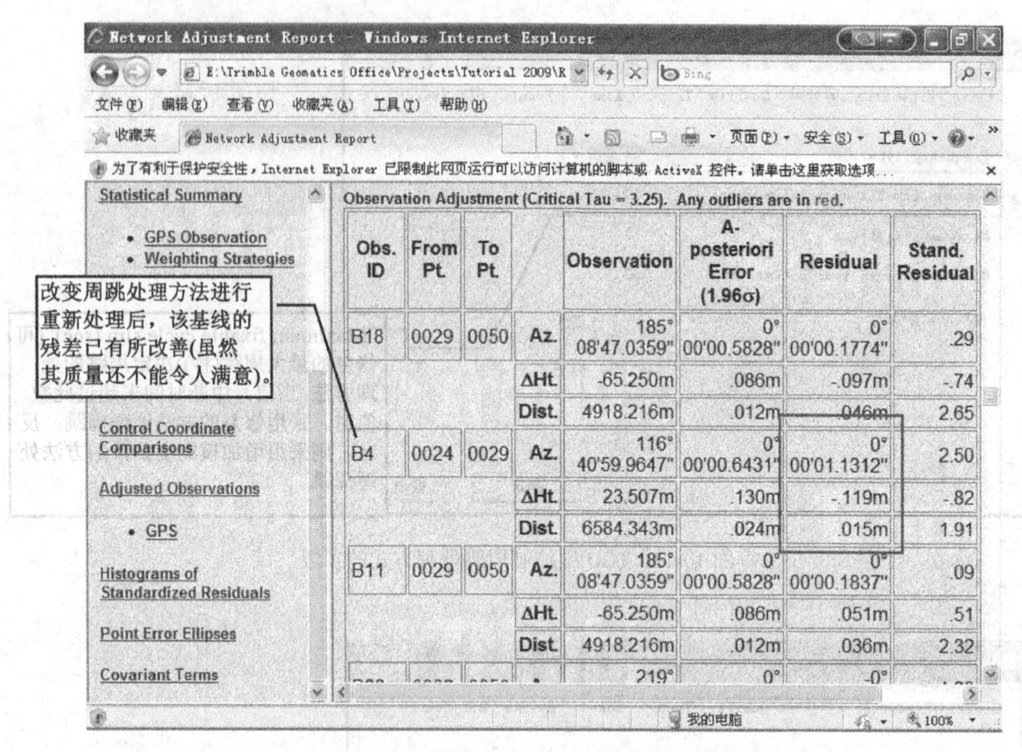

Obs. ID	From Pt.	To Pt.		Observation	A-posteriori Error (1.96σ)	Residual	Stand. Residual
B18	0029	0050	Az.	185° 08'47.0359"	0° 00'00.5828"	0° 00'00.1774"	.29
			ΔHt.	-65.250m	.086m	-.097m	-.74
			Dist.	4918.216m	.012m	.046m	2.65
B4	0024	0029	Az.	116° 40'59.9647"	0° 00'00.6431"	0° 00'01.1312"	2.50
			ΔHt.	23.507m	.130m	-.119m	-.82
			Dist.	6584.343m	.024m	.015m	1.91
B11	0029	0050	Az.	185° 08'47.0359"	0° 00'00.5828"	0° 00'00.1837"	.09
			ΔHt.	-65.250m	.086m	.051m	.51
			Dist.	4918.216m	.012m	.036m	2.32

图 10-14　基线重新解算后的网平差结果

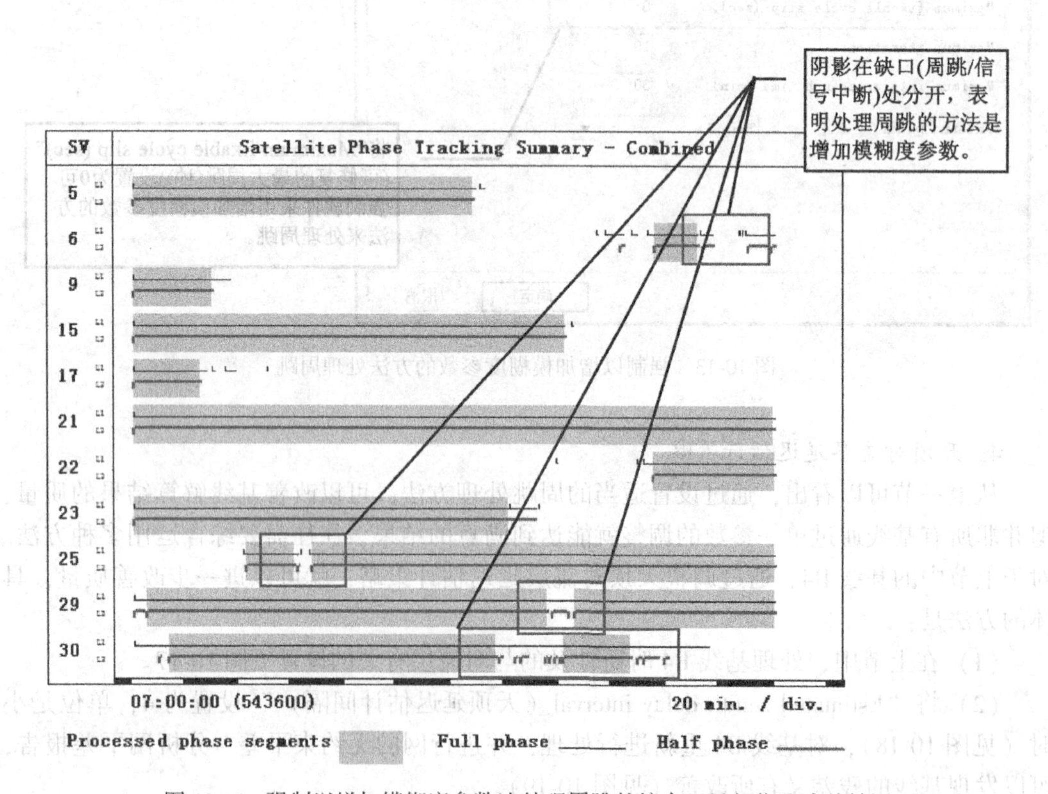

图 10-15　强制以增加模糊度参数法处理周跳的综合卫星相位跟踪总结图

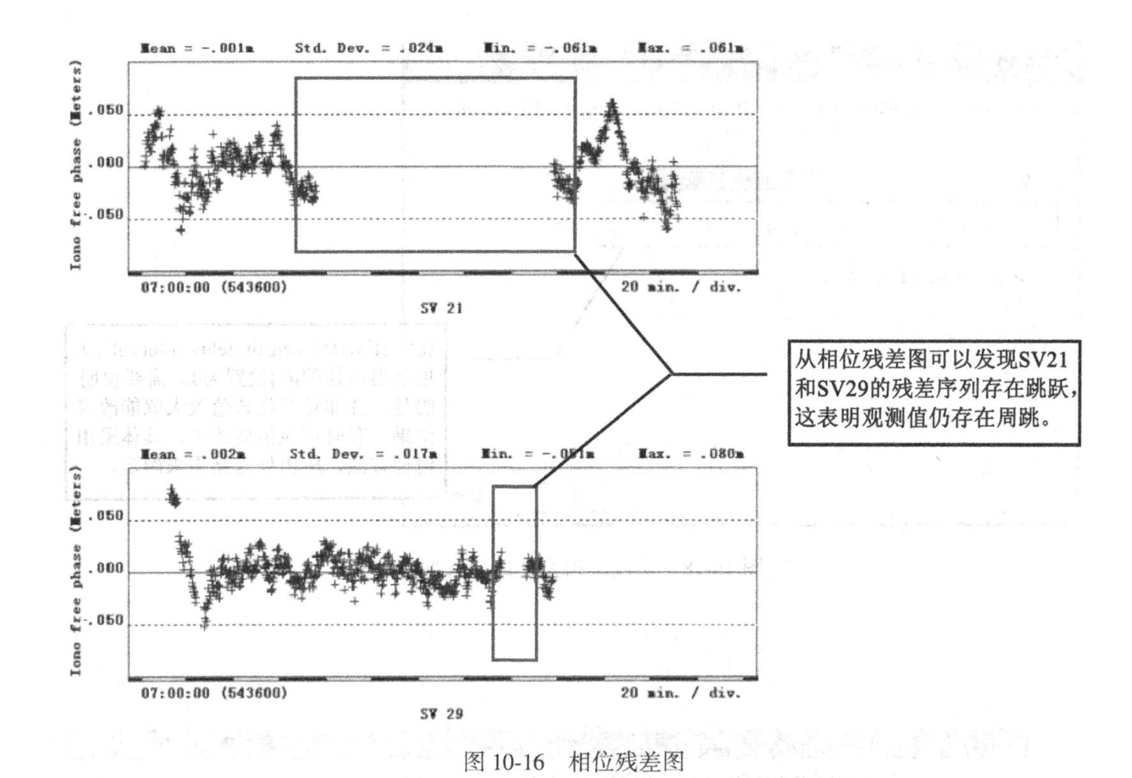

图 10-16　相位残差图

Huang

Static | Kinematic | Global | Quality | Tropo | Iono | Events | OTF Search

Model: Hopfield

Estimated zenith delay interval 2

Use observed met data

确定　取消

"Estimated zenith delay interval"(天顶延迟估计间隔)确定了在估计天顶方向的对流层延迟时对流层延迟参数化的方法。间隔小，对流层描述精细，但估计困难；间隔大，对流层描述粗糙，但估计容易。具体间隔需权衡，由处理结果来确定。

图 10-17　对流层相关设置（修改前）

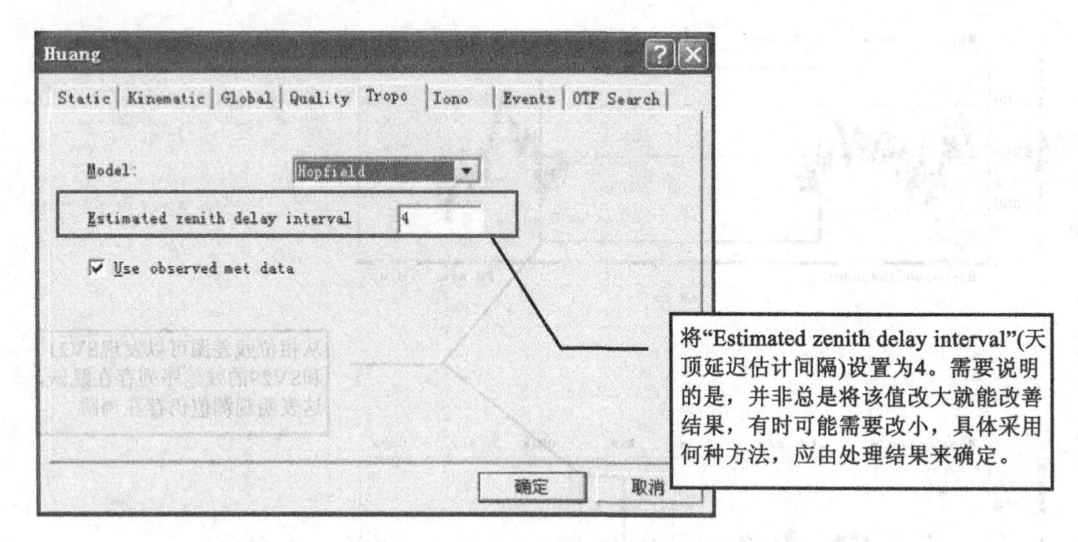

图 10-18　对流层相关设置（修改后）

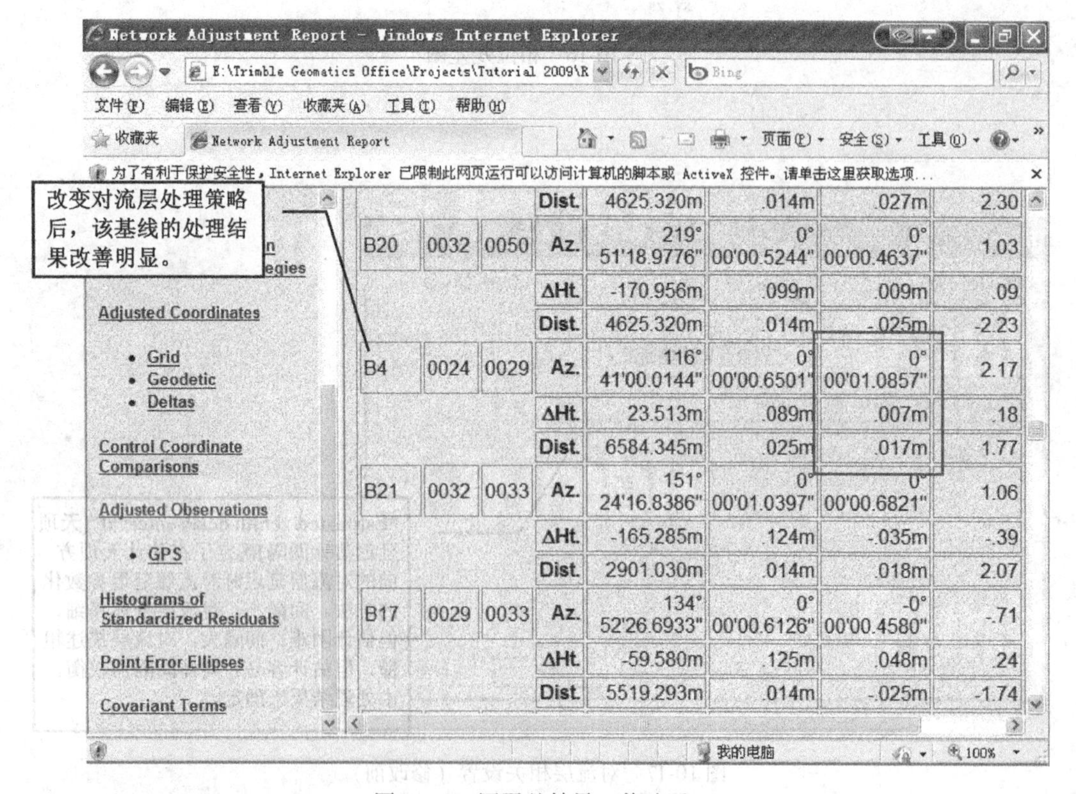

			Dist.	4625.320m	.014m	.027m	2.30
B20	0032	0050	Az.	219° 51'18.9776"	0° 00'00.5244"	0° 00'00.4637"	1.03
			ΔHt.	-170.956m	.099m	.009m	.09
			Dist.	4625.320m	.014m	-.025m	-2.23
B4	0024	0029	Az.	116° 41'00.0144"	0° 00'00.6501"	0° 00'01.0857"	2.17
			ΔHt.	23.513m	.089m	.007m	.18
			Dist.	6584.345m	.025m	.017m	1.77
B21	0032	0033	Az.	151° 24'16.8386"	0° 00'01.0397"	0° 00'00.6821"	1.06
			ΔHt.	-165.285m	.124m	-.035m	-.39
			Dist.	2901.030m	.014m	.018m	2.07
B17	0029	0033	Az.	134° 52'26.6933"	0° 00'00.6126"	-0° 00'00.4580"	-.71
			ΔHt.	-59.580m	.125m	.048m	.24
			Dist.	5519.293m	.014m	-.025m	-1.74

图 10-19　网平差结果（修改后）

5. 电离层折射延迟处理策略

在进行基线解算时，TGO 会根据基线长度决定采用何种类型的观测值进行基线解算，与此有关的控制项在 GPS 处理形式的“Iono（电离层）”属性页中进行设置（见图 10-20）。

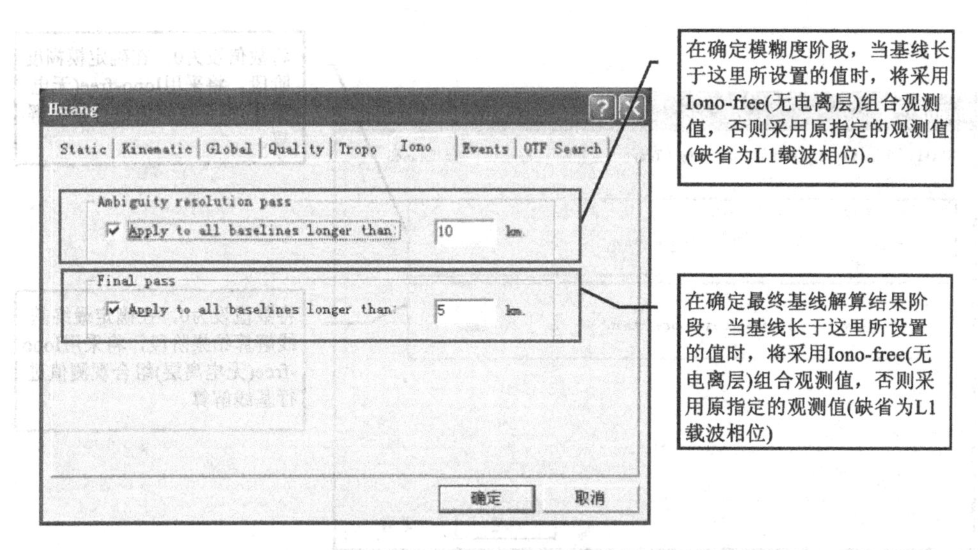

图 10-20　电离层折射延迟处理策略设置（TGO 缺省设置）

图 10-21 为基线 B13 采用 TGO 缺省电离层折射延迟处理策略（如图 10-20 所示）进行解算时的网平差结果，可以看出基线 B13 的残差偏大。

该基线处理结果为采用TGO缺省的电离层处理策略所得(实际由L1载波相位观测值所得)。

			Az.	16'39.2457"	00'00.5713"	00'00.6014"	
			ΔHt.	-41.749m	.110m	-.033m	-.33
			Dist.	9557.282m	.025m	-.030m	-.82
B23	0050	0033	Az.	77° 00'20.3861"	0° 00'00.6935"	0° 00'00.2821"	.44
			ΔHt.	5.002m	.124m	-.058m	-.53
			Dist.	4466.836m	.015m	-.008m	-.78
B13	0029	0032	Az.	118° 06'23.8409"	0° 00'01.2545"	0° 00'00.4465"	.18
			ΔHt.	105.653m	.131m	-.096m	-.76
			Dist.	2859.621m	.015m	-.033m	-.48
B7	0025	0029	Az.	54° 35'41.2442"	0° 00'00.4824"	0° 00'00.1865"	.57
			ΔHt.	65.731m	.152m	-.033m	-.30
			Dist.	8407.405m	.019m	-.004m	-.34
B22	0050	0032	Az.	39° 50'38.5283"	0° 00'00.6150"	0° 00'00.2316"	.57

图 10-21　网平差结果（B13 采用 L1 载波相位观测值解算）

将电离层折射延迟处理策略设置成图 10-22 所示的形式，则只要是双频观测值，TGO 将总是采用 Iono-free（无电离层）组合观测值进行基线解算。图 10-23 为基线 B13 采用 Iono-free（无电离层）组合观测值进行解算时的网平差结果，不难看出 B13 的残差有了非常显著的改善。

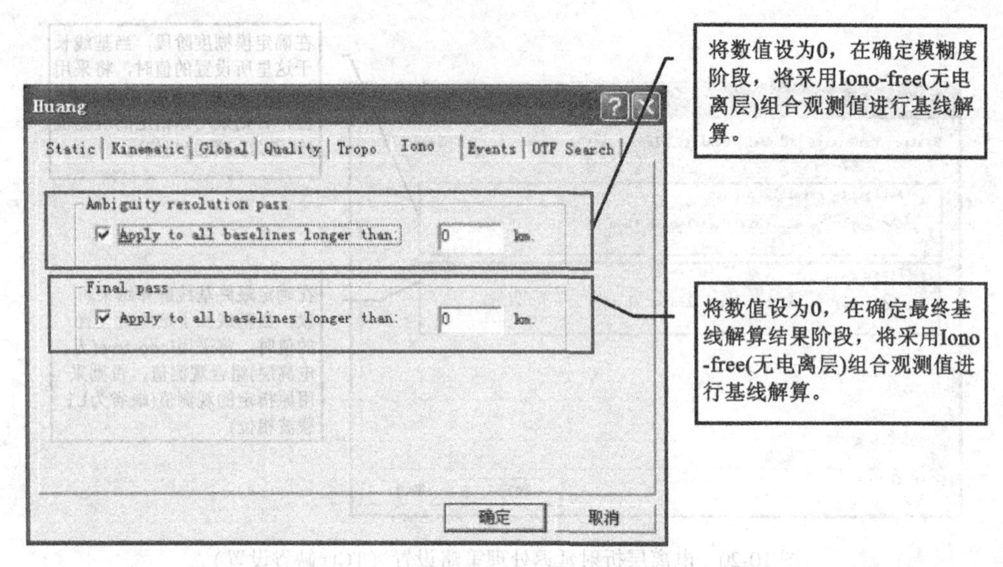

图 10-22　强制采用 Iono-free（无电离层）组合观测值的电离层折射延迟处理策略设置

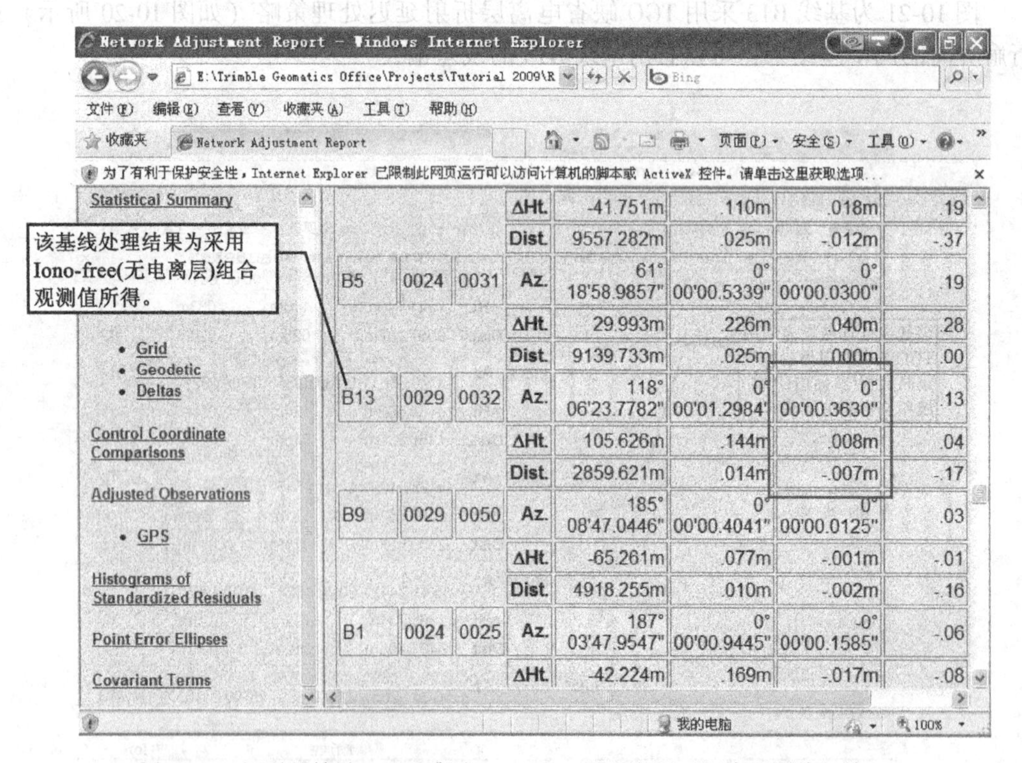

图 10-23　网平差结果（B13 采用 Iono-free（无电离层）组合观测值解算）

进一步分析两种不同策略下基线解算时的载波相位观测值残差序列，不难发现L1载波相位观测值的残差小但系统性趋势明显，而Iono-free（无电离层）组合观测值的残差虽然数值较大但系统性趋势较小（参见图10-24）。在进行基线解算时，需要在观测值精度高低和受电离层影响大小之间进行权衡，以确定究竟采用何种电离层折射延迟处理策略，评判的标准仍是实际的处理结果。

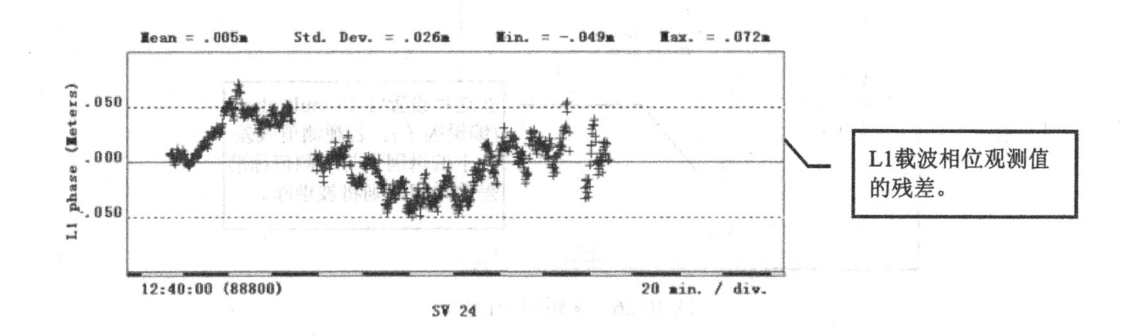

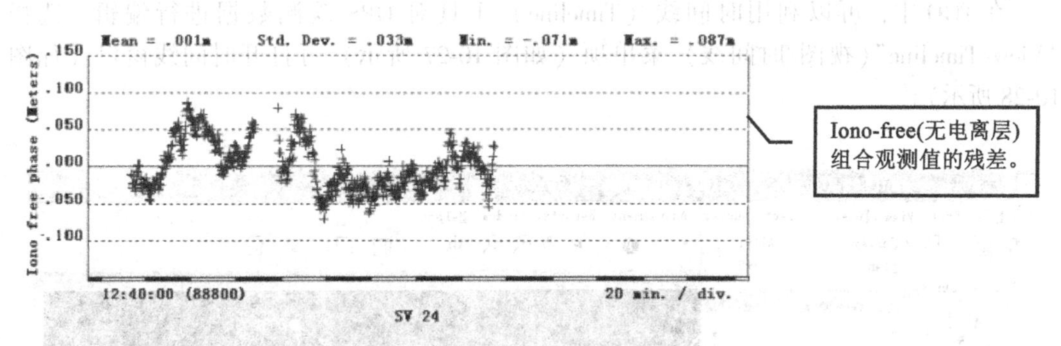

图10-24　L1和Iono-free（无电离层）观测值残差比较

6. 观测值编辑策略

所谓观测值编辑，就是依据一定的准则剔除某些观测值。常用的方法有：设置截止高度角，设置编辑因子，主观判断。

（1）设置截止高度角

在TGO中可在GPS处理形式中设置截止高度角（如图10-25所示），低于此高度角的卫星的观测值将不参与基线处理。截止高度角应在5~20之间进行选择，常用取值在10~15之间，具体取值可根据实际处理效果来确定。

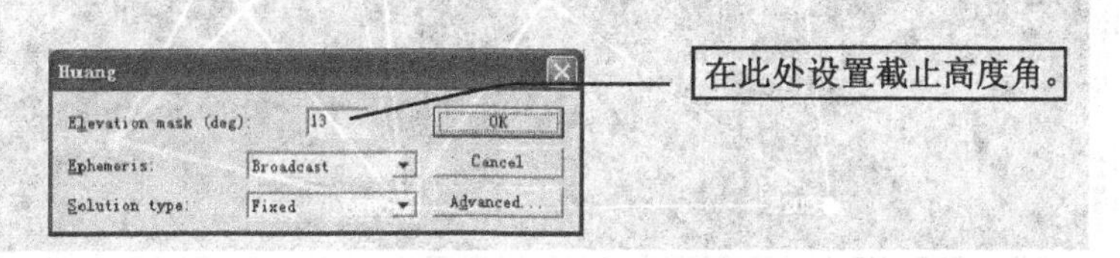

图10-25　截止高度角设置

(2) 设置编辑因子

在 TGO 中可在 GPS 处理形式中设置编辑因子（如图 10-26 所示），缺省值为 3.5，不建议对此进行修改。

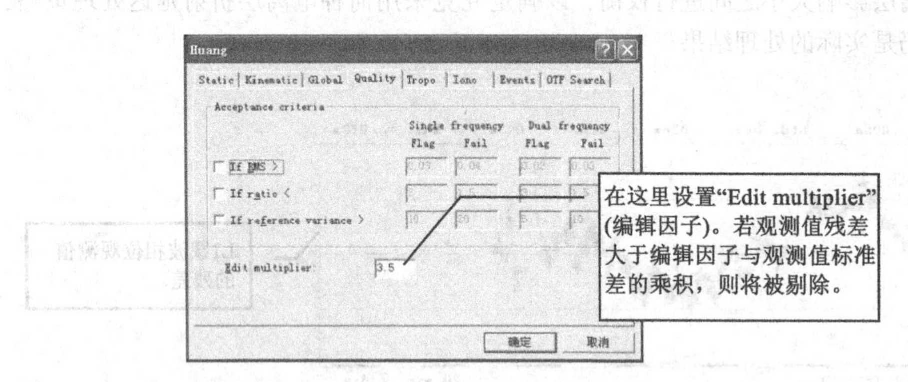

图 10-26　编辑因子设置

(3) 时间线工具

在 TGO 中，可以利用时间线（Timeline）工具对 GPS 观测数据进行编辑。选择"View/Timeline"(视图/时间线）菜单项（如图 10-27 所示）可打开时间线窗口（如图 10-28 所示）。

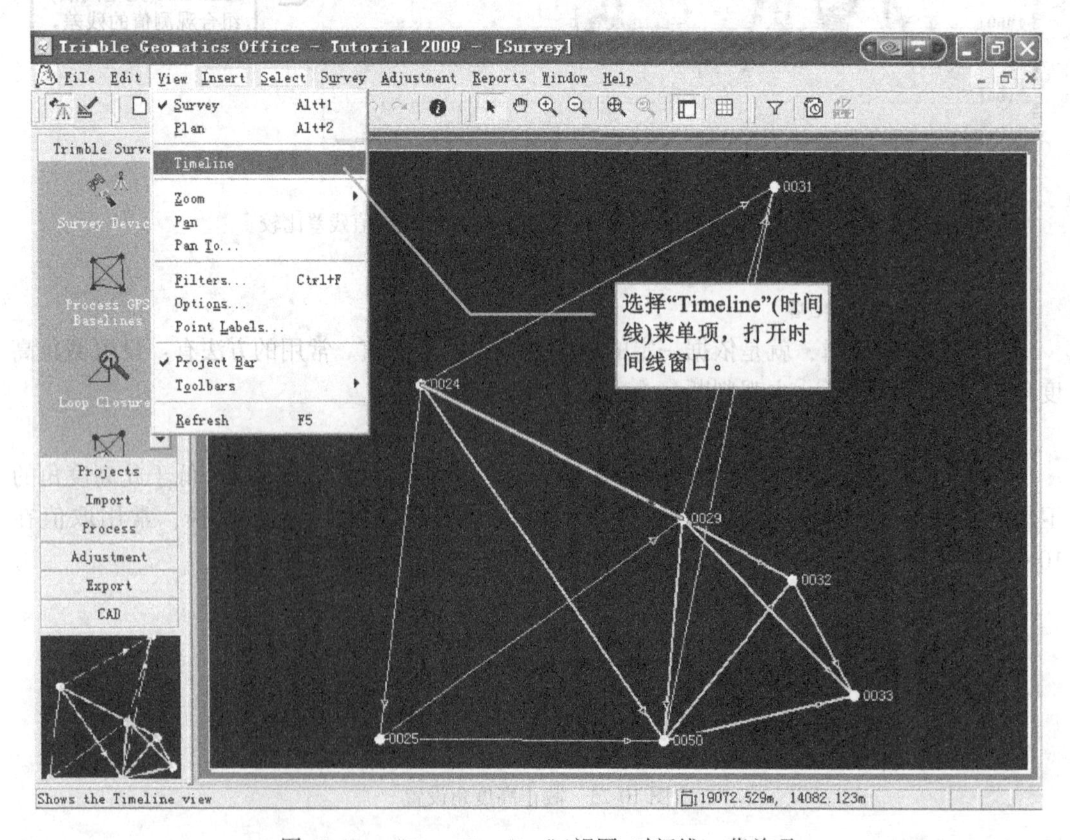

图 10-27　"View/Timeline"(视图/时间线）菜单项

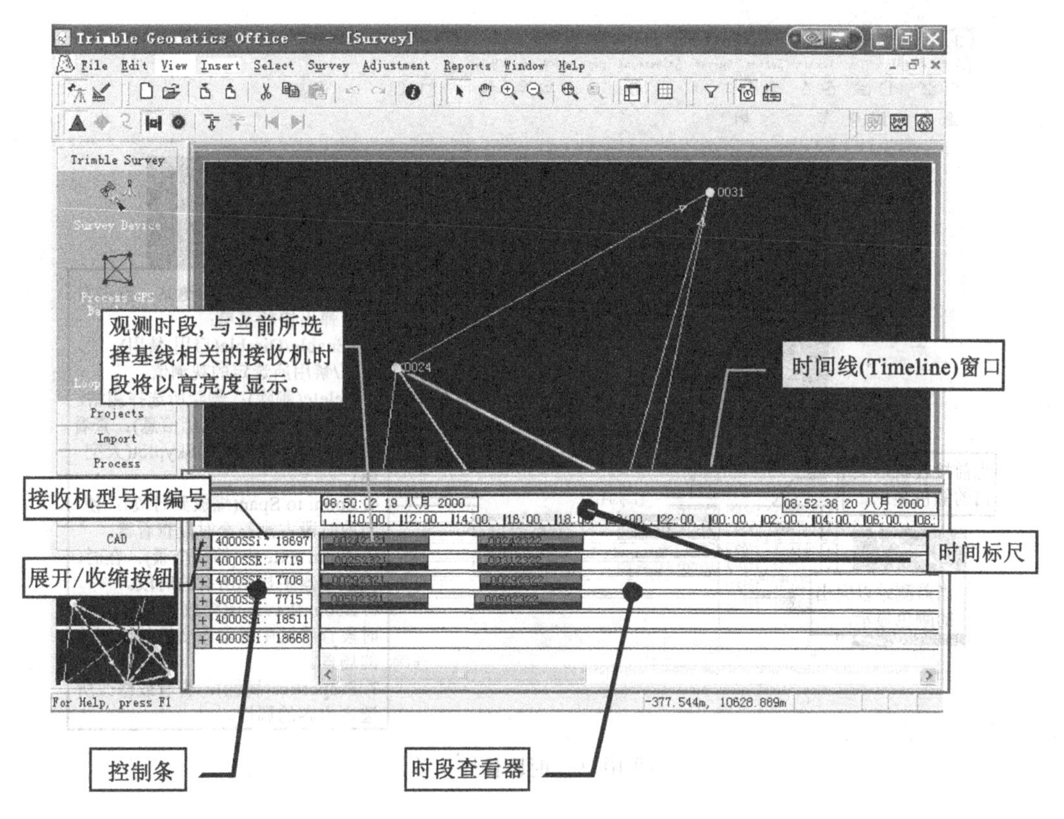

图 10-28 时间线（Timeline）窗口

时间窗口分为三个区域，分别是时间标尺、控制条、时段查看器。这三个区域是相互关联的。

时间标尺控制着时段查看器所显示的内容的时间范围。

控制条控制着时段查看器显示信息的内容。用户可以通过控制条进行下列操作：①展开某台接收机跟踪卫星的情况，例如单击 4000SSi：18697 前面的“+”，可以显示该接收机所有的卫星线；②启用和禁用卫星，例如选择“SV 4”，在右击的弹出式菜单中选择“Enable/Disable”（启用/禁用），可以禁止该卫星参与后续的数据处理，重复该项操作，又能够允许该卫星参与后续的数据处理；③查看卫星的原始跟踪信息，如卫星的方位角、高度角、L1 信噪比、L2 信噪比、L1 相位、L2 相位、L1 多普勒、钟差等相关数据随时间变换的曲线。

时段查看器（如图 10-29 所示）的功能有：① 调整采集数据的时间范围（如图 10-30 所示）；② 利用时间线停用和启用卫星跟踪信息，通过时间范围阅读器，能够较详细地查看、显示或编辑卫星信息和星历数据，使用鼠标能停用和删除数据，如图 10-31～图 10-33 所示；③ 利用属性对话框编辑属性。

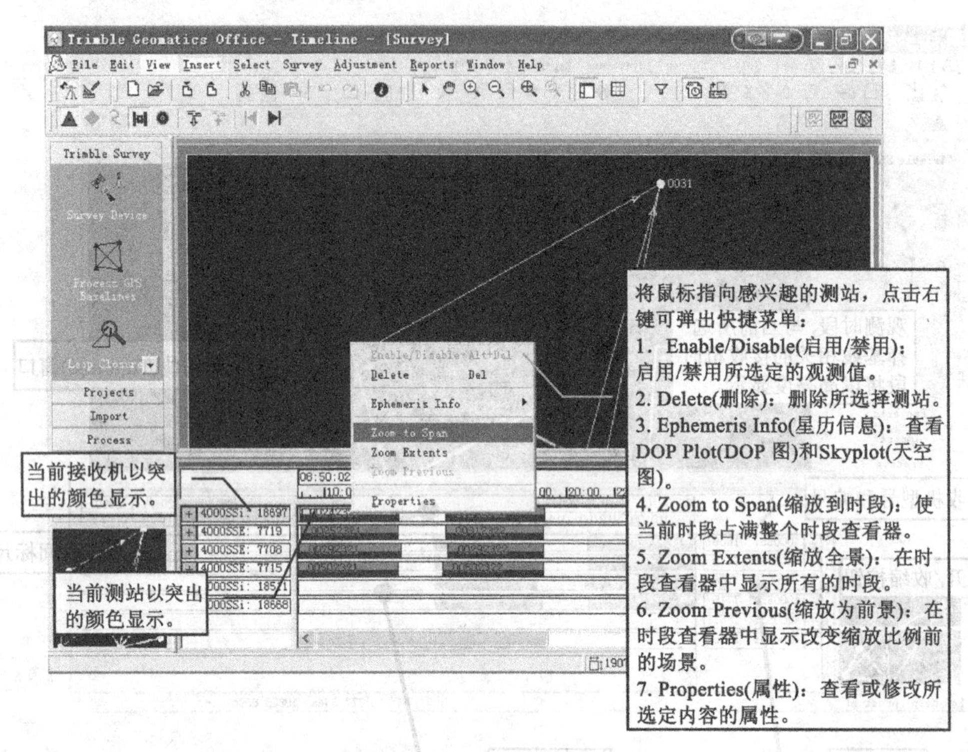

图 10-29 时段快捷菜单

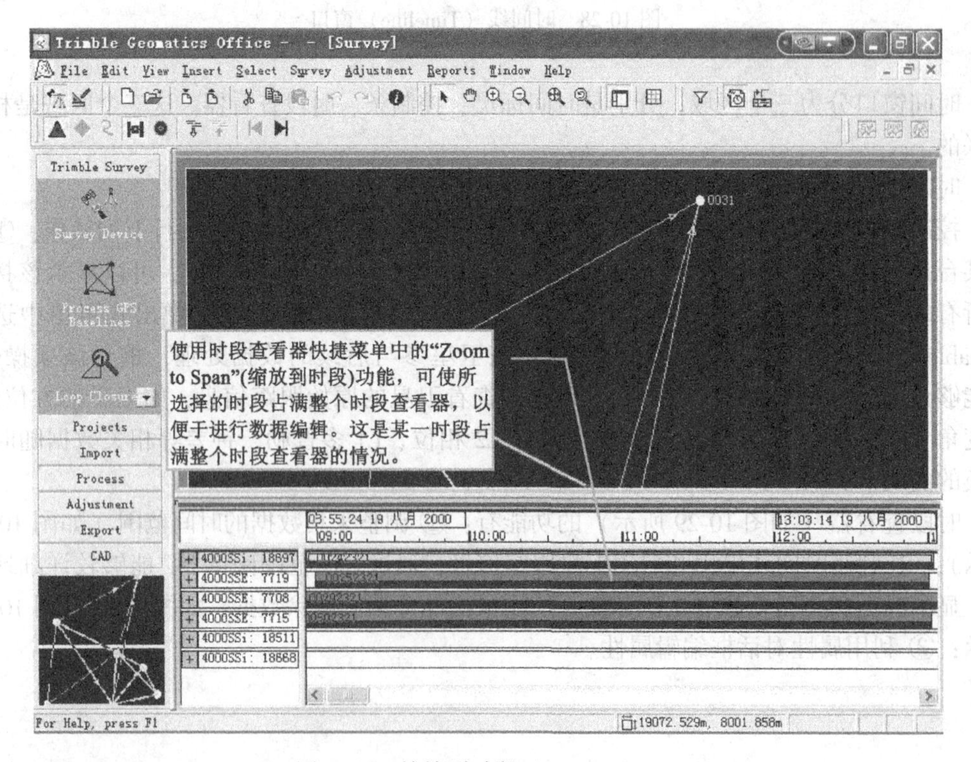

图 10-30 缩放到时段（Zoom to Span）

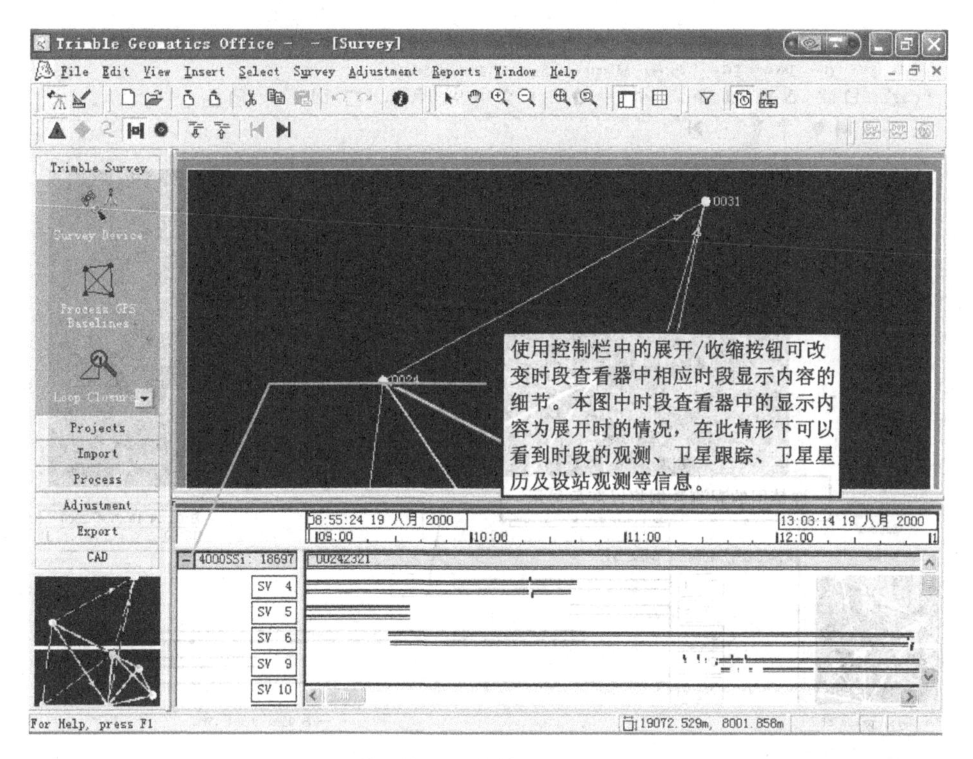

图 10-31 展开数据

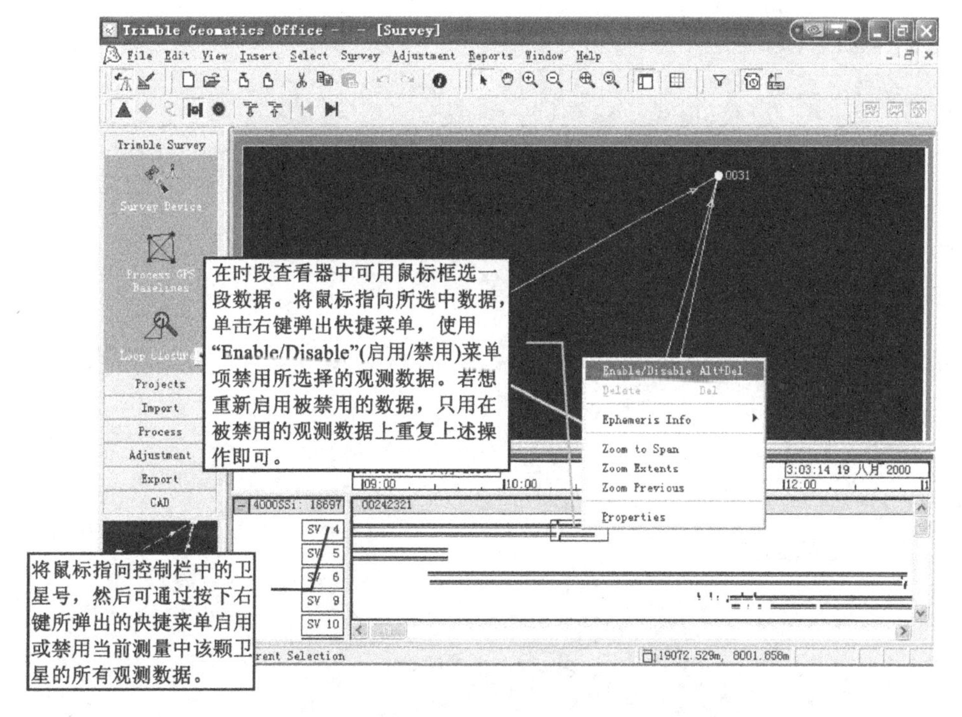

图 10-32 启用/禁用观测值

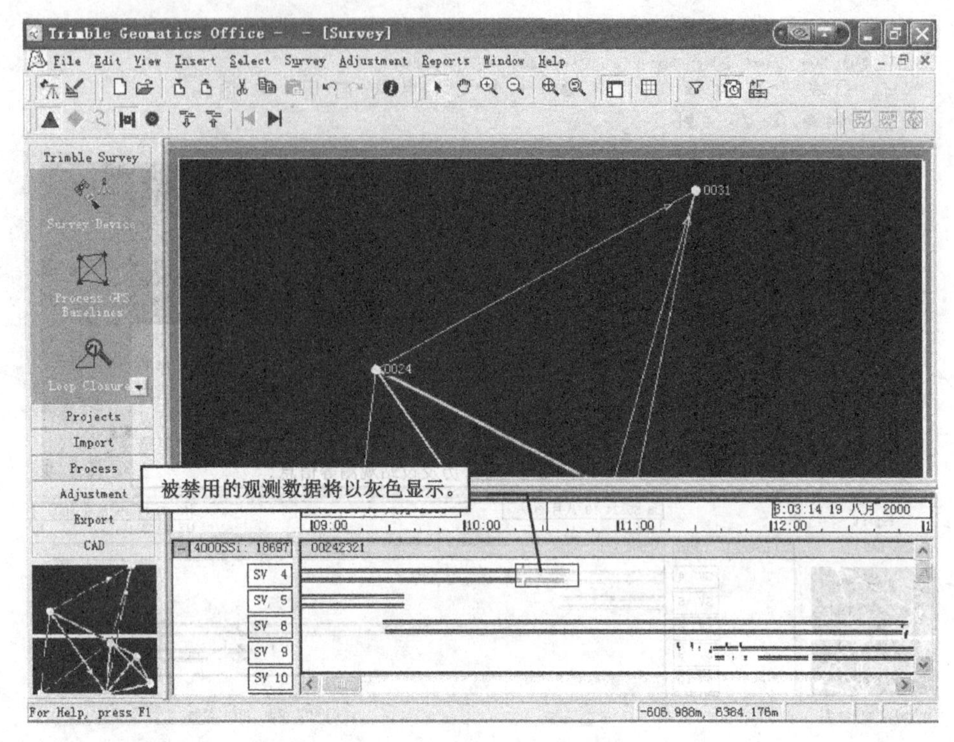

图 10-33 被禁用的观测值

第11章　GPS网平差

11.1　实习纲要

11.1.1　目的

(1) 掌握GPS网平差的过程、步骤和质量控制方法；

(2) 完成GPS网的平差处理及质量控制。

11.1.2　内容

使用数据处理软件对由实习中解算出的基线向量所构成的GPS网进行平差，并对平差结果进行质量评定及质量改善。

11.1.3　安排

性质：综合。

方式：个人完成所属小队的观测数据的处理。

时间：4个学时。

11.1.4　设备

场地：计算机房。

硬件：计算机。

软件：Trimble Geomatics Office。

11.1.5　成果

(1) 无约束平差报告；

(2) 约束平差报告。

11.2　实习指南

11.2.1　概述

在布设GPS网时，首先要对构成GPS网的基线进行观测，并利用所采集到的GPS数据进行数据处理，通过基线解算，获得具有同步观测数据的测站间的基线向量。为了确定GPS网中各点在某一特定坐标系统下的绝对坐标，需要提供位置基准、方位基准和尺度基准，而一条 GPS 基线向量只含有在 WGS-84 下的水平方位、垂直方位和尺度信息，通过多条 GPS 基线向量可以提供网的方位基准和尺度基准，由于 GPS 基线向量中不含有确定网中各点绝对坐标的位置基准信息，因此，仅凭 GPS 基线向量所提供的基准信息无法确定出网中各点的绝对坐标。而我们布设 GPS 网的主要目的是确定网中各点在某一特定局部坐标系下的坐标，这就需要从外部引入位置基准，这个外部基准通常是通过一个以上的起算点来提供的，网平差时可利用所引入的起算数据来计算出网中各点的坐标。当然，利用 GPS 基线向量网的平差，除了可以求解出待定点的坐标以外，还可以发现和剔除 GPS 基线向量观测值和地面观测中的粗差，消除由于各种类型的误差而引起的矛盾，并评定观测成果的精度。

11.2.2 GPS 网平差的分类

根据平差时所采用的观测值和起算数据的数量和类型，可将平差分为无约束平差、约束平差和联合平差。

1. 无约束平差

GPS 网的三维无约束平差是指平差在 WGS-84 三维空间直角坐标系下进行的，平差时不引入使 GPS 网产生由非观测量所引起的变形的外部约束条件。具体地说，就是在进行平差时，所采用的起算条件不超过三个，且不包含与尺度和方向有关的起算条件。对于 GPS 网来说，在进行三维平差时，其必要的起算条件的数量为三个，这三个起算条件既可以是一个起算点的三维坐标向量，也可以是其他三个提供位置基准的起算条件，前者最为常见。

GPS 网无约束平差的作用为：

（1）评定 GPS 网的内部符合精度，发现和剔除 GPS 观测值中可能存在的粗差。

由于 GPS 网无约束平差的结果完全取决于 GPS 网的布设方法和 GPS 观测值的质量，因此，GPS 网的平差结果就完全反映了 GPS 网本身的质量，如果平差结果质量不好，就说明 GPS 网的布设或 GPS 观测值的质量有问题；反之，则说明 GPS 网的布设或 GPS 观测值的质量没有问题。

（2）重新调整基线向量观测值的权。

在进行无约束平差时，最初基线向量观测值的权由基线解算结果确定，通过网平差，可以采用方差分量估计的方法，对它们的权进行调整，使其更符合实际情况。

（3）得到 GPS 网中各点在 WGS-84 坐标系下经过了平差处理的三维空间直角坐标，为将来可能进行的高程拟合等工作提供经过了平差处理的大地高数据。

在进行 GPS 网无约束平差时，如果指定网中某点准确的 WGS-84 坐标作为起算点，则最后可得到 GPS 网中各点经过了平差处理的在 WGS-84 坐标系下的坐标。用 GPS 水准替代常规水准测量获取各点的正高或正常高是目前 GPS 应用中一个新领域，现在一般使用的是利用公共点进行高程拟合的方法，在进行高程拟合之前，必须获得经过平差的大地高数据，无约束平差可以提供这些数据。

2. 约束平差

GPS 网的约束平差指的是平差时所使用的观测值完全是 GPS 观测值（即 GPS 基线向量），而且在平差时引入了使得 GPS 网产生由非观测值所引起的变形的外部起算数据，如引入多个起算点或引入方位、尺度起算数据等。

约束平差的目的主要是：

（1）获取 GPS 网点在指定坐标系（参心系）的坐标；

（2）评定 GPS 网的外部符合精度。

3. 联合平差

GPS 网的联合平差指的是平差时所使用的观测值除了 GPS 观测值以外，还有地面常规观测值，这些地面常规观测值包括边长、方向、角度等观测量。

联合平差的目的与约束平差相同。

11.2.3 GPS 网平差的过程

在使用数据处理软件进行 GPS 网平差时，需要按以下几个步骤来进行：

（1）提取基线向量，构建 GPS 基线向量网；

（2）无约束平差；

（3）约束平差/联合平差；

（4）质量分析与控制。

1. 提取基线向量，构建 GPS 基线向量网

要进行 GPS 网平差，首先必须提取基线向量，构建 GPS 基线向量网。提取基线向量时需要遵循以下几项原则：

（1）必须选取相互独立的基线，若选取了相互不独立的基线，则平差结果会与真实的情况不相符；

（2）所选取的基线应构成闭合的几何图形；

（3）选取质量好的基线向量，基线质量的好坏可以依据 RMS、RDOP、RATIO、同步环闭合差、异步环闭合差和重复基线较差来判定；

（4）选取能构成边数较少的异步环的基线向量；

（5）选取边长较短的基线向量。

2. 无约束平差

在构成了 GPS 基线向量网后，需要进行 GPS 网的无约束平差，通过无约束平差主要达到以下几个目的：

（1）根据无约束平差的结果，判别在所构成的 GPS 网中是否有粗差基线，如发现含有粗差的基线，则需要进行相应的处理，必须使得最后用于构成 GPS 基线向量网的所有基线向量均满足质量要求；

（2）调整各基线向量观测值的权，使它们相互匹配。

3. 约束平差/联合平差

在进行完无约束平差后，需要进行约束平差或联合平差，约束平差的具体步骤是：

（1）指定进行平差的基准和坐标系统；

（2）指定起算数据；

（3）检验约束条件的质量；

（4）进行平差解算。

11.2.4 网平差的软件操作

网平差的软件操作详见第 4 章。

11.2.5 GPS 网平差中的质量控制

1. GPS 网平差结果的质量控制

根据我国规范的要求，GPS 网无约束平差所得出的相邻点距离精度应满足规范中对各等级网的要求。除此以外，无约束平差基线分量改正数的绝对值（$V_{\Delta X}$、$V_{\Delta Y}$、$V_{\Delta Z}$）应满足如下要求：

$$V_{\Delta X} \leqslant 3\sigma,$$
$$V_{\Delta Y} \leqslant 3\sigma,$$
$$V_{\Delta Z} \leqslant 3\sigma。$$

式中：σ 为相应级别规定的基线的精度。若基线分量改正数超限，则认为该基线或其附近的基线存在粗差，应在平差中将其剔除，直到所有参与平差的基线满足要求为止。

根据我国的规范要求，在 GPS 网的约束平差中，基线分量改正数经过粗差剔除后的无约束平差的同一基线相应改正数较差的绝对值（$dV_{\Delta X}$、$dV_{\Delta Y}$、$dV_{\Delta Z}$）应满足如下要求：

$$dV_{\Delta X} \leqslant 2\sigma,$$
$$dV_{\Delta Y} \leqslant 2\sigma,$$
$$dV_{\Delta Z} \leqslant 2\sigma。$$

式中：σ 为相应级别规定的基线的精度。若结果不满足要求，则认为作为约束的已知坐标、已知距离、已知方位中存在一些误差较大的值，应删除这些误差较大的约束值，直到满足要求为止。

2. 起算数据的检验

在进行 GPS 网的约束平差或联合平差时，必须对起算数据的质量进行检验，由于在 GPS 网平差中所用的起算数据一般为点的坐标，在这里仅给出已知点的检验方法。

在进行平差解算时，不是一次性固定所有已知点，而是逐步加以固定。具体方法如下：首先固定一个已知点进行平差，将平差所得到的其他已知点坐标与已知值进行比较，由于 WGS-84 坐标系与当地坐标系间存在旋转和缩放的原因，此时的坐标差异可能会达到分米级，但具有一定的系统性；然后再增加一个固定点进行平差，同样将进行平差所得的其他已知点坐标与已知值进行比较，当已知点坐标不存在问题时，它们之间的差异应在厘米级，否则就可以确定已知点的坐标存在问题。为了确定存在问题的起算点，可以采用轮换固定多个已知点进行平差解算的方法。

当只有 2 个已知点时，可通过直接用 GPS 联测这两个已知点，然后再在当地坐标系下比较它们坐标差的已知值与联测值或边长的已知值与联测值的方法来检验起算数据，但无法确定存在问题的点。

第12章　GPS控制网技术总结

12.1　实 习 纲 要

12.1.1　目的

了解静态GPS测量项目技术总结的基本要素，掌握如何编写技术总结报告。

12.1.2　内容

完成GPS网的成果报告的技术总结的编写。

12.1.3　安排

性质：综合。
方式：个人完成所属小队的观测成果的技术总结。
时间：4个学时（0.5个工作日）。

12.1.4　条件

场所：学生自行安排。
硬件：无。
软件：无。

12.1.5　成果报告

每个人独立完成实习的数据处理工作，提交GPS网技术总结报告。

12.2　实 习 指 南

12.2.1　基础知识

在完成了GPS网的数据处理实习后，应该认真完成技术总结。每项GPS工程的技术总结不仅是工程一系列必要文档的主要组成部分，而且它还能够帮助相关人员从各方面对工程的各个细节有完整而充分的了解，从而有助于今后对成果充分而全面地利用。另一方面，通过对整个工程的总结，测量作业单位还能够总结经验，发现不足，为今后进行新的工程提供参考。

12.2.2 技术总结报告的内容

GPS 网技术总结报告的主要内容如下：

（1）项目来源。介绍项目的来源、性质。

（2）测区概况。介绍测区的地理位置、气候、人文、经济发展状况、交通条件、通信条件等。

（3）工程概况。介绍工程目的、作用、要求、等级（精度）等，记录施测单位、施测起讫时间、作业人员情况。

（4）技术依据。介绍作业所依据的测量规范、工程规范、行业标准等。

（5）外业作业情况。介绍作业仪器类型、精度以及检验和使用情况，介绍点位观测条件的评价、埋石与重合点情况，介绍外业观测时实际遵循的操作规程、技术要求（包括仪器参数的设置（如采样率、截止高度角等）、对中精度、整平精度、天线高的量测方法及精度要求等），介绍外业作业观测情况、联测方法、完成各级点数与补测、重测情况，以及作业中发生与存在问题的说明，介绍外业观测数据质量分析与野外数据检核情况。

（6）内业数据处理情况。介绍数据处理方案、所采用的软件、所采用的星历、起算数据、坐标系统，以及无约束平差、约束平差情况；介绍误差检验及相关参数和平差结果的精度统计等；介绍上交成果中尚存在的问题和需要说明的其他情况，提出建议或改进意见。

（7）结论。总结方案实施与规范执行情况，对整个工程的质量及成果作出结论。

12.2.3 技术总结与技术设计的关系

从技术总结报告的内容可以看出，如果严格按照技术设计进行了 GPS 测量项目的实施，中间没有出现变更的情况，技术总结报告里很多内容都是跟技术设计是一样的，无非技术设计需要体现的是设计原则和方案，而技术总结则需要体现具体工作的实施和执行，多出来的内容就是具体结果的总结性介绍和评价。一般情况，详细的成果报告（例如基线处理和网平差的具体结果）不放在技术总结中，而是作为附件另行附上，报告正文仅给出成果的质量统计数据。

第三部分

PPK 测量

第 13 章　PPK 测量的外业观测

13.1　实 习 纲 要

13.1.1　目的

掌握走走停停法（Stop and Go）和连续动态测量法（Continuance Kinematic）的基本原理，以拓普康（Hiper+）仪器为例，学习 PPK 外业测量的基本步骤。

13.1.2　内容

(1) PPK 基准点的外业测量方法；
(2) PPK 流动站的外业测量方法；
(3) 数据下载与数据转换。

13.1.3　安排

性质：综合。
方式：个人独立完成。
时间：0.5 个学时。

13.1.4　条件

场所：外业实习场地。
硬件：测量型 GPS 接收设备及辅助设备。
软件：GPS 接收机的控制器设置软件。

13.1.5　成果

PPK 测量数据及记录。

13.2　实 习 指 南

13.2.1　PPK 测量原理

1. PPK 测量系统的组成

后处理动态 PPK（Post Processed Kinematic）测量模式是一种基于载波相位测量的后处理差分技术，参考站需要记录 GPS 原始数据，不需要电台实时传输差分数据，数据处理采用后处理模式。PPK具有精度高、投资省、速度快和易掌握等特点，可用于开阔地区的控制测量、地形测量、航摄控制点测量、地籍测量、国土测量等领域，PPK的有效距离能够达到80 km以上。

PPK的系统组成非常简单，包括基准站和流动站两部分，如图13-1所示。而RTK系统则是由基准站、流动站和数据链组成，两个系统最大的不同在于是否使用数据电台进行实时数据传输。

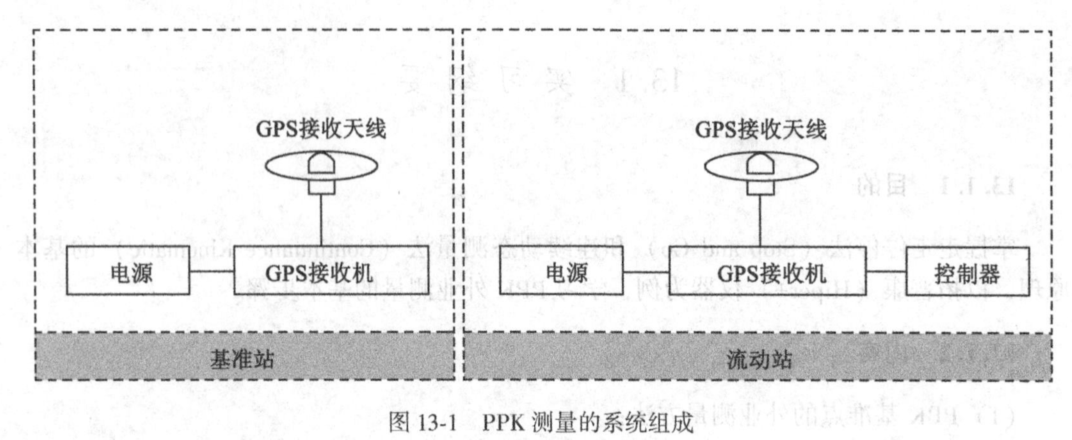

图13-1 PPK测量的系统组成

PPK测量具有如下特点：

（1）PPK可以得到厘米级的测量成果，测点历时比RTK作业短，提高了GPS作业效率；

（2）PPK不需要电台，彻底摆脱了电台传输距离的限制，有效作业距离增大；在测区控制点稀少的情况下不需观测GPS静态控制也能布设图根控制，能保证作业进度；

（3）PPK仅需GPS主机和天线，携带方便，在不需要现场得到点位坐标信息的测量工程中采用PPK技术比采用RTK技术更有利于外业作业，更有利于提高经济效益。

2. PPK的作业模式

PPK包括两种作业模式：走走停停法和连续动态测量法。

（1）走走停停法

走走停停法是20世纪80年代发展起来的GPS快速定位方法，具体方法如下：在测区内选择一个基准点，安置接收机连续跟踪所有可见卫星，将流动站安置于第1个点观测，在保持对所测卫星连续跟踪的情况下，将流动站接收机分别在2、3、4等后续测点观测数秒。

（2）连续动态测量法

连续动态测量的方法如下：在测区内选择一个基准点，安置接收机连续跟踪所有可见卫星，将流动站在出发点静态测量几分钟，然后流动站接收机从出发点开始连续运动，按照指定的时间间隔自动测定运动载体的实时位置。

13.2.2 PPK测量的外业观测

1. PPK外业测量概述

PPK测量可以由一台（或多台）基准站和流动站组成，在基准站上采用静态测量法，在流动站上采用动态测量法。PPK 外业测量流程为：

（1）架设基准站，将天线安设在已知点上，对中，整平，连接仪器；

（2）用控制器创建作业任务，配置基准站的 PPK 测量参数；

（3）启动基准站；

（4）将流动站天线安置在对中杆上，连接流动站仪器；

（5）配置流动站的 PPK 测量配置集；

（6）开始流动站测量。

2. 基准站测量

（1）基准站安设

选择一个已知点作为 PPK 测量的基准站，点位选取的原则参考第 6 章的相关内容。

在已知点上，天线应该架设在三脚架上，并安置在标志中心的上方进行对中，天线基座上的圆水准气泡必须整平。天线架设不宜过低，一般应该距地面 1m 以上，天线架好后量天线高并做好记录。将天线电缆与接收机进行连接。

（2）创建作业文件

在测量之前需要创建作业文件，并配置测量模式、数据采样率等参数。利用 TopCon 测量控制器建立作业文件的方法为：选择"作业→新建"出现新建作业对话框，输入作业名称、创建者和注释等内容后，点击"完成"按钮，完成作业的创建，如图 13-2 所示。

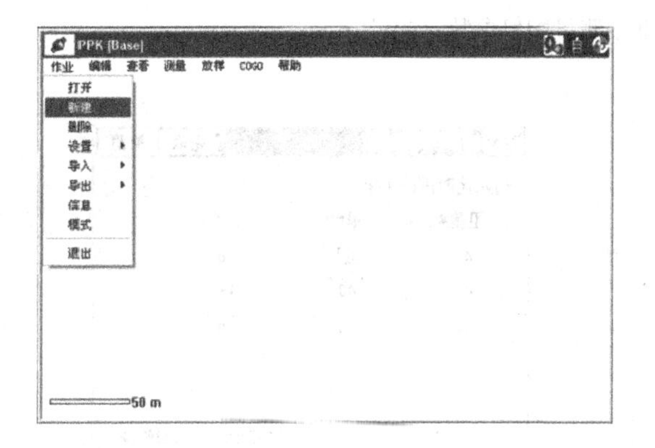

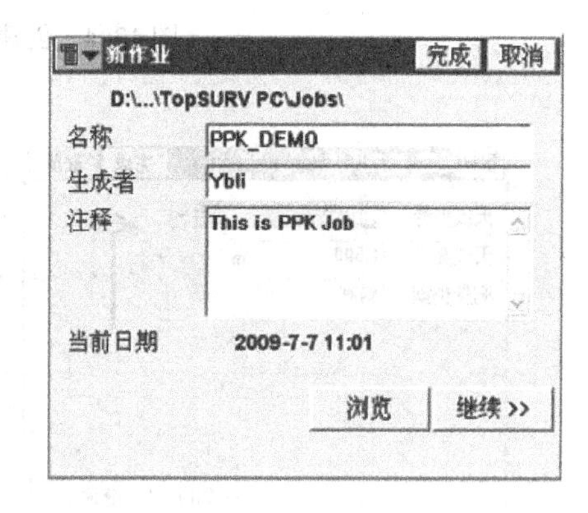

图 13-2　创建作业

（3）基准站测量的参数配置

测量配置参数设置方法为：选择"作业 → 设置 → 测量"，在"选择测量设置"对话框中单击"GPS+ 设置"的"…"扩展按钮，设定基准站配置集，如图 13-3～图 13-5 所示。重点需要设置的内容包括：测量类型（静态测量）、截止高度角（默认值为 10°）、原始数据存储的位置（接收机或者控制器）、数据采样率（一般比普通静态测量的采样率高，比如设定为 1sec）、天线类型、天线高、量高方式等内容。

（4）启动基准站测量

当基准站测量参数配置完成后，就可以启动基准站测量了。开始测量的方法为：选择

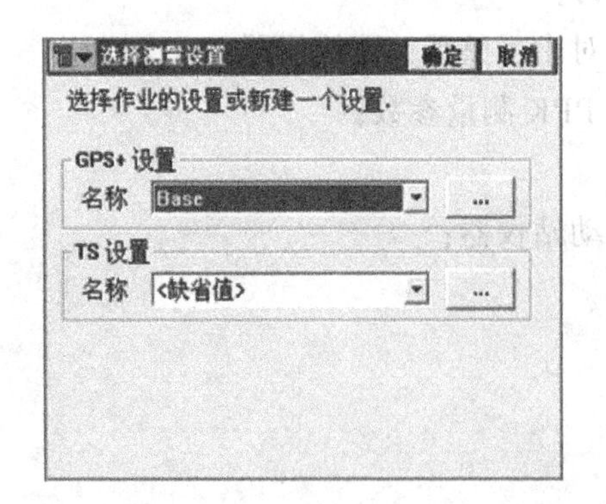

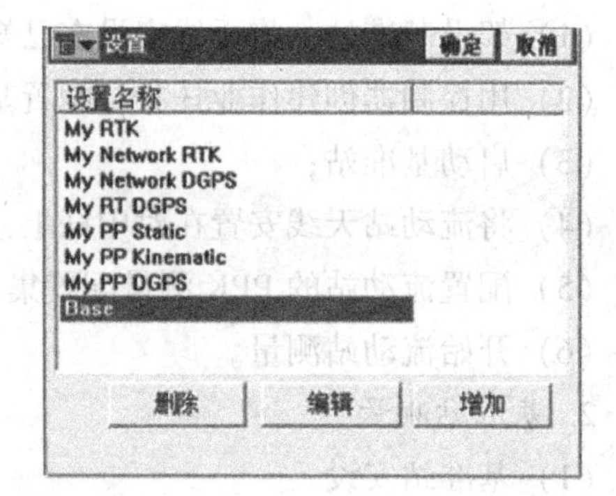

图 13-3 创建基准站测量配置参数（1）

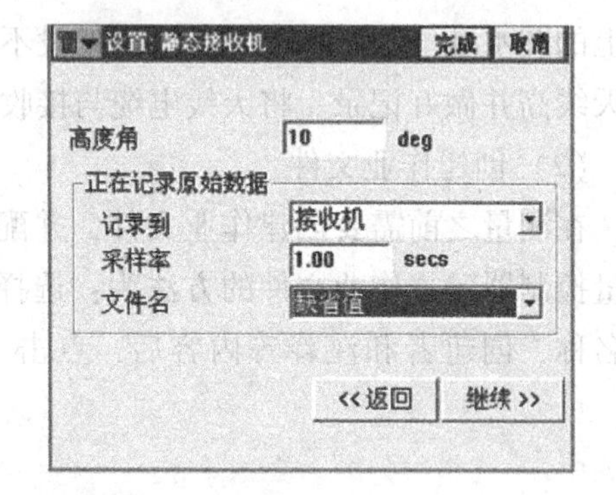

图 13-4 创建基准站测量配置参数（2）

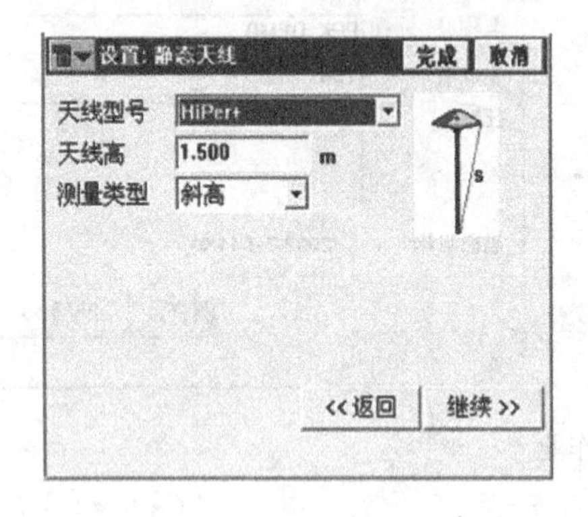

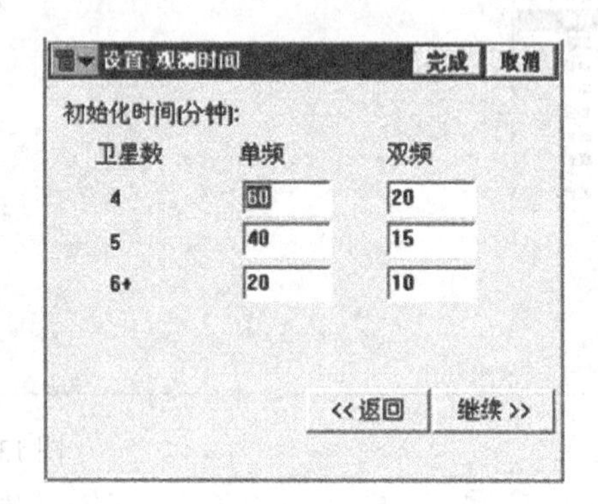

图 13-5 创建基准站测量配置参数（3）

"测量→静态观测"，弹出静态观测对话框，如图 13-6 所示。在对话框中，设定测站点的名称、天线高和量高方式，然后点击"开始观测"按钮，开始记录数据。

在测量的过程中，注意观察仪器工作是否正常，选择"测量→状态"，通过查看点位（Position）、卫星图（SVs）等信息来确认是否正常接收到卫星的数据。如图 13-7 所示的情况则没有接收到卫星的数据，这时需要检查发生故障的原因。

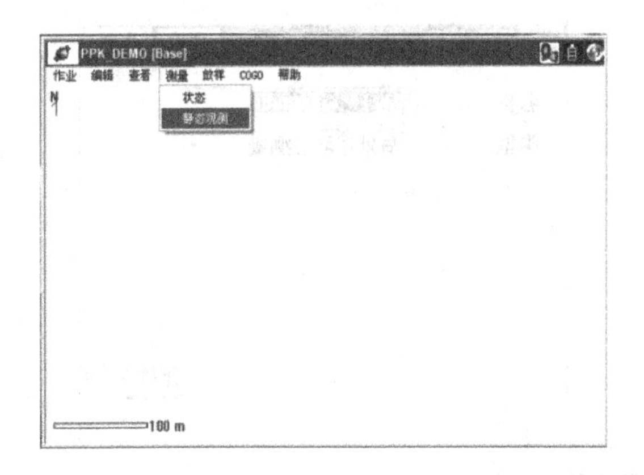

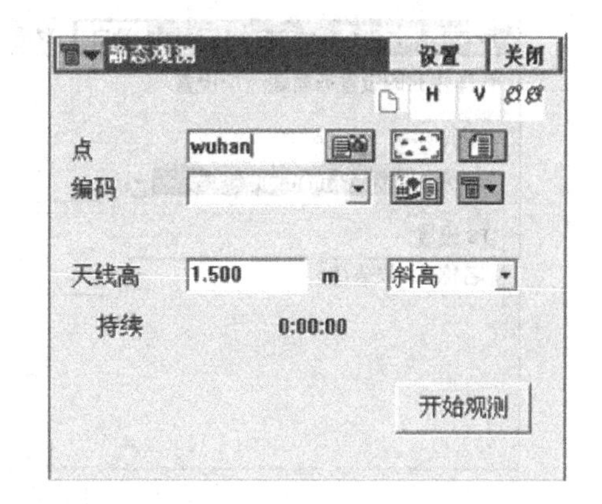

图 13-6　基准站开始测量

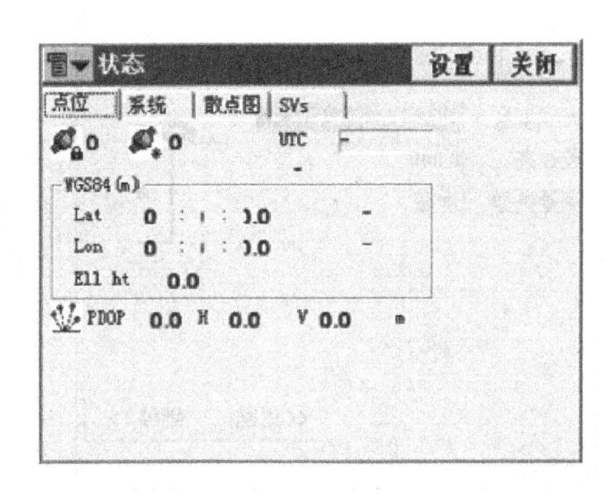

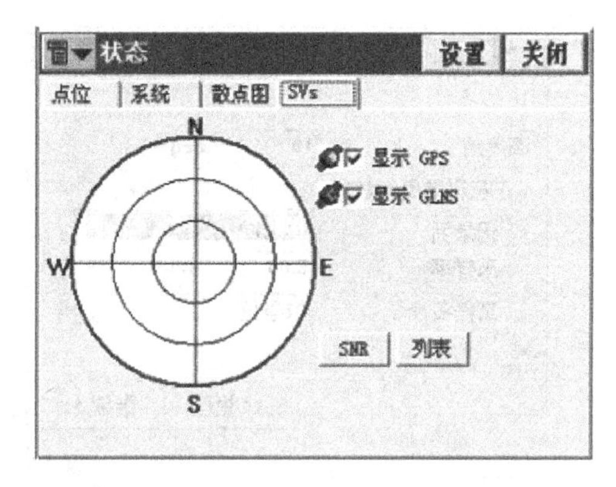

图 13-7　注意检查测量状态（没有接收到卫星的数据）

在获得足够的观测数据后就可以停止观测，然后再量一遍仪器高，结束基准站的观测工作。

3. 流动站测量

（1）流动站架设

动态测量的流动站天线一般安置在对中杆上，然后手持对中杆进行流动观测，测量时应使用高度适中的对中杆（一般为 2m）。如果要将 GPS 安置在汽车或飞机上，要注意将 GPS 天线安置在上空可视性较好的地方，确保 GPS 的观测质量，同时要将仪器固定好，防止在高速运动中使仪器被碰撞而损坏仪器。

（2）流动站观测

流动站在开始测量之前需要进行测量参数的配置，设置方法为：选择“作业 → 设置 → 测量”，点击“选择测量设置”对话框中的“GPS+ 设置”的“…”扩展按钮，设定流动站配置集，如图 13-8~图 13-10 所示。重点需要设置内容包括测量的类型（动态测量）、截至高度角（默认值为 10°）、原始数据存储的位置（接收机或者控制器）、数据采样率（比如设定为 1sec）、天线类型、天线高、量高方式等内容。

当配置参数设置完成后，就可以开始测量了。流动站测量分为走走停停法和连续动态

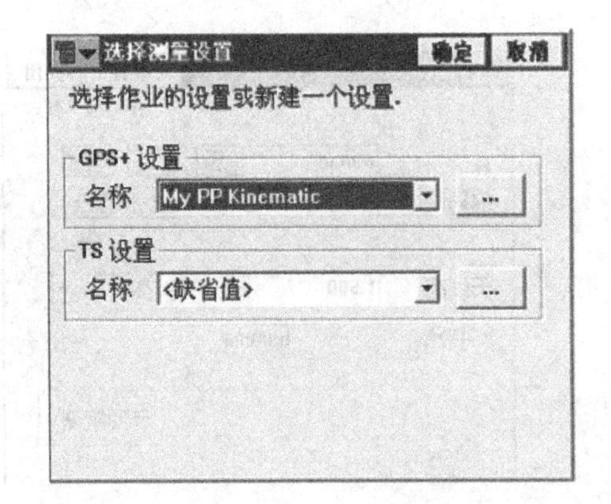

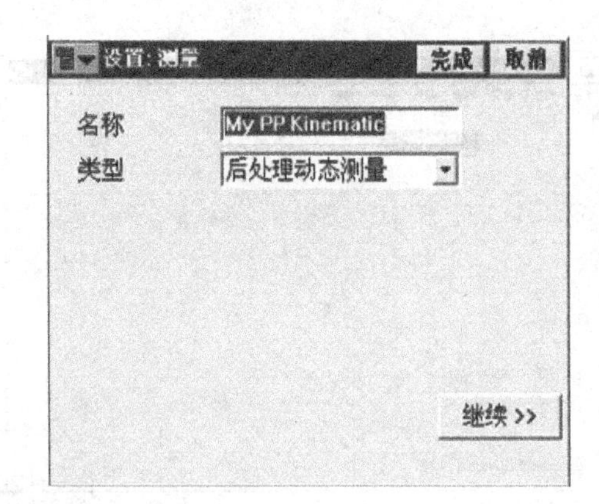

图 13-8　流动站测量配置参数（1）

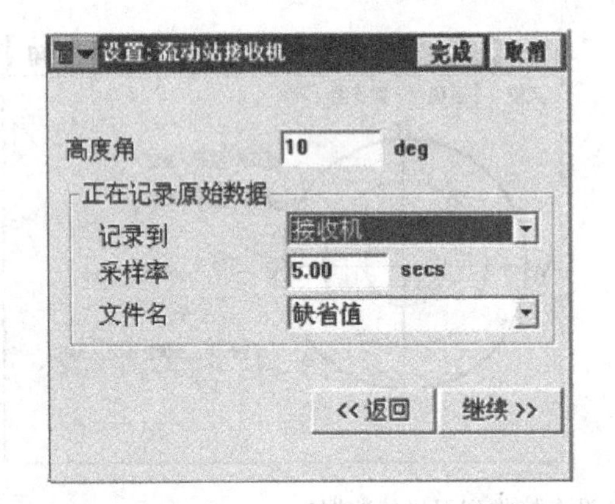

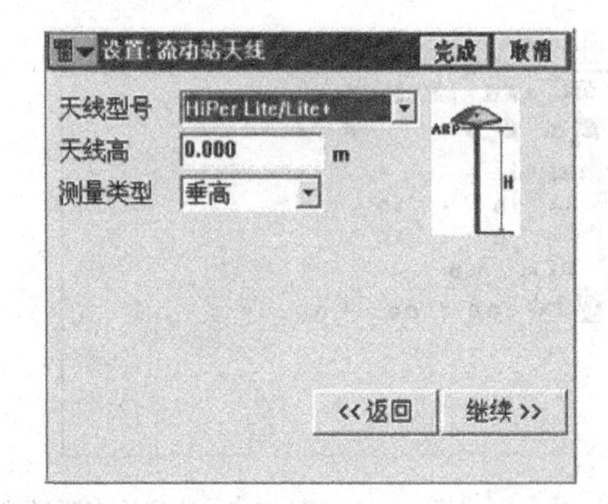

图 13-9　流动站测量配置参数（2）

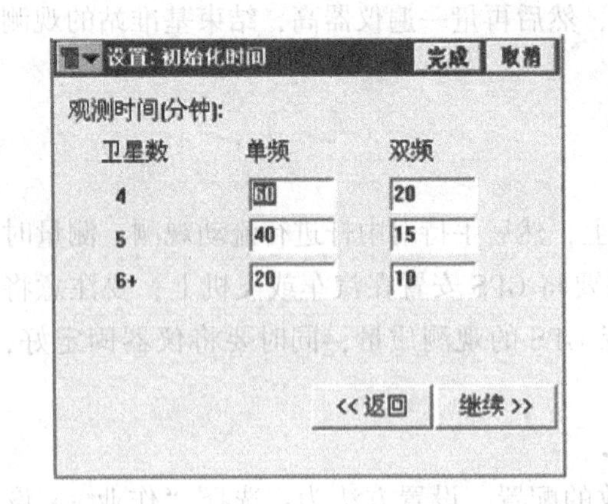

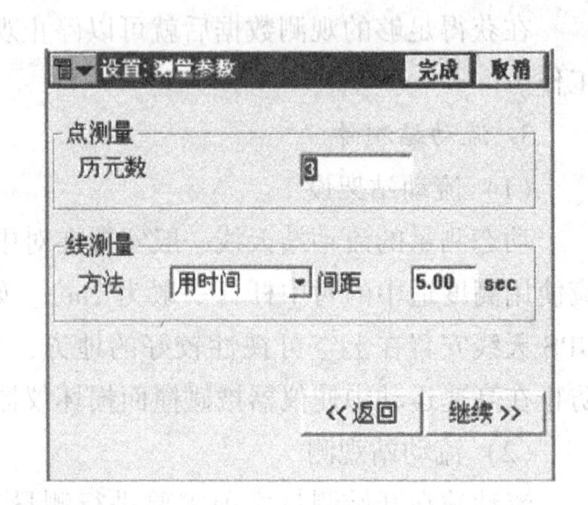

图 13-10　流动站测量配置参数（3）

测量法两种。走走停停法的测量模式如图 13-11 所示。选择“测量→点测量”，弹出点测量对话框，在需要测量的点位上设定需要测量点的名称、天线高和量高方式，点击”开始”按钮开始测量，测量数个历元后，点击“停止”按钮，则该点测量完毕，在保持卫星的跟踪过程中，将流动站移动到下一个待测点进行测量。

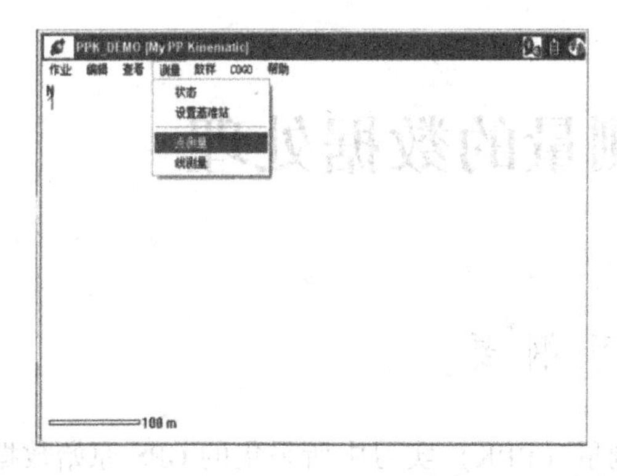

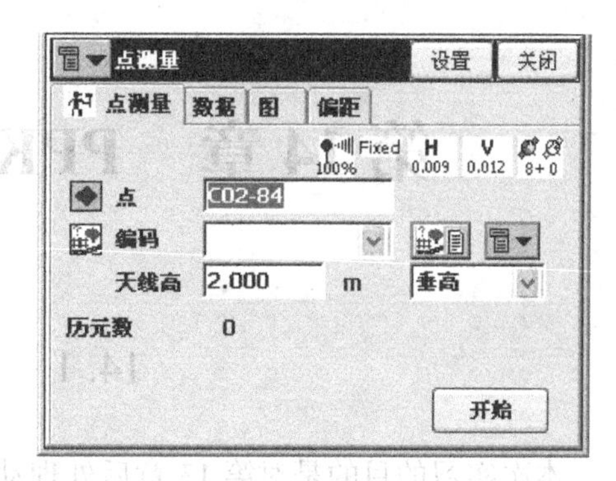

图 13-11　走走停停法的测量模式

连续动态法的测量作业方式如图 13-12 所示。在出发点上，选择“测量→线测量”，弹出线测量对话框，设定第一个点的名称、天线高和量高方式，然后点击“开始”按钮开始测量。在出发点测量几分钟后，保持对卫星的跟踪，点击“开始记录”按钮，开始连续动态测量，接收机将按照预定的采样率自动记录原始数据。当全部测量任务完成后，点击“停止”按钮停止测量。

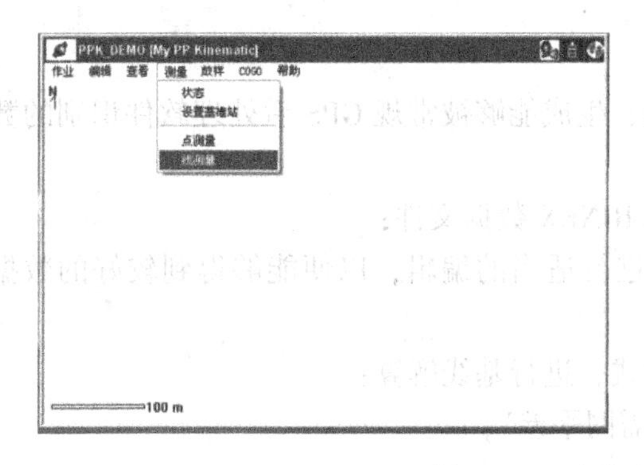

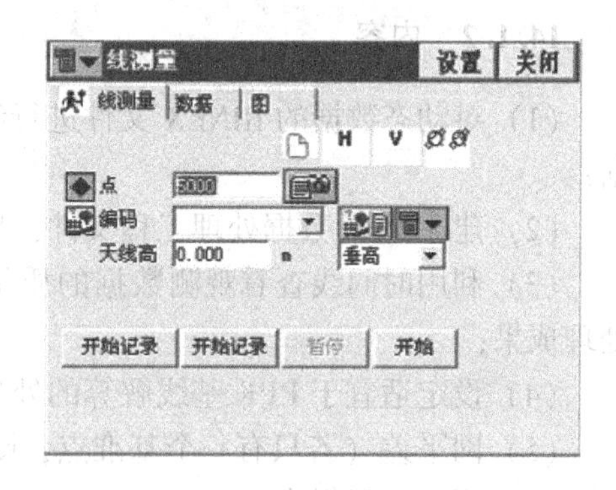

图 13-12　连续动态法的测量模式

4. 数据下载与数据转换

参考第 9 章的相关内容。

第 14 章　PPK 测量的数据处理

14.1　实 习 纲 要

本次实习的目的是对第 13 章后处理动态测量（PPK）实习中所采集的 GPS 原始数据进行处理，获取符合要求的成果。

14.1.1　目的及任务

学习动态测量数据 RINEX 格式中动态标识的修改方法，掌握利用 Trimble Geomatics Office 软件进行 PPK 数据处理的全部流程。

认真执行各项处理流程，比较 PPK 测量数据处理模式与静态数据处理模式的相同点与不同点。

14.1.2　内容

（1）对动态数据的 RINEX 文件进行编辑，生成能够被常规 GPS 后处理软件识别的数据；

（2）建立 PPK 数据处理工程文件，导入 RINEX 数据文件；

（3）利用时间线查看观测数据的质量，进行适当的编辑，以便能够得到较好的数据处理成果；

（4）设定适宜于 PPK 基线解算的处理样式，进行基线解算；

（5）网平差（若只有一个基准点，则无需网平差）；

（6）撰写实习报告。

14.1.3　安排

性质：综合。

方式：个人独立完成本人所观测数据的处理。

时间：1 个学时。

14.1.4　条件

场地：计算机房。

硬件：计算机。

软件：Trimble Geomatics Office。

14.1.5 成果报告

成果报告包括实习步骤和计算成果。

14.2 实习指南

14.2.1 数据准备

在进行数据准备之前，需要准备原始数据，主要工作包括：

（1）下载数据。从接收机中将 GPS 原始数据下载到计算机中，具体操作参考第 9 章的相关内容。

（2）数据格式转换。由于不同接收机存储文件的格式不同，如 Trimble 的默认文件为 *.dat 或 T01 格式，TOPCON 接收机文件的默认格式为 *.tps 或 *.jps 等，所以在数据处理之前需要将不同格式的数据转换为 Rinex 标准格式。转换方法参考第 9 章的相关内容。

（3）Rinex 数据检查与编辑。有些软件在数据转换时，会将测量数据的动态标识去掉，因而需要查看流动站的 Rinex 文件是否存在动态信息标识，若不存在则需要手工加入相应信息，即在头文件和观测值内容之间加入以下两行内容：

```
                        2    1
  *** Start of Kinematic Data ***                 COMMENT
```

如图 14-1 所示。

```
 G27 15524     0 15524 15489 14580 14580 14543         PRN / # OF OBS
 G28     0     0     0     0     0     0     0         PRN / # OF OBS
 G29 21450     0 21450 21448 21450 21450 21448         PRN / # OF OBS
 G30  6438     0  6438  6427  5899  5899  5880         PRN / # OF OBS
 G31     0     0     0     0     0     0     0         PRN / # OF OBS
 G32     0     0     0     0     0     0     0         PRN / # OF OBS
                                                       END OF HEADER
                       2    1
        *** Start of Kinematic Data ***                COMMENT
 8  3 19  4 40 30.0000000  0 10G26G 2G29G 4G24G12G 8G15G10G30
21092630.616   110842522.48148      3094.046   21092636.546     86370821.62447
    2410.944
20919291.404   109931613.27248     -1221.392   20919292.542     85661006.78247
    -951.733
22349709.846   117448520.95347      2017.310   22349714.009     91518340.88246
    1571.941
23873858.898   125457979.43945     -2436.985   23873866.889     97759491.26145
   -1898.949
22787918.809   119751314.75547      2354.938   22787922.938     93312734.40846
```

图 14-1 编辑流动站的 RINEX 文件，在头文件和观测值之间插入动态标识

14.2.2 项目的建立与数据输入

（1）新建项目。启动 Trimble Geomatics Office，选择“文件→新建项目”，弹出“新建项目”对话框，在名称输入框中输入合适的项目名称，在模板列表中选择“Metric”模

板，点击“文件夹”按钮，选择项目存储目录，点击“确定”按钮，弹出“项目属性”选项卡，相关属性的设置参考第10章的有关内容，完成项目的新建过程。

（2）选择“文件→导入”，弹出导入对话框，如图14-2所示。在“测量”选项卡的列表框中，选择“RINEX文件（＊.obs，＊.??o）”，点击“确定”按钮，在弹出的“打开”文件对话框中，选择要处理的基准站和流动站文件，如选择“BASE0790.08o”和“PLNE0790.08o”文件，点击“打开”按钮，将弹出数据检查对话框。

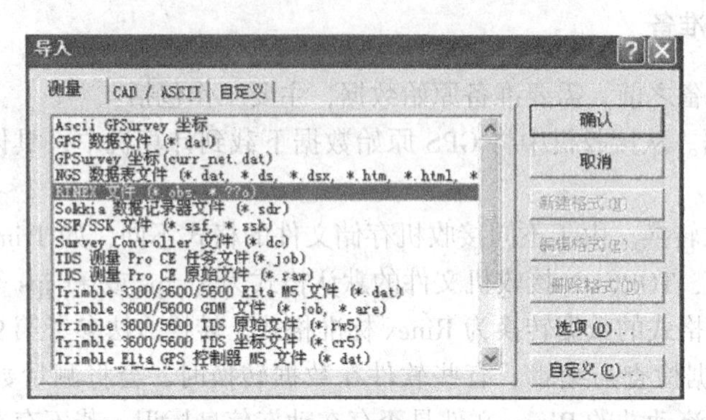

图14-2　RINEX数据导入对话框

在数据检查（DAT Checkin）对话框中，需要对测站名称、文件名、起始时间、停止时间、接收机类型、接收机序列号、天线类型、天线高、天线高测量方式等内容进行检查并做必要的修改，其中接收机类型、天线类型、天线高和天线高测量方式是需要重点修改的部分。动态测量文件的测站名称显示为“连续部分”，默认不参与计算，因而需要在“使用”选项卡中将其勾选（如图14-3所示），点击“确定”按钮，在弹出的“缺省投影定义”对话框中，接受默认设置，也可以自行定义相应值，点击“确认”，完成Rinex数据的导入。

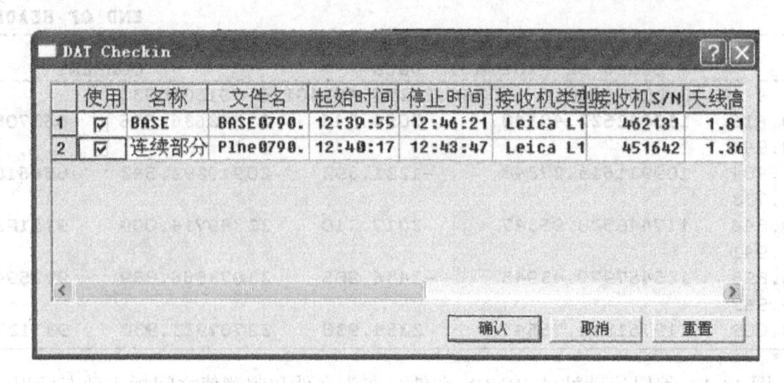

图14-3　数据检查

14.2.3　数据编辑

在一般情况下，流动站的数据质量较差，发生整周跳变的概率较大，在进行数据处理之前，需要去掉数据质量较差的部分。

选择“视图→TimeLine”，将会出现 GPS 数据编辑窗口，该窗口用于查看测量期间采集的卫星信息的详细内容，以便进一步检查所采集到的观测值数据的质量，并进行分析与编辑。

使用下述的时间线操作改进数据质量：①调整观测次数；②停用不健康的卫星；③选择编辑 GPS 观测数据；④从基线处理中删除有问题的观测值；⑤从基线处理中删除有问题的测量数据。

14.2.4 基线解算

基线解算主要包括三部分内容：①基线解算参数的设置；②基线解算；③质量检查。

1. 基线解算参数的设置

从菜单中选择“测量→GPS 处理形式”，在弹出 GPS 处理参数设置的对话框中选择“新建”，建立一个“PPK 数据处理”参数模板，高度角设置、星历和解算类型选择默认模式。点击“高级的”按钮，弹出基线解算参数高级设置选项卡对话框，如图 14-4 所示。

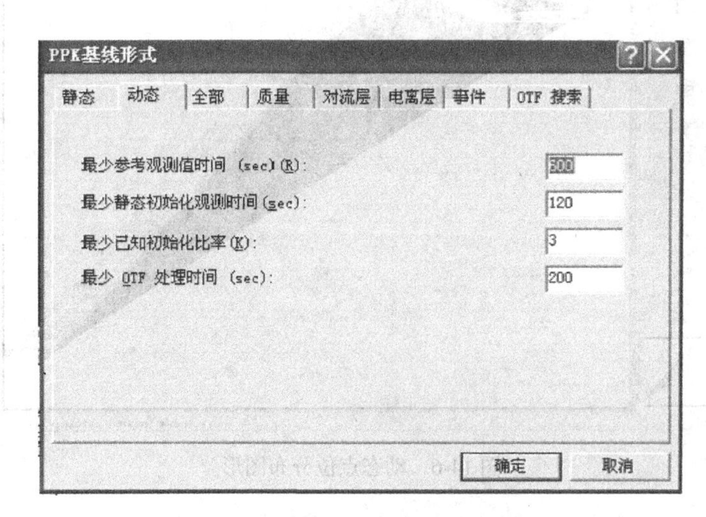

图 14-4　处理样式参数设置对话框

在“动态”选项卡中，需要设置“最少参考观测值时间”、“最少静态初始化观测时间”、“最少已知初始化比率”和“最少 OTF 处理时间”，其余参数设置参考第 10 章的相关内容。

2. 基线解算

选择菜单中的“测量→ GPS 基线处理”，弹出基线处理对话框，如图 14-5 所示，并自动开始 GPS 基线处理。

当基线处理完成后，可以查看数据处理的基线报告，然后点击“保存”按钮，保存数据处理结果。

3. 查看基线

连续动态测量点在基线处理之前是不能显示点位的，在基线处理后，每一个动态点将会得到一个自动的点位名称，并能够显示相应的图形分布，如图 14-6 所示。

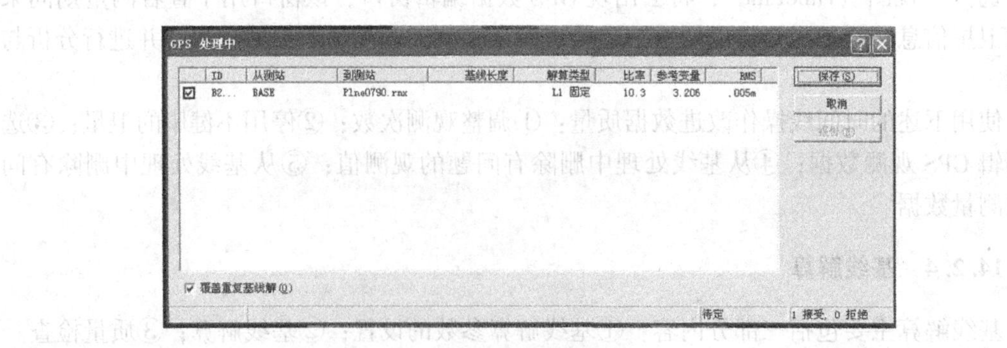

图 14-5　基线处理

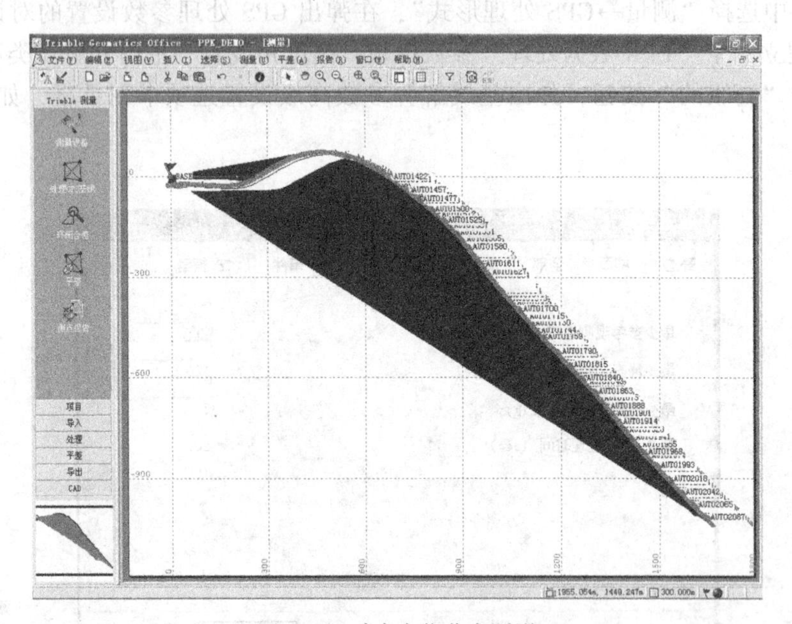

图 14-6　动态点位分布图形

选择需要重点研究的计算点位，然后选择“报告→点推算报告”，就可以显示点的来源、GPS 基线成果（表 14-1 列出了部分基线计算成果），根据基线解算结果就可以挑选合适的基线参与平差计算。

表 14-1　　　　　　　　　　**部分基线处理计算结果**

ID	来源	从点	到点	解算/质量	比率	参考变量	RMS	斜距
B1423	基线处理（2009 年 5 月 2 日）	BASE	AUTO1422	固定	10. 3	3. 206	.005m	676. 599m
B1424	基线处理（2009 年 5 月 2 日）	BASE	AUTO1423	固定	10. 3	3. 206	.005m	678. 179m
B1422	基线处理（2009 年 5 月 2 日）	BASE	AUTO1421	固定	10. 3	3. 206	.005m	675. 023m
B1420	基线处理（2009 年 5 月 2 日）	BASE	AUTO1419	固定	10. 3	3. 206	.005m	671. 885m

续表

ID	来源	从点	到点	解算/质量	比率	参考变量	RMS	斜距
B1421	基线处理（2009年5月2日）	BASE	AUTO1420	固定	10.3	3.206	.005m	673.449m
B1414	基线处理（2009年5月2日）	BASE	AUTO1413	固定	10.3	3.206	.005m	662.535m
B1409	基线处理（2009年5月2日）	BASE	AUTO1408	固定	10.3	3.206	.005m	654.845m
B1408	基线处理（2009年5月2日）	BASE	AUTO1407	固定	10.3	3.206	.005m	653.323m
B1412	基线处理（2009年5月2日）	BASE	AUTO1411	固定	10.3	3.206	.005m	659.445m
B1411	基线处理（2009年5月2日）	BASE	AUTO1410	固定	10.3	3.206	.005m	657.907m
B1413	基线处理（2009年5月2日）	BASE	AUTO1412	固定	10.3	3.206	.005m	660.987m
B1410	基线处理（2009年5月2日）	BASE	AUTO1409	固定	10.3	3.206	.005m	656.377m
B1417	基线处理（2009年5月2日）	BASE	AUTO1416	固定	10.3	3.206	.005m	667.196m
B1419	基线处理（2009年5月2日）	BASE	AUTO1418	固定	10.3	3.206	.005m	670.319m
B1418	基线处理（2009年5月2日）	BASE	AUTO1417	固定	10.3	3.206	.005m	668.755m
B1416	基线处理（2009年5月2日）	BASE	AUTO1415	固定	10.3	3.206	.005m	665.636m
B1415	基线处理（2009年5月2日）	BASE	AUTO1414	固定	10.3	3.206	.005m	664.086m

14.2.5 网平差

若是只有一个基准点，则在基线处理时设定好坐标系统和基准点坐标后就可以进行基线解算，无须进行网平差计算。若存在两个或两个以上的基准站，则建议进行网平差计算。网平差主要包括无约束平差和约束平差两大部分，具体有以下内容：

（1）设定网平差参数

从菜单中选择“平差→观测值”，弹出“观测值”对话框，如图14-7所示。在默认状态下，动态测量点和基准站组成的基线向量不会参与平差，我们可以手工选择需要参与平差的基线向量，点击“确定”完成参与平差观测值的选取。

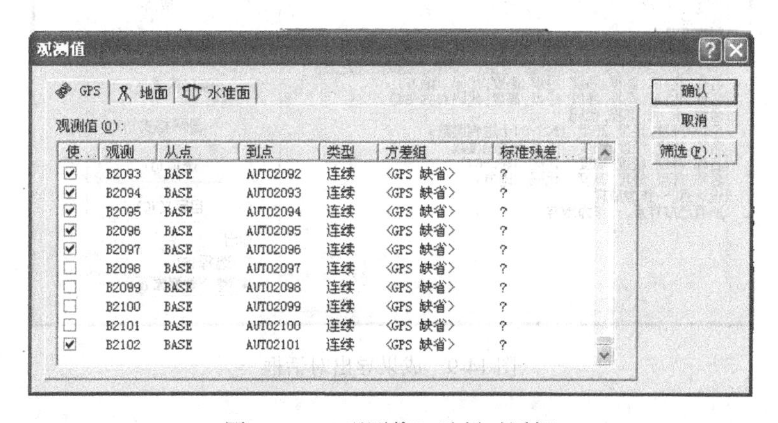

图14-7 “观测值”选择对话框

从菜单中选择“平差→网平差样式”，弹出网平差样式对话框，如图 14-8 所示。在该对话框中，设定平差的基本参数、协方差显示、地面控制和误差这几部分内容，具体设定方法参考第 4 章的相关内容，可以适当放宽各项限制条件。

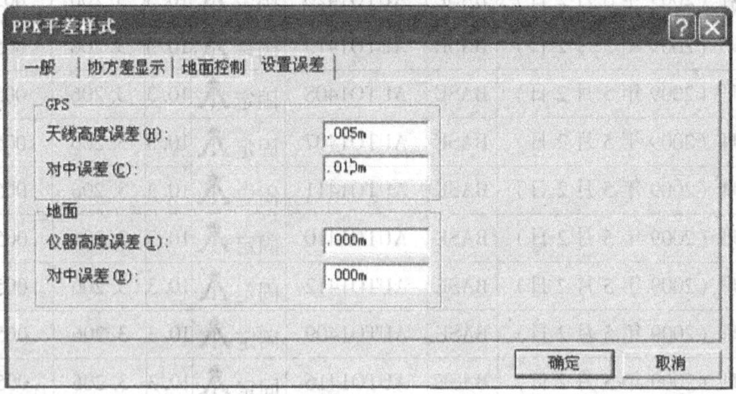

PPK平差样式
一般 | 协方差显示 | 地面控制 | 设置误差
GPS
天线高度误差(H): .005m
对中误差(C): .015m
地面
仪器高度误差(I): .000m
对中误差(E): .000m
确定 取消

图 14-8　网平差样式的参数设定

加权策略等其他参数设置参考第 11 章的相关内容。

（2）无约束网平差与约束平差

此部分内容与第 4 章的有关内容相似，可参照第 4 章的有关内容。

14.2.6　报告生成

（1）导出计算成果

从菜单中选择“文件→导出”，在弹出的“导出”对话框中选择“自定义”选项卡，如图 14-9 所示。选择“名称，北，东，高程，代码”输出格式，或者自定义格式，导出整个数据库，点击“确定”按钮，就可以输出坐标成果。

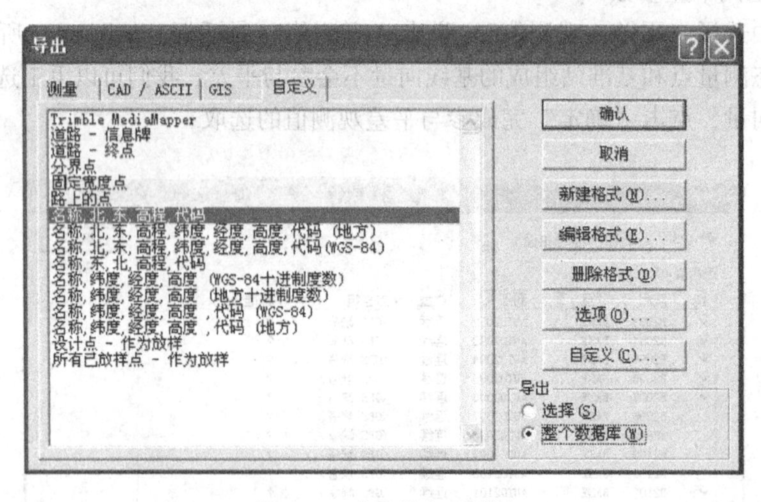

图 14-9　成果导出对话框

（2）绘制坐标点位图和高程曲线图

有多种方式可以绘制动态点位的位置图形，最好的绘图软件是 AutoCAD（参考第 17 章相关内容），此处用 EXCEL 软件进行简单图形的绘制。图 14-10 是计算成果点位的平面图，图 14-11 是动态点位高程随时间的变化示意图。

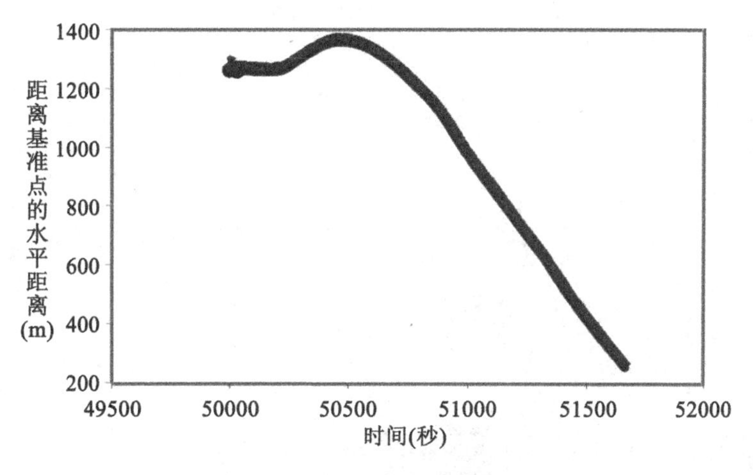

图 14-10　流动站的平面点位略图

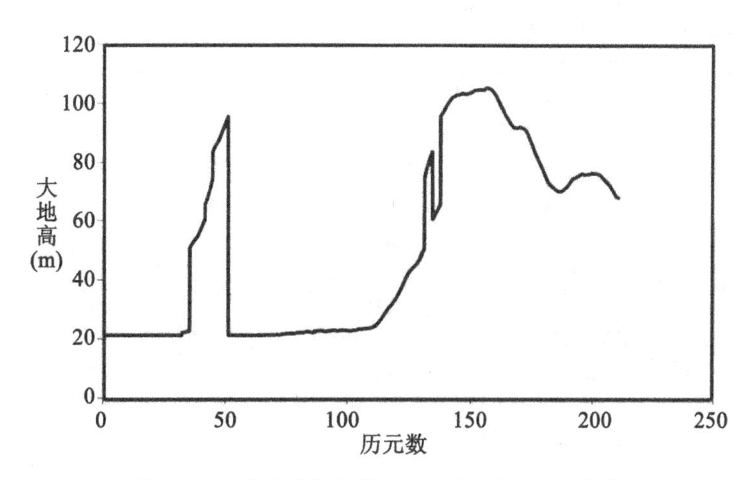

图 14-11　流动站的高程（m）随时间（s）变化

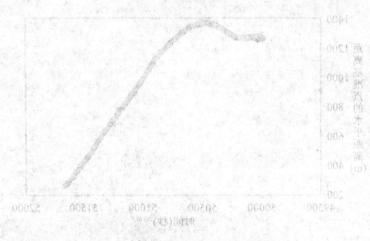

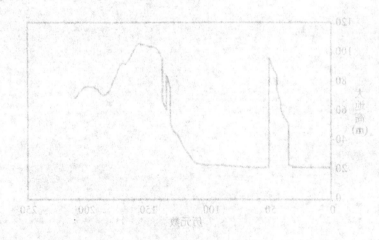

第四部分

RTK 测量

第15章　RTK测量

15.1　实习纲要

载波相位实时差分RTK（Real Time Kinematic）具有实时、高精度等特点，在生产中得到了广泛的应用，本实习重点要求掌握RTK野外测量的工作流程。

15.1.1　目的及任务

掌握RTK外业测量的基本原理、基准站的设置、流动站的设置、流动站的测量方式和数据传输，学习使用Trimble、Topcon、Leica等厂商的仪器进行RTK的外业测量。

15.1.2　内容

（1）RTK测量的基本原理；

（2）基准站的配置方法；

（3）流动站的配置方法；

（4）流动站的测量模式；

（5）数据传输与数据结果分析。

15.1.3　安排

性质：综合。

方式：小组完成指定区域的观测。

时间：1个学时。

15.1.4　条件

场所：外业实习场地。

硬件：测量型GPS接收设备及辅助设备。

软件：GPS接收机的控制器设置软件。

15.1.5　成果报告

成果报告包括实习步骤和计算成果。

15.2 实习指南

15.2.1 RTK 测量的基本原理

RTK 是以载波相位测量为根据的实时差分 GPS 测量，RTK 定位技术的作业原理是将基准站采集的 GPS 卫星载波相位观测量通过调制解调器进行编码和调试，经电台数据链发射出去。移动站在对 GPS 卫星进行观测并采集载波相位观测量的同时，也接收来自基准站的电台信号，对所接收的信号进行解调和实时分析处理，并根据给定的转换参数进行坐标系统的转换，只要保证有 4 颗以上卫星相位观测值的跟踪和必要的卫星几何图形，移动站便可实时给出厘米级的定位结果。如图 15-1 所示为 RTK 测量原理示意图。

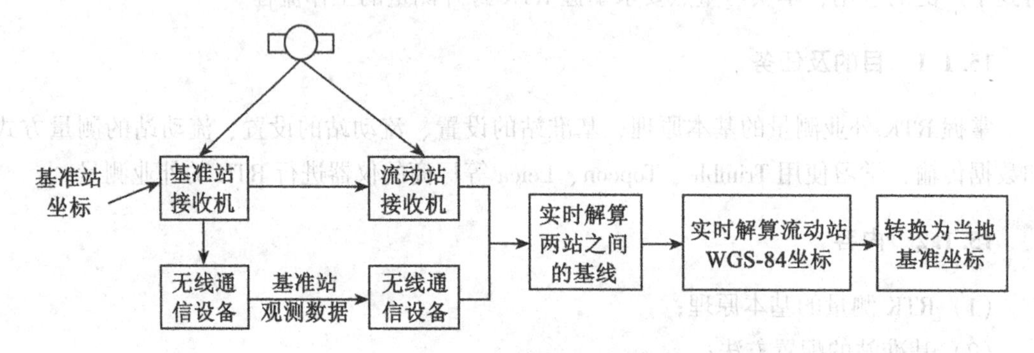

图 15-1 RTK 测量原理示意图

RTK 测量系统一般由以下三部分组成：GPS 接收设备；数据传输设备，即数据链，是实现实时动态测量的关键性设备；软件解算系统，对于保障实时动态测量结果的精确性与可靠性具有决定性作用。目前国内 RTK 产品主要配置为一个基准站和一个移动站，移动站也可根据用户需要配置多个移动站，基准站主要由主机、电台、发射天线和电瓶组成，移动站由一个主机和一个电子手簿构成。GPS RTK 测量过程一般包括：基站选择和设置，流动站设置，中继站的设立等步骤。

GPS 实时差分定位 RTK 技术的缺点：用户需要架设本地参考站；误差随距离的增加而增大；误差增大使流动站和参考站的距离受到限制，一般小于 15km；精度一般为 1cm+1ppm，可靠性随距离增大而降低。

15.2.2 RTK 测量基准站与发射电台的配置

基准站的作用是求出 GPS 实时相位差分改正值，然后将改正值通过数据传输电台及时传递给流动站以精化 GPS 观测值，进而得到更为精确的实时位置信息。

1. 基准站与发射电台的系统组成

基准站系统由基准站接收机和发射电台组成，如图 15-2 所示。

基准站接收机的组成部分主要包括：GPS 天线和主机（为了能够快速、准确地求解整周模糊度，双频接收机比较理想）；电子手簿（由于基准站设置次数少，一般与流动站共用电子手簿，当使用电子手簿设置完基准站后，可以转给流动站使用）；其他附件部

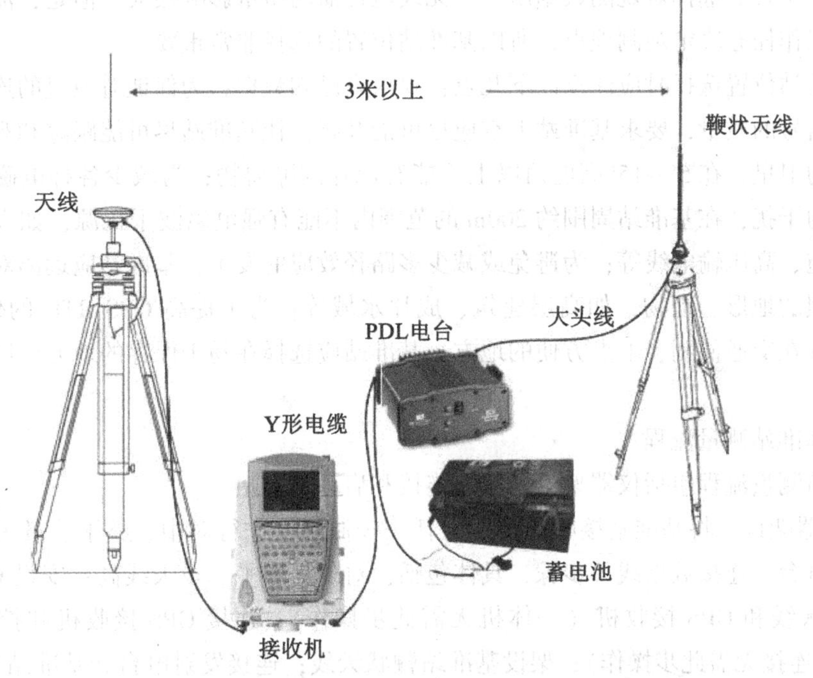

图 15-2 基准站和无线发射电台（Leica GPS）

分，如脚架、卷尺、电池等。

基准站发射电台一般为外置的独立电台，由于电台信号传播属于直线传播，所以为了使基准站和流动站的数据传输距离更远，基准站应选择在地势比较高的测点上。数据传输距离（单位 km）和测站高度的关系式为：

$$传输距离=4.24\times\left(\sqrt{h_{基准站}}+\sqrt{h_{流动站}}\right)$$

其中 $h_{基准站}$、$h_{流动站}$ 分别是基准站和流动站的 GPS 天线高度比工作地区地面高出部分的高度，单位是 m。

基准站电台的功率越大越好，比如 25W、35 W 等；电台频率应该选择本地区无线电使用较少的频率，并且选用的频率和本地区常用频率差值较大，所以要与工作区域的无线电管理委员会商量；为了扩展 GPS RTK 作业范围和距离，必要时可以在基准站和流动站之间设立中继站电台。

基准站设备的清单为：基准站 GPS 接收机主机和天线；接收机与天线的连接电缆（一体机不需要）；PDL 数据链电台；接收机连接到电台的数据电缆；电台鞭状天线；电台到鞭状天线的电缆；电台电源线；汽车电瓶（12V 直流）；TSCe 或 TSC2 控制器；接收机到控制器的电缆（若采用篮牙无线连接，则不需要此电缆）；三脚架（两个，一个用于架设 GPS 天线，一个用于架设电台鞭状天线）；基座及连接器；电台天线支撑杆及平台片。

2. 基准站的架设

(1) 基准站点位选择

GPS RTK 定位的数据处理过程是基准站和流动站之间的单基线处理过程，基准站和流动站的观测数据质量好坏、无线电的信号传播质量好坏对定位结果的影响很大。野外工作时，测站位置的选择对观测数据质量、无线电传播的质量影响很大。但是，流动站作业点只能由工作任务决定观测地点，所以基准站位置的选择非常重要。

在基准站位置选择时应注意以下几点：要求有已知数据；为保证对卫星的连续跟踪观测和卫星信号的质量，要求基准站上空应尽可能开阔，让基准站尽可能跟踪和观测到所有在视野中的卫星，在5°~15°高度角以上不能有成片的障碍物；为减少各种电磁波对GPS卫星信号的干扰，在基准站周围约200m的范围内不能有强电磁波干扰源，如大功率无线电发射设施、高压输电线等；为避免或减少多路径效应的发生，基准站应远离对电磁波信号反射强烈的地形、地物，如高层建筑、成片水域等；为了提高GPS RTK的作业效率，基准站应选在交通便利、上点方便的地方；基准站应选择在易于保存的地方，以便今后的应用。

(2) 基准站测量流程

基准站测量流程包括仪器架设、仪器连接和启动基准站。

① 仪器架设。将基准站接收机架设在任一控制点，进行对中、整平、量天线高、架设基准站电台、连接数据线等步骤，具体包括：对中、整平、量天线高；安设GPS天线；连接GPS天线和GPS接收机（一体机无需此步操作）；连接GPS接收机和控制器手簿（蓝牙数据连接无需此步操作）；架设基准站鞭状天线；连接发射电台和基准站鞭状天线；连接GPS接收机和基准站发射电台；连接基准站电台和电源。

② 将接收机、手簿开机，将手簿连到基准站接收机上。运行控制器软件，并新建作业，选择正确的RTK参数集。

③ 通过手簿启动基准站。

3. 基准站的参数设置

基准站的参数设置包括：建立项目和坐标系统管理，选择基准站电台的频率，选择GPS RTK工作的方式、输入基准站的坐标、启动基准站工作。下面以TopSurv软件为例介绍基准站的参数配置，如图15-3所示是TopSurv软件的主界面。

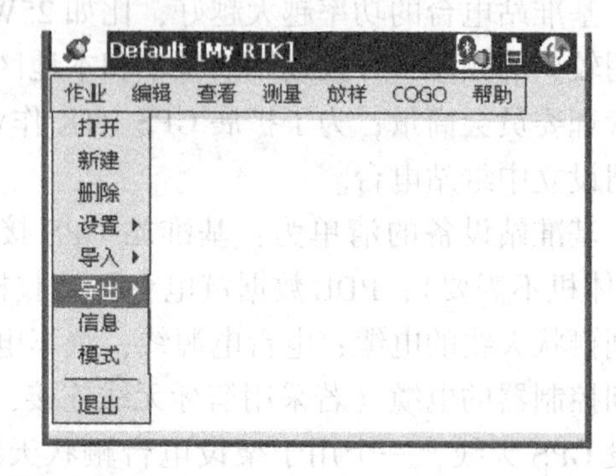

图15-3　TopSURV软件的主界面

(1) 建立或打开作业任务

RTK测量的管理通过作业任务完成，在测量之前需要新建或者打开作业任务。通过在

“作业列表”菜单中选择已有的作业，然后点击“打开”按钮就可以打开已有的作业任务，如图 15-4 中的左图所示。

点击“新建”按钮，进入如图 15-4 右图所示的“新作业”界面，在该界面中可以输入作业名称、生成者、注释等信息。点击“完成”按钮就可以完成作业任务的创建，或点击“继续”按钮进入“选择测量设置”界面，进行其他的参数配置。

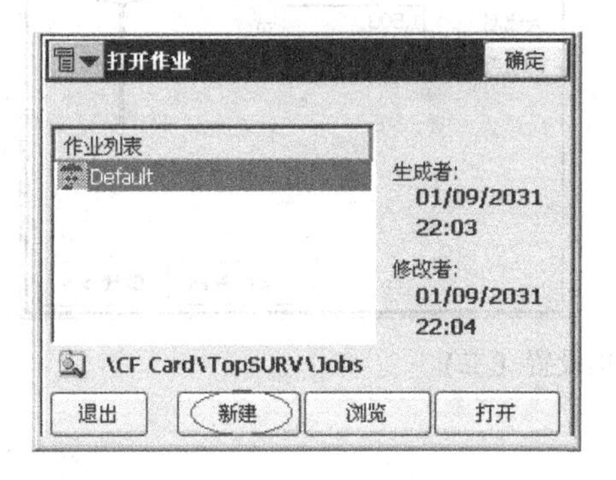

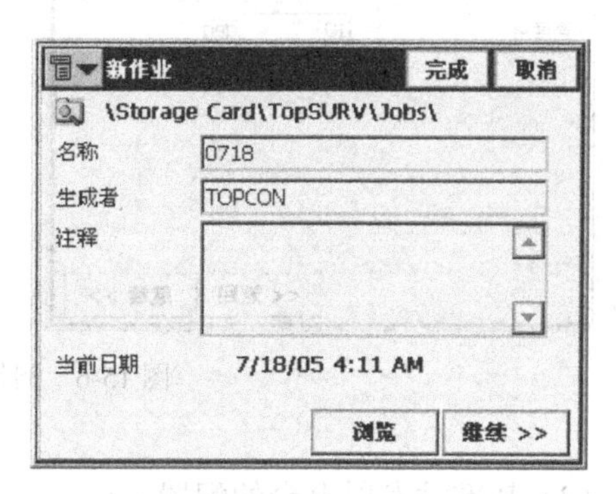

图 15-4 “新建”或者“打开”作业任务

(2) 设置 GPS 测量参数集

每一个作业任务必须对应一个测量参数集，在测量参数集中配置了一些重要的测量参数，这些参数与测量所用的仪器有关，用户可以根据使用的仪器设置自己的参数集，在以后的作业中只需选择已经建立的参数集即可。

正确的 GPS 参数集是实施 RTK 的基础，它不仅与所用的接收机、天线、电台等硬件型号有关，还与测量结果的精度要求有关，主要需要配置的参数包括：测量类型；GPS 天线类型及相关参数；GPS 接收机的相关参数；电台参数；⑤坐标系统的设置等。

首先在 TopSURV 主界面下，从菜单中选择“作业→设置→测量”，进入“选择测量设置”界面，当然也可以在新建项目后进入该界面，如图 15-5 左图所示。在该界面中点击“…”扩展按钮显示“设置”界面，如图 15-5 右图所示，设置名称选中“My RTK”，并点击“编辑”按钮，显示“设置：测量”界面，名称为参数集名称，一般无需更改，

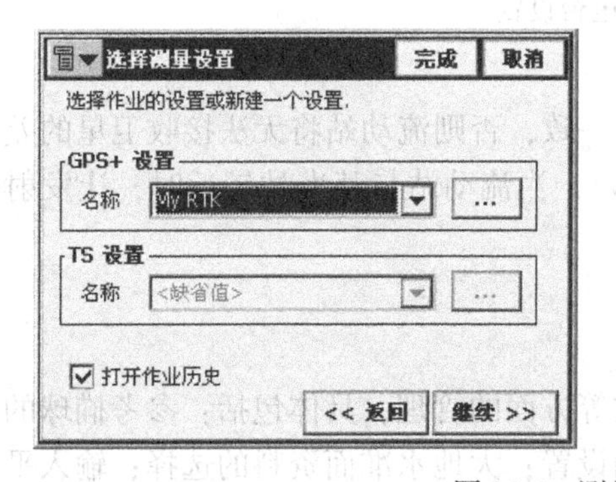

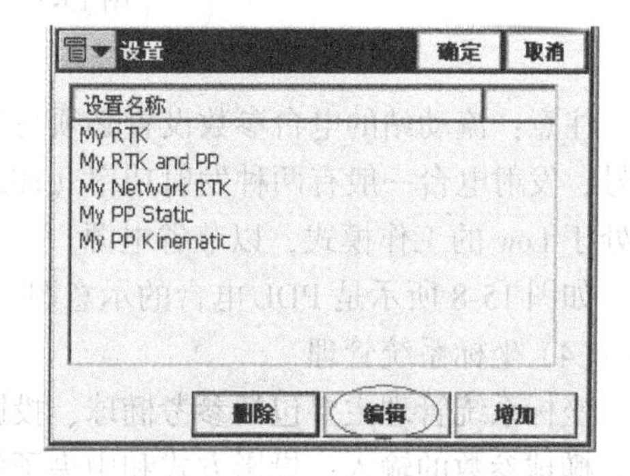

图 15-5 测量参数集设置（一）

类型选择“RTK”，然后点击“继续”按钮，显示“设置：基准站接收机”界面（如图15-6左图所示）；点击“继续”按钮，进入“设置：基准站天线”界面，如图15-6右图所示，在该界面中，选择正确的基准站天线型号，并输入默认的基准站天线高类型。

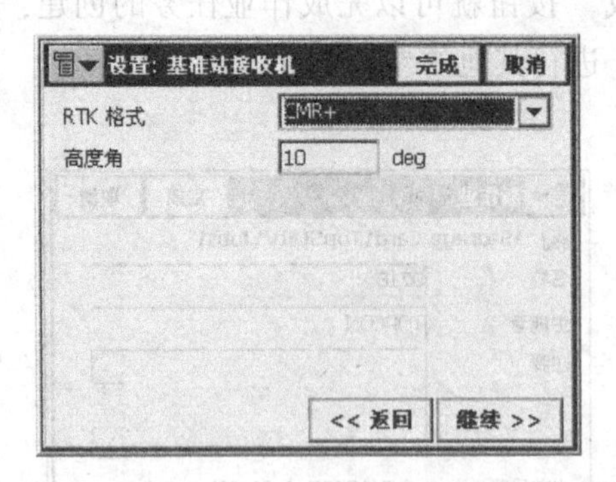

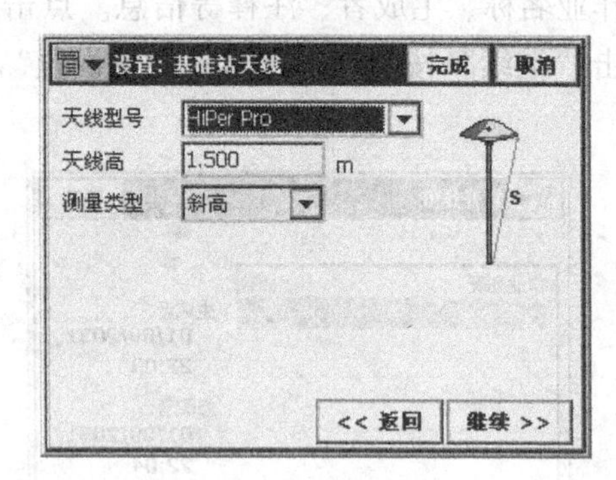

图 15-6　测量参数集设置（二）

（3）基准站发射电台的配置

根据对本地区无线电频率的了解，选择一种理想的频率，流动站和基准站必须使用同一个频率。

对于 HiPer、HiPer+等类型的接收机，基准站电台调制可以选择“PCC 公司”。基准站接收机与电台连接的参数包括接口、波特率、奇偶位、停止位等，在电台参数中，需要设定通道和灵敏度等，如图 15-7 所示。

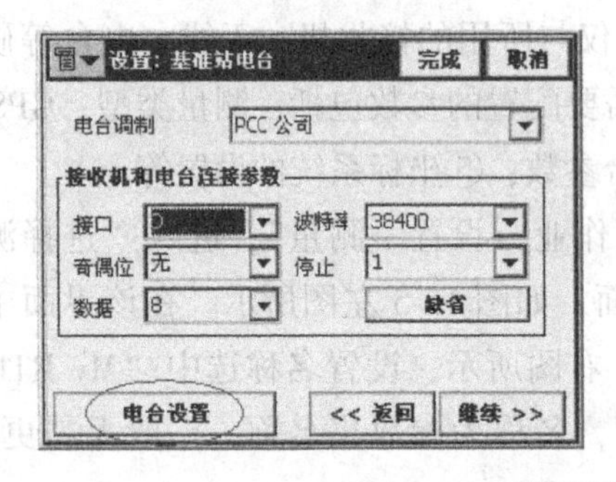

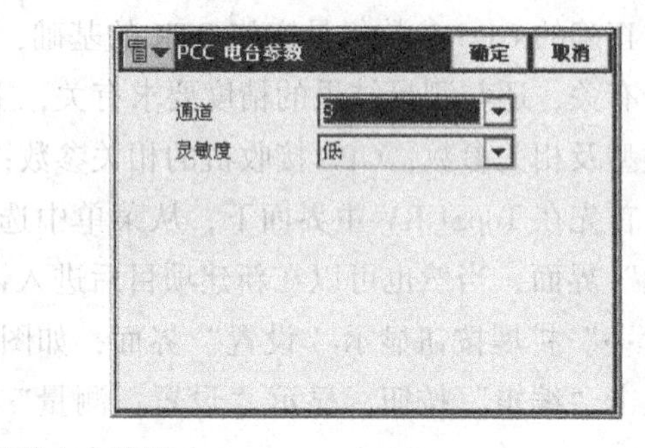

图 15-7　基准站电台设置

注意：流动站的电台参数设置必须与基准站一致，否则流动站将无法接收卫星的差分信号；发射电台一般有两种发射功率（High/Low），当流动站与基准站较近时，让发射电台处于 Low 的工作模式，以节省电源。

如图 15-8 所示是 PDL 电台的示意图。

（4）坐标系统管理

坐标系统管理主要包括参考椭球、投影方式等方面的管理，具体包括：参考椭球的选择，椭球参数的输入；投影方式和中央子午线的设置；大地水准面资料的选择；输入平面转换参数；输入高程转换参数等。

进入“作业→设置→坐标系统”菜单，弹出“坐标系统”对话框，设置基准（椭球

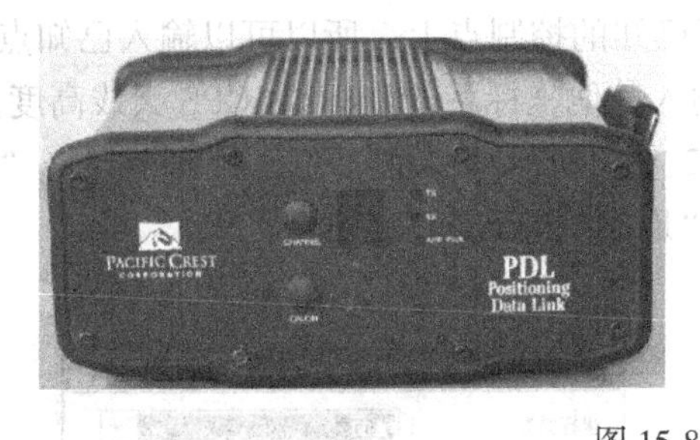

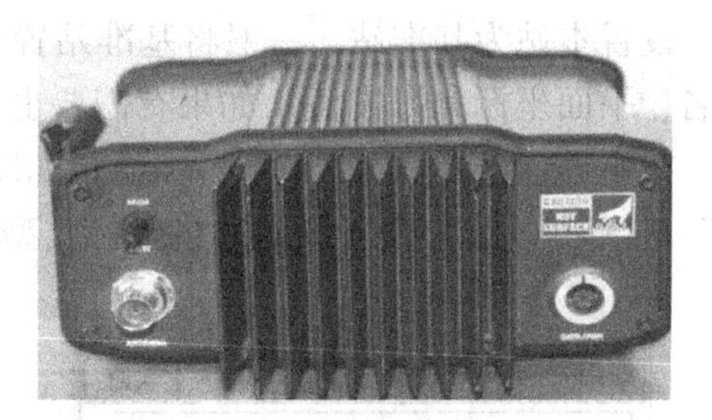

图 15-8　基准站电台

长半轴、扁率倒数）、投影（中央子午线、尺度比、E 偏移值）等参数，如图 15-9~图 15-11 所示。

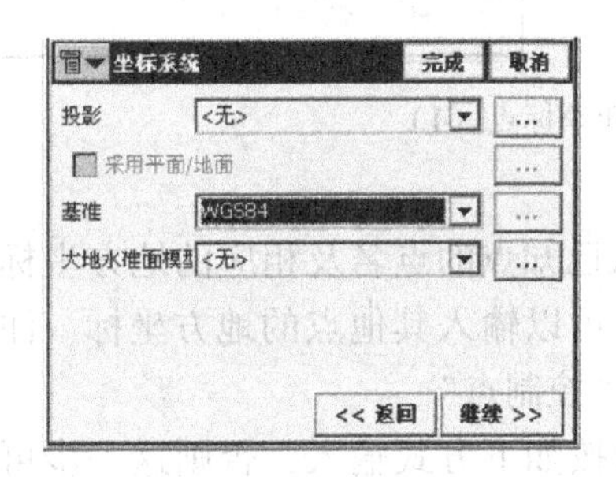

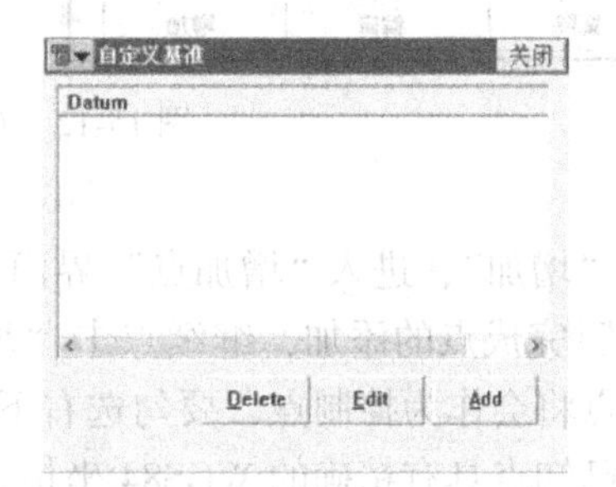

图 15-9　坐标系统管理（1）

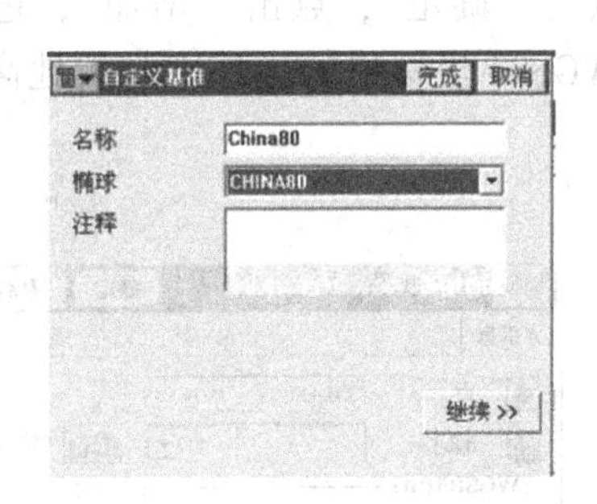

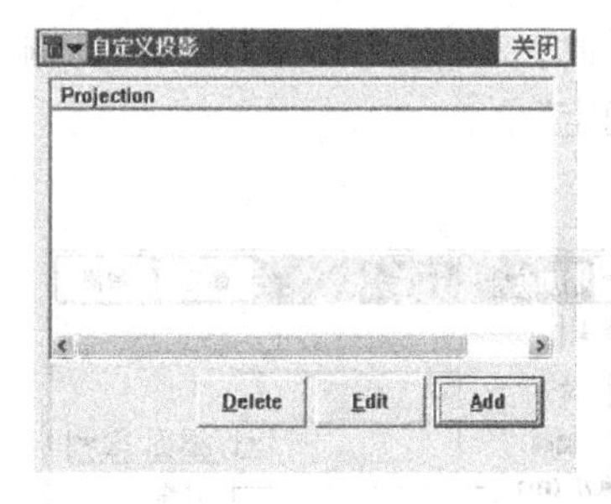

图 15-10　坐标系统管理（2）

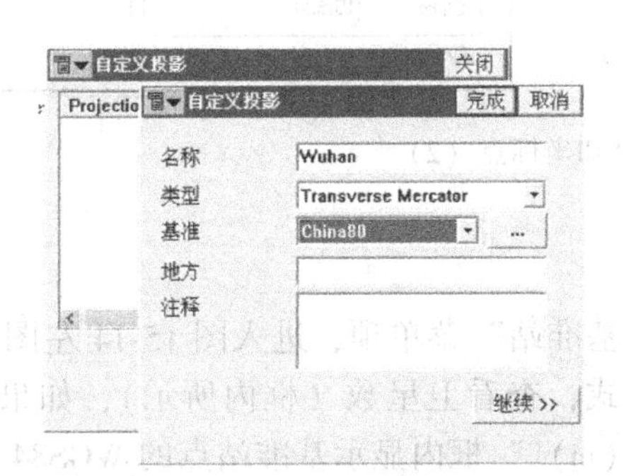

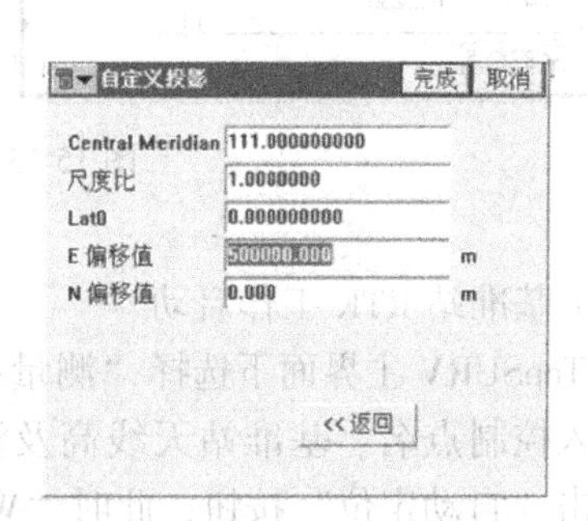

图 15-11　坐标系统管理（3）

(5) 基准站坐标的输入

设置本站为基准站，一般将基准站置于坐标已知的控制点上，所以可以输入已知点的点名、平面坐标和海拔高（如果有需要也可以输入其他坐标系统坐标）、GPS 天线高度。

在主界面选择“编辑→点”，显示如图 15-12 左图所示的界面。在该界面下点击“设置”进入“显示”设置界面，将坐标类型改为“地面”，点击“确定”。

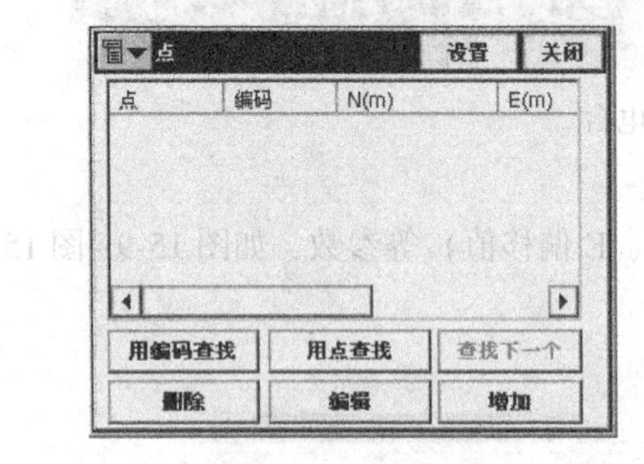

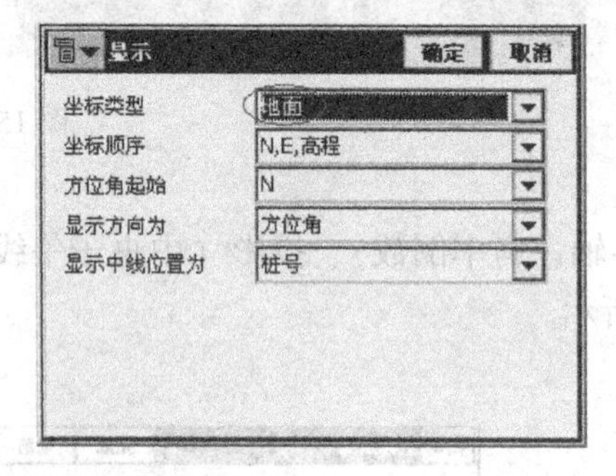

图 15-12　新增已知坐标点（1）

点击“增加”，进入“增加点”界面，输入已知点的点名及相应的地方坐标，然后点击“确定”完成点的添加，继续点击“增加”可以输入其他点的地方坐标。注意：如果所增加的点将会作为控制点，要勾选右下角的“控制点”。

如果已知点具有精确的 WGS84 坐标，可以按如下方式输入，否则这一步可省略：在主界面选择“编辑→点”，在该界面下点击“设置”按钮进入“显示”设置界面，将坐标类型改为“WGS84（Lat/Lon/Ell ht）”，然后点击“确定”，点击“增加”，进入“增加点”界面，如图 15-13 右图所示，输入点名和 WGS84 坐标里的经纬度与大地高，然后点击“确定”。

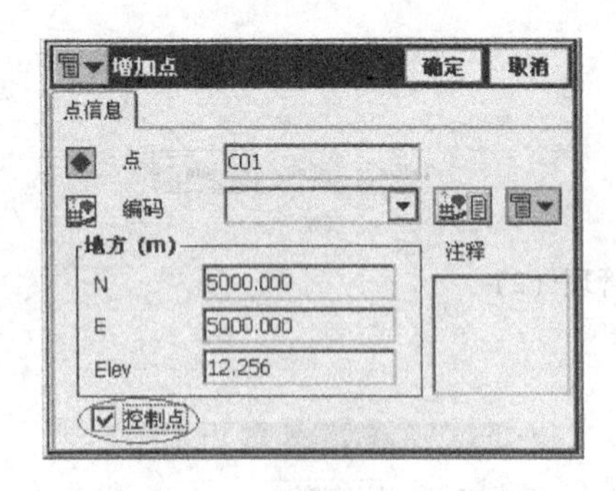

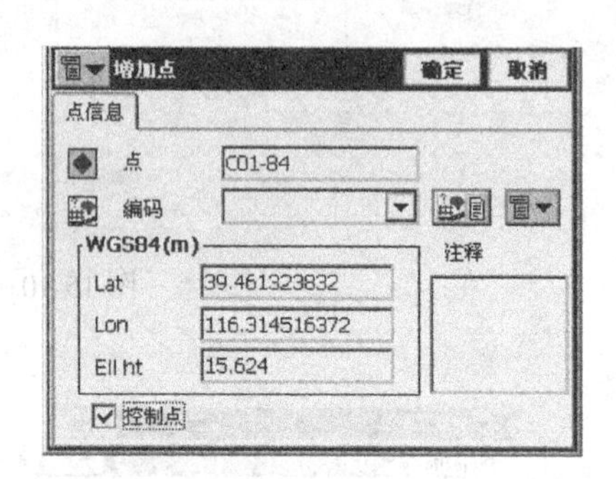

图 15-13　新增已知坐标点（2）

(6) 基准站 RTK 工作启动

在 TopSURV 主界面下选择“测量→设置基准站”菜单项，进入图 15-14 左图所示界面。输入控制点名、基准站天线高及测高方式，查看卫星数（框内所示），如果超过 4 颗，点击“自动定位”按钮，此时“WGS84（m）”框内显示基准站点的 WGS84 大地经纬度与大地高，并不断变化，同时“自动定位”按钮变为“停止”。在观测至少 60 秒以后，点击“停止”按钮。然后点击“设置基准站”，如果设置基准站成功，将会显示图15-14右图所示的提示界面。

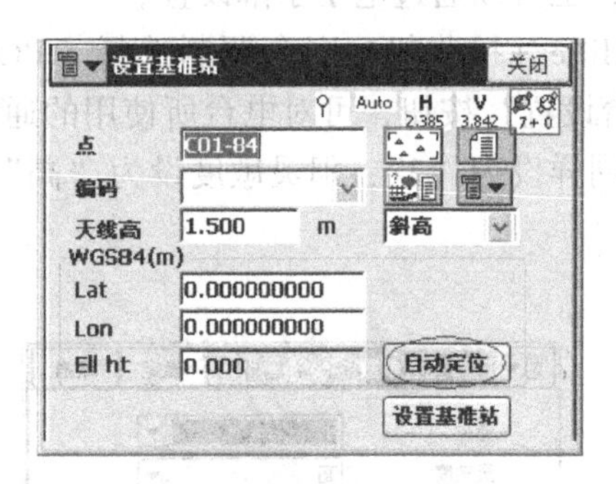

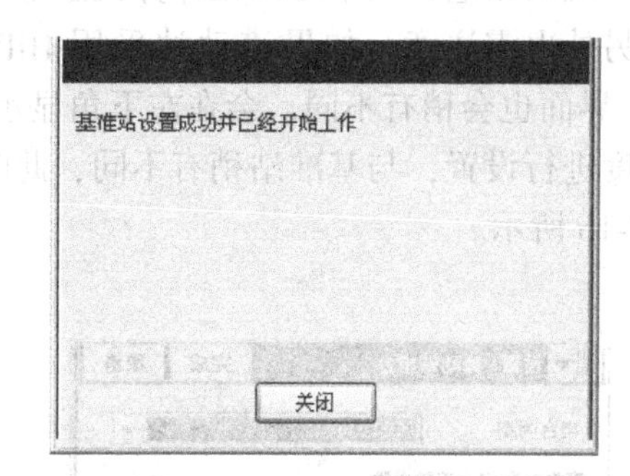

图 15-14　启动基准站

15.2.3　RTK 流动站的设置与地形测量

具体内容包括建立项目和坐标系统管理、流动站电台频率的选择、有关坐标的输入、GPS RTK 工作方式的选择、流动站 RTK 工作启动、使用 RTK 流动站测量地形点等内容。

1. 流动站系统的组成

流动站系统的组成部分包括：GPS 天线；GPS 接收机；控制器；差分信号电台接收设备；对中杆。

2. 流动站的测量流程

流动站的测量流程主要包括：将流动站接收机安装到对中杆上（一般为 2m）；接收机开机，将手簿连接到流动站上；新建或选择已有的作业，设置适当的 RTK 测量配置集；开始测量。

3. 流动站的参数配置

（1）新建作业任务

点击“新建”按钮，进入图 15-15 右图所示的“新作业”界面，在该界面中可以输入作业名称、生成者、注释等信息。点击“完成”按钮就可以完成作业任务的创建，或点击“继续”按钮进入“选择测量设置”界面，进行其他参数的配置。

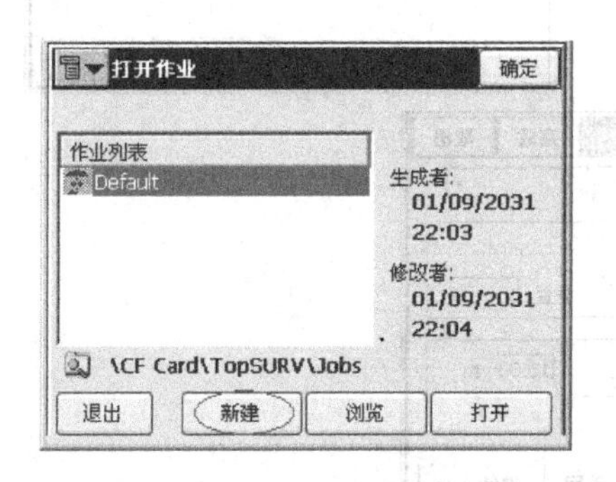

图 15-15　“新建”或者“打开”作业任务

(2) 流动站的电台设置

根据对本地区无线电频率的了解，选择合适的频率，流动站和基准站必须使用同一个频率。流动站电台频率可以在计算机上进行设置，也可以通过电子手簿设置。

另外也需注意：如果流动站采用 HiPer 或 HiPer+接收机，电台调制选择“PCC 公司”，界面也会稍有不同，会在左下角显示“电台设置”按钮，可对电台所使用的通道及灵敏度进行设置，与基准站稍有不同，此时通道同样设为“3”，但灵敏度设为“高”，如图 15-16 所示。

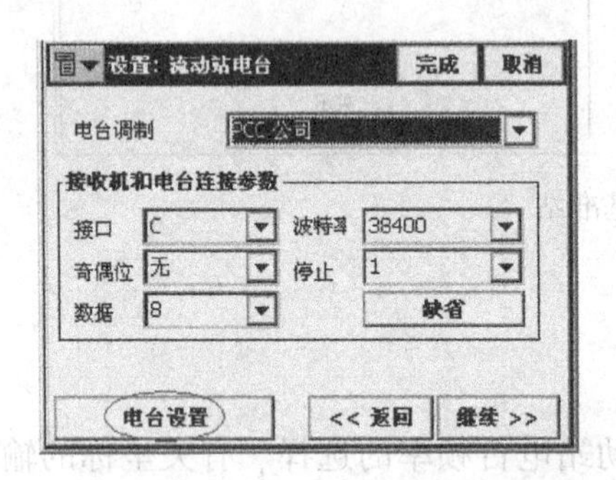

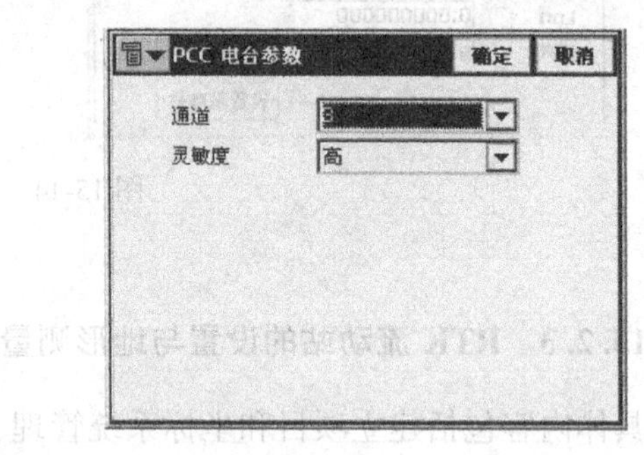

图 15-16　流动站电台设置

(3) 测量参数设置

在“设置：流动站接收机”界面，RTK 格式同样选择“CMR+”，高度角输入 10，然后点击“继续”，进入“设置：流动站天线”界面，在该界面中，选择正确的流动站天线型号，并输入默认的流动站天线高及类型，然后点击“继续”进入“设置：测量参数”界面，如图 15-17 所示。

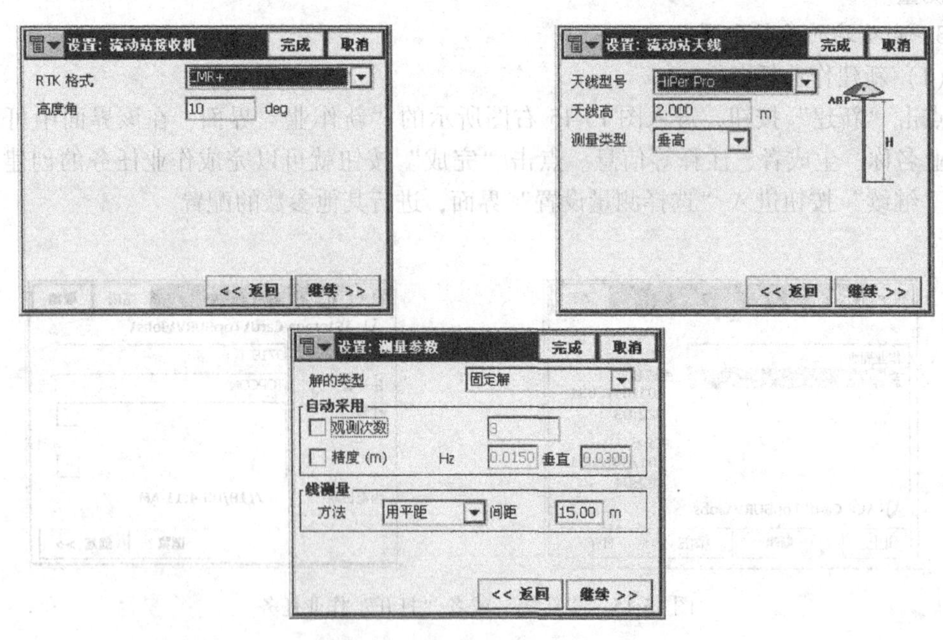

图 15-17　流动站测量参数设置

(4) 坐标系统管理

坐标系统管理的主要内容包括参考椭球、投影方式管理等，必须与基准站的坐标系统一致。进入“作业→设置→坐标系统”菜单弹出“坐标系统”对话框，设置基准（椭球长半轴、扁率倒数）、投影（中央子午线、尺度比、E 偏移值）等参数，如图 15-11 所示。

4. RTK 动态测量

(1) 测量状态检查

进入“测量→点测量”，查看测量状态是否正常，注意监测电台信号传输是否正常（如图 15-18 所示，左图没有电台信号，右图指示电台数据链的通信质量很好），同时需要查看所接收到的卫星信号。

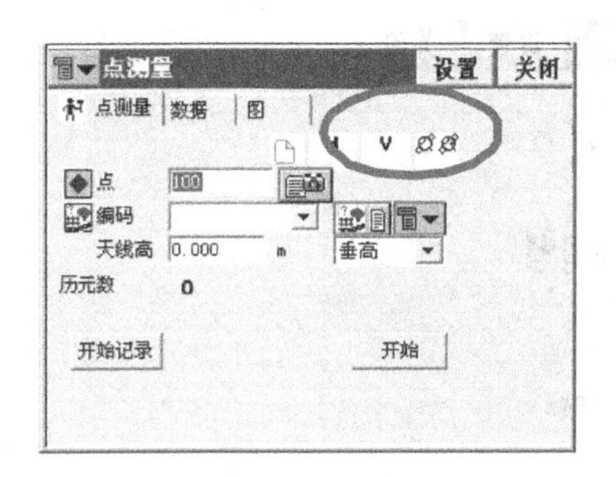

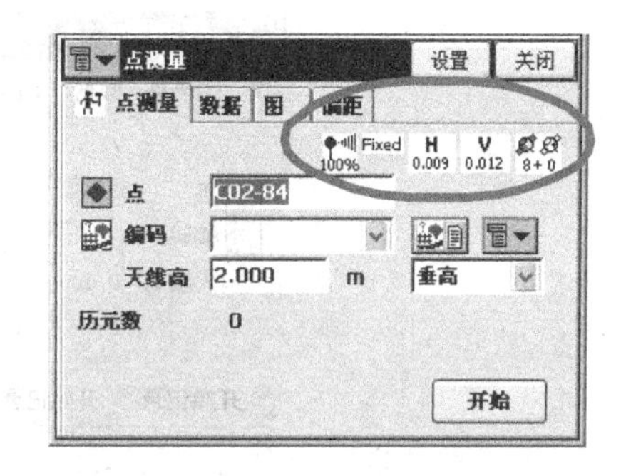

图 15-18　检查流动站测量状态是否正常

(2) 点测量

点测量一般用于属性不同、精度要求不同、无法连续测量的测点（如电线杆、下水井或上水井等）。测量时一般需要设置测点的精度要求限差、观测时间、记录测量坐标的次数，开始测量到测量次数满足时，将平均计算的最终坐标和精度及图形属性记录在电子手簿中。

测量时，应采用“固定解（Fixed）”精度模式，“Fixed”指示解的类型，除“Fixed”之外还有可能显示“Auto”及“Float”，分别代表固定解、导航解及浮点解，就精度来说，固定解精度最高，浮点解次之，导航解最差。如图 15-19 所示，H 0.013 指示水平位置精度，V 0.017 指示垂直位置精度。

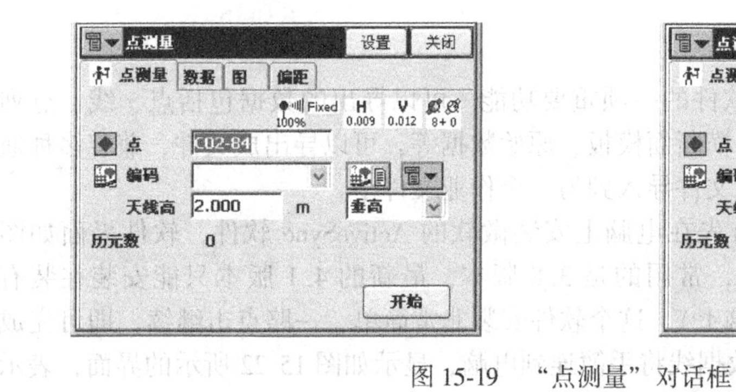

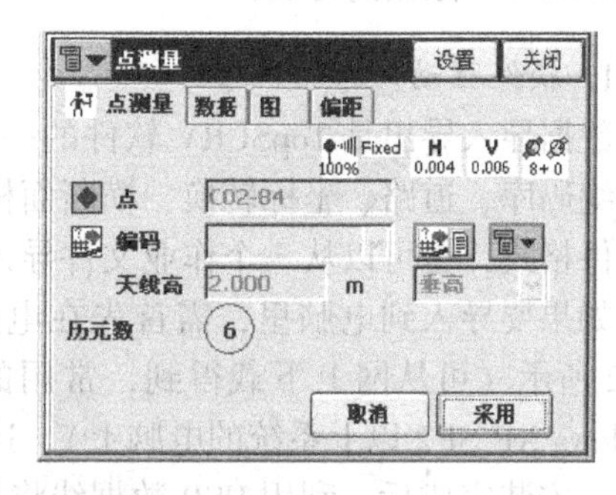

图 15-19　“点测量”对话框

在图中输入点名、天线高和测高方式，当解的类型显示为“Fixed”时，即可点击“开始”按钮开始记录。图 15-19 右图圆圈内指示的是观测历元数，当水平精度与垂直位置指示位置精度符合要求时，点击“采用”完成点测量。

(3) 线测量

线测量一般用于测量等高线点，或测量连续的曲线点（如湖、水库、围墙等的边界线）的点坐标，这些测点的图形属性一致。测量时设置测点的精度要求限差，设置测点按时间间隔或距离间隔测量时的间隔时间或距离间隔。输入起点点号和图形属性开始测量，等到观测精度满足精度限差时，在电子手簿按时间间隔或距离间隔记录坐标数据和测点图形属性，如图 15-20 所示。

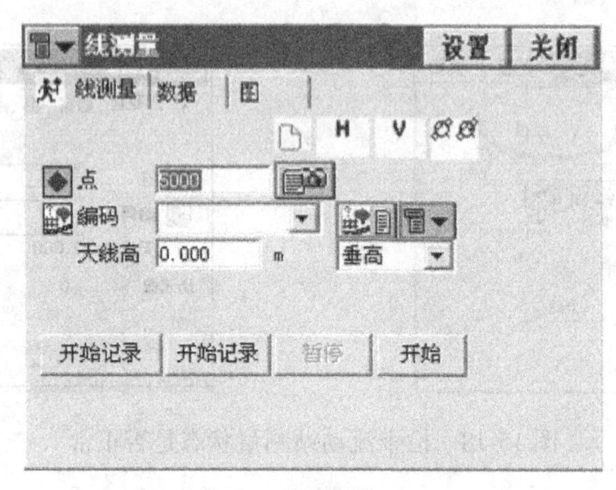

图 15-20　“线测量”对话框

15.2.4　草图绘制

草图绘制是数字化图形绘制的重要内容，如果草图绘制得不好，将直接影响数字化图形的绘制。草图绘制应符合下列基本原则：

(1) 迅速，使用一些简记符号快速记录特征点的类别、曲线的类型等；

(2) 清晰，清晰地绘制道路、水域、建筑物、花圃等区域的形状及相对关系；

(3) 准确，草图绘制应准确。

图 15-21 是一幅草图的示意图。

15.2.5　数据的导出

1. 软件驱动

数据导入导出是 TopSURV 软件的一项重要功能。可以导出的数据包括点、线、点列表、编码库、道路、坐标转换、横断面模板、原始数据等，可以导出成文件，兼容多种通用文件格式，也可以从一个作业文件导入到另一个作业文件中。

如果要导入到电脑里，需首先在电脑上安装微软的 ActiveSync 软件，软件界面如图 15-22 所示（可从网上下载得到，常用的是 3.8 版本，最新的 4.1 版本只能安装在装有 Windows XP SP2 以上系统的电脑上）。这个软件安装非常简单，一路点击继续，即可完成安装。安装完成后，利用 USB 数据线将手簿连到电脑，显示如图 15-22 所示的界面，表示已连接。

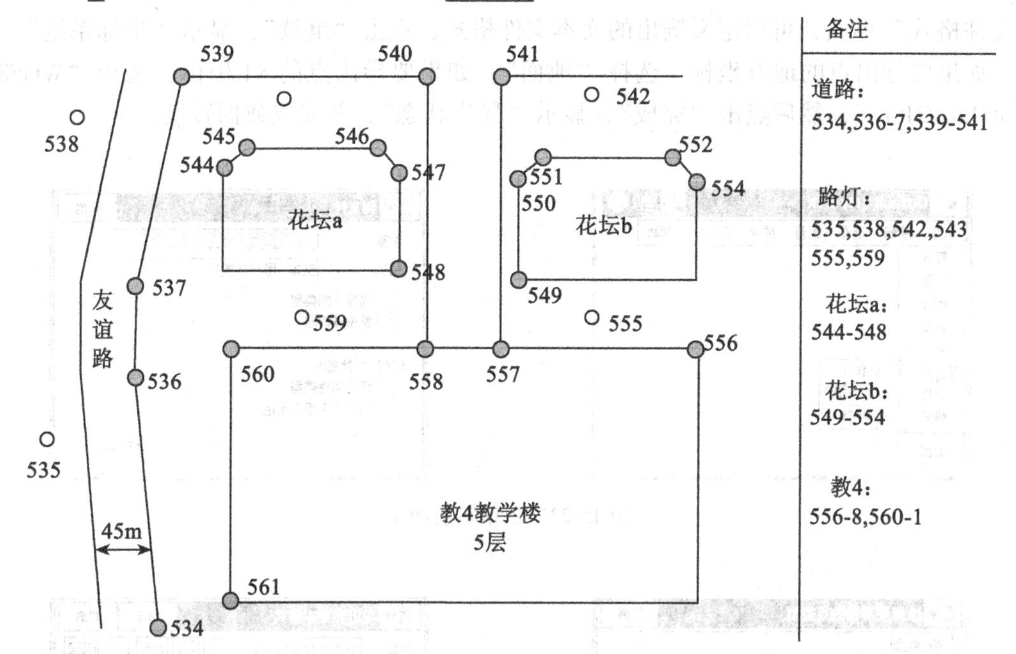

图 15-21　草图绘制示意图

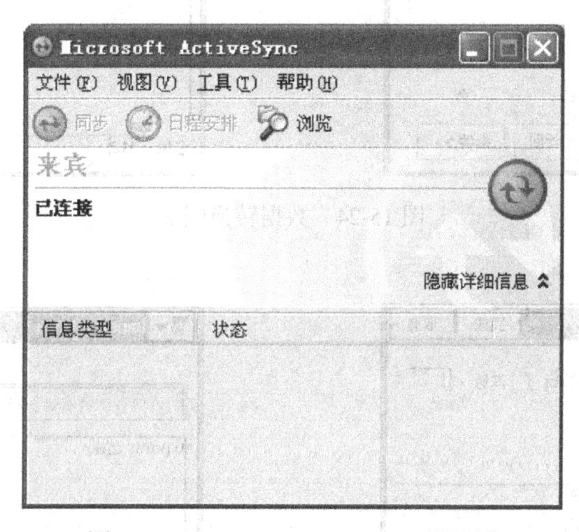

图 15-22　Microsoft ActiveSync 界面图

2. 文件转换

在 TopSURV 的主界面下，点击"作业→导出/到文件"，显示"到文件"界面（如图 15-23 所示），"数据"可根据需要选择，这里以点为例。"格式"也有多种选择，常用的是"文本（用户格式）"。如果在"选择点的类型"前面的复选框上打勾，点击"继续"会跳出"选择要导出点的类型"界面，如图 15-24 所示，可以选择导出点的类型。如果在"使用过滤器"前面的复选框上打勾，点击"继续"会跳出如图 15-24 左图所示的"要导出的点"界面，可通过编码、点的范围限定要导出的点。点击"继续"，输入要导出的文件名，也可在此界面下更改导出文件的路径，默认的导出路径为“\ CF Card \ TPS TopSURV \ IEFiles”，也可以自建文件夹。点击“确定”，显示如图 15-25 左图所示的“文本文件格式”界面，可以定义输出的文本文件格式，点击“继续”，显示“坐标系统”界面。如果要导出点的地方坐标，选择“地面”；如果要导出点的 84 坐标，选择“WGS84 (Lat/Lon/Ht)”，然后点击“完成”，显示“导出状态”，并完成数据转换。

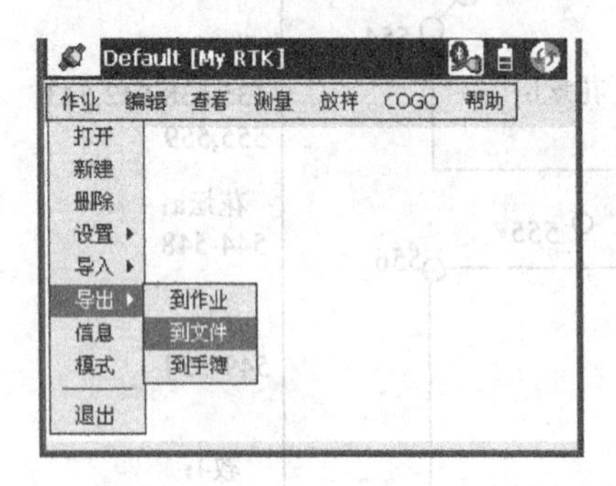

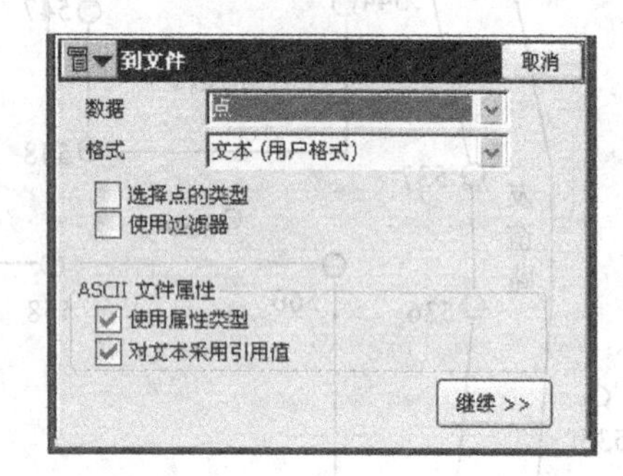

图 15-23　数据转换图 1

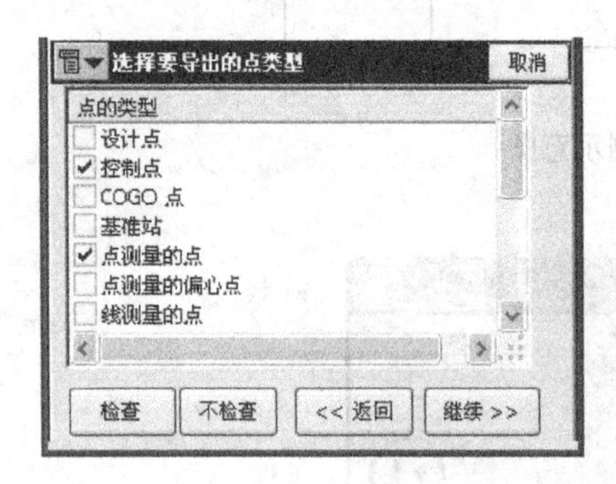

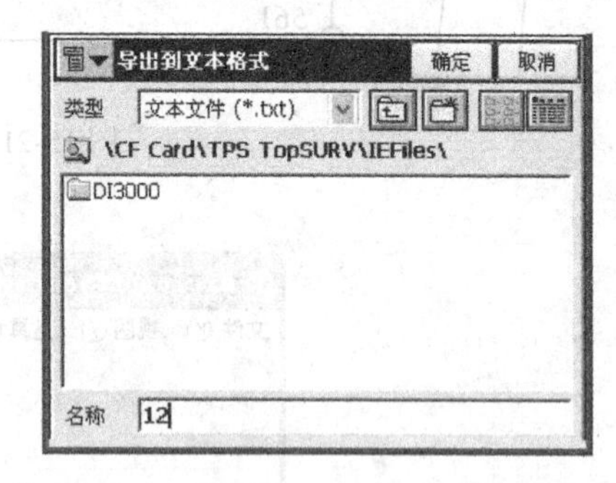

图 15-24　数据转换图 2

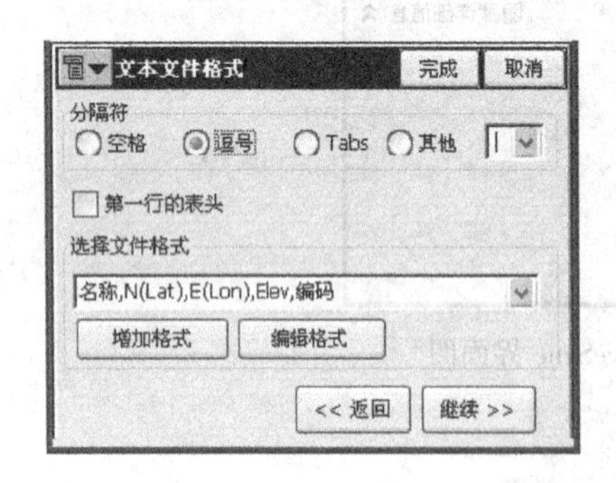

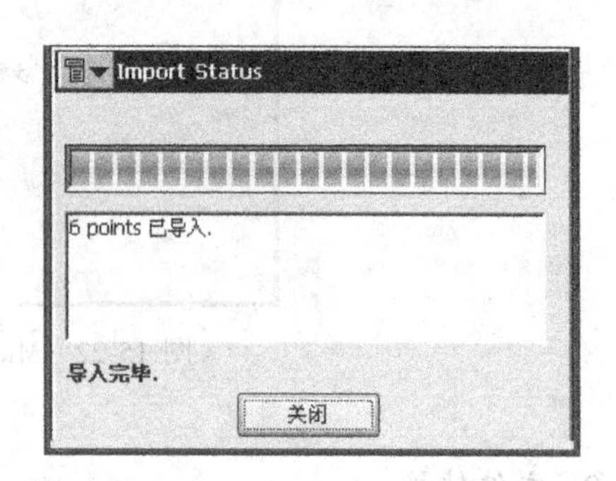

图 15-25　数据转换图 3

3. 文件复制

在电脑与手簿连接后，手簿相当于电脑的移动硬盘，可以通过复制、粘贴等操作进行文件交换。在找到导出的文件后，复制到电脑相应的文件夹下，就完成了数据导出到电脑的全部工作。

15.2.6 Leica 1230 RTK 基站设置

1. 建立基准站配置集

（1）开机，进入主界面，选择“3 管理”(如图 15-26 左图所示)。

（2）进入“5 配置管理”，如图 15-26 右图所示。

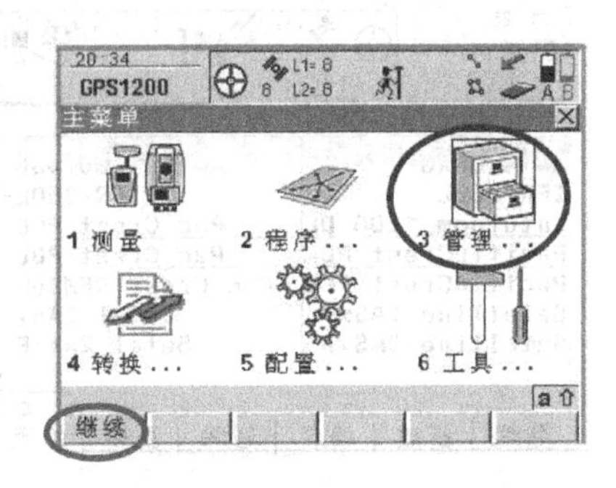

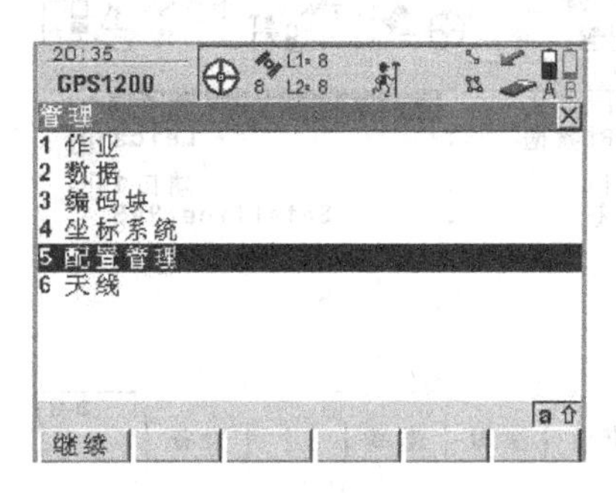

图 15-26　开始配置管理

（3）将光标移至“RTK Reference”，点击“继续”，这样将复制一个与 RTK Reference 配置集内容相同的配置集，如图 15-27 左图所示。

（4）输入配置集的名称,如“Base”,点击“保存”完成配置集复制如图 15-27 右图所示。

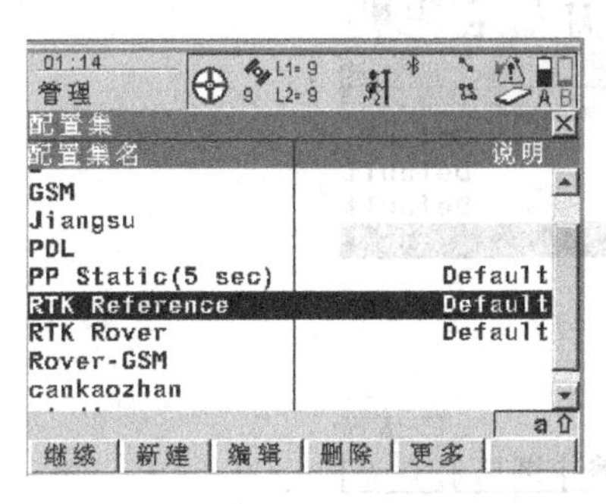

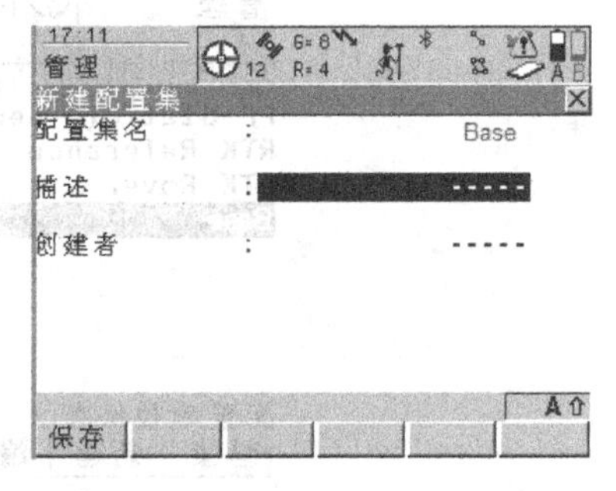

图 15-27　新建配置集

（5）在“向导模式”中选择“列表”(如图 15-28 左图所示)。

（6）将光标移至“实时模式”，点击“编辑”(如图 15-28 右图所示)。

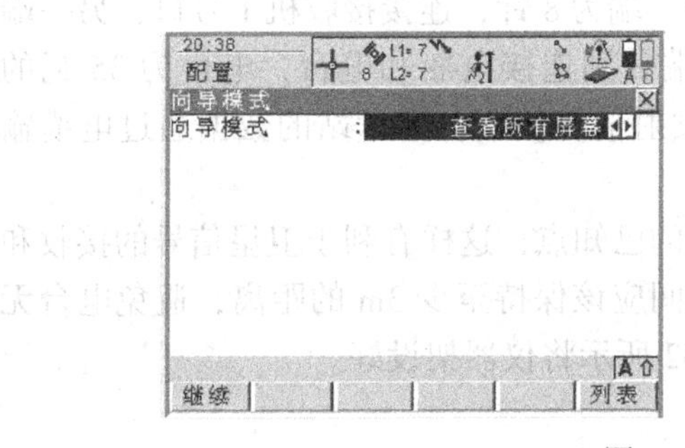

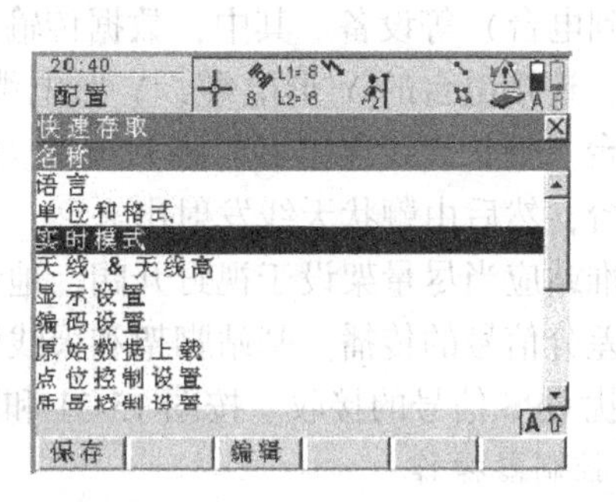

图 15-28　向导模式

(7) 将“实时模式”选择为“参考站”，“实时数据”选择为“leica”，“端口”选择为“端口 1”，如图 15-29 左图所示。

(8) 点击“设备”，在出现的列表中选择正确的基站电台类型，此处选择“PacificCrest PDL”，点击“继续”，如图 15-29 右图所示。

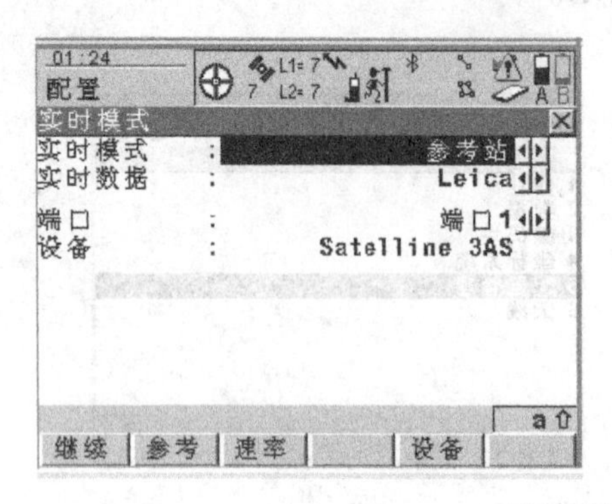

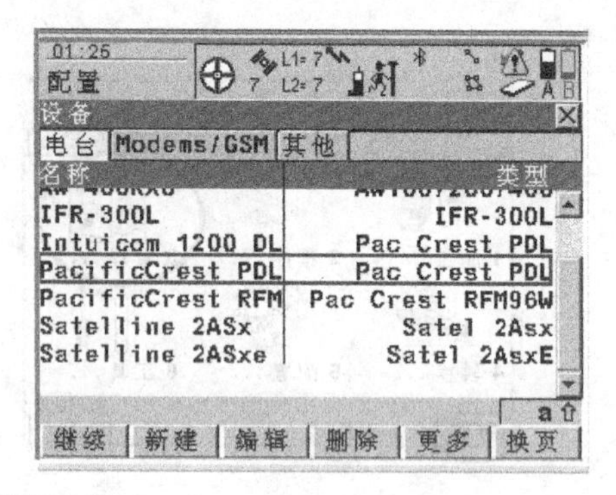

图 15-29　实时模式配置

(9) 点击“保存”，此时基准站配置建立完毕。系统自动返回到配置管理界面，可以发现新建的“Base”配置集出现在名称列表中，如图 15-30 所示。

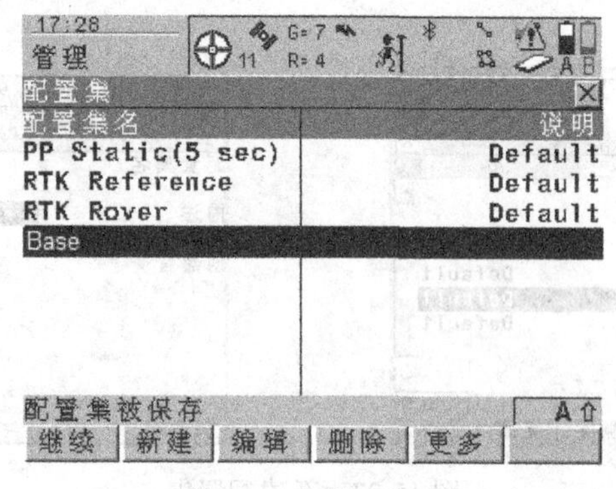

图 15-30　配置完成

2. 架设基准站

基准站数据链构成包括电台、鞭状天线连接器与鞭状天线、数据传输电缆（数据从接收机到电台）等设备。其中，数据传输电缆的一端为 8 针，连接接收机 1 号口，另一端为 5 针，连接电台的 Y 形电缆，Y 形电缆的两端分别连接电瓶和电台，电台为 35 瓦的 PDL 电台。鞭状天线连接器与鞭状天线为电台发射信号使用，参考站的数据通过电缆输送到电台，然后由鞭状天线发射出去。

基准站应当尽量架设于视野开阔、地势较高的已知点，这样有利于卫星信号的接收和无线电差分信号的传播。基站脚架和天线脚架之间应该保持至少 3m 的距离，避免电台无线电干扰 GPS 信号的接收。按图 15-31 和图 15-32 所示将仪器架设好。

3. 控制器操作

(1) 进入“1 测量”，如图 15-33 左图所示；

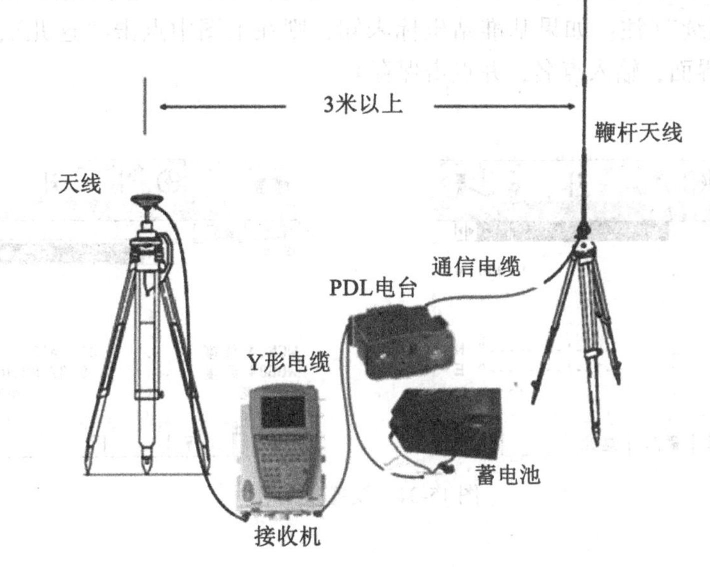

图 15-31　基准站接线示意图

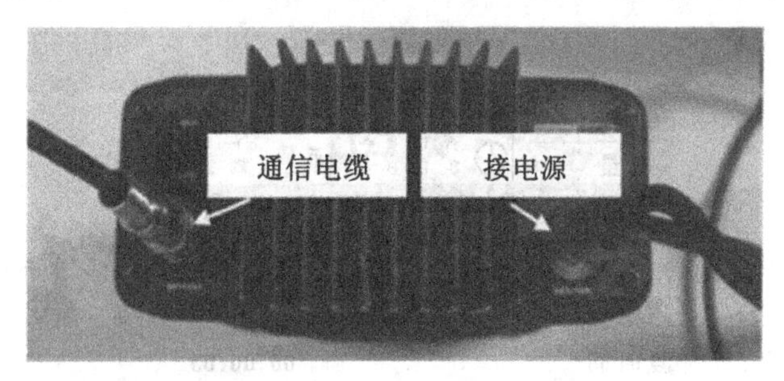

图 15-32　PDL 电台接线示意图

（2）进行下述设置：在“作业”栏中，按回车键，选取或建立一个 WGS84 坐标系的作业；在“配置集”栏，按左右方向键，选择前面建立好的 Base 配置集；在“天线”栏，按左右方向键，选择 AX1202 三脚架。点击“继续”，如图 15-33 右图所示。

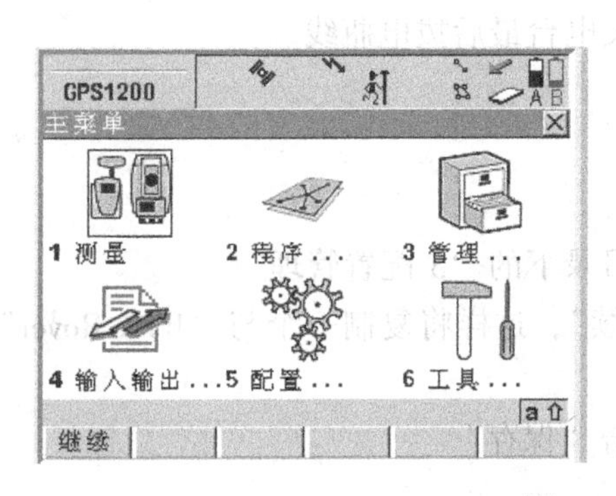

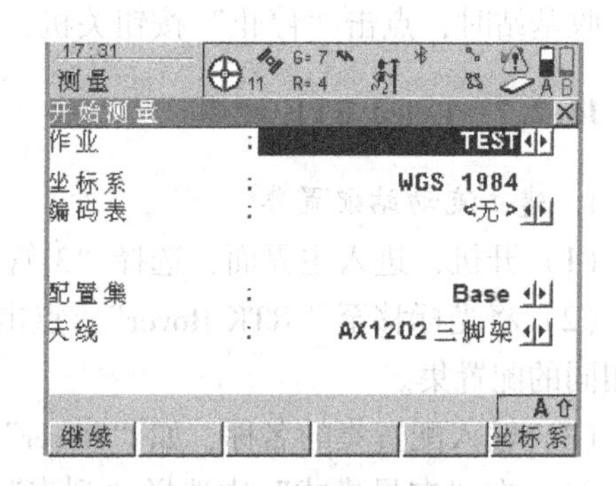

图 15-33　开始测量

（3）输入点号和天线高：在“点号”栏中，如果事先已经输入基站的 WGS84 坐标，则按左右方向键将其点号调出；在“天线高”中，填入实际天线高数据，如图 15-34 左图所示。点击“继续”(注：如果基准站坐标未知，则在上图中点击“这儿”，会出现如图 15-34 右图所示界面，输入点名，并点击保存)。

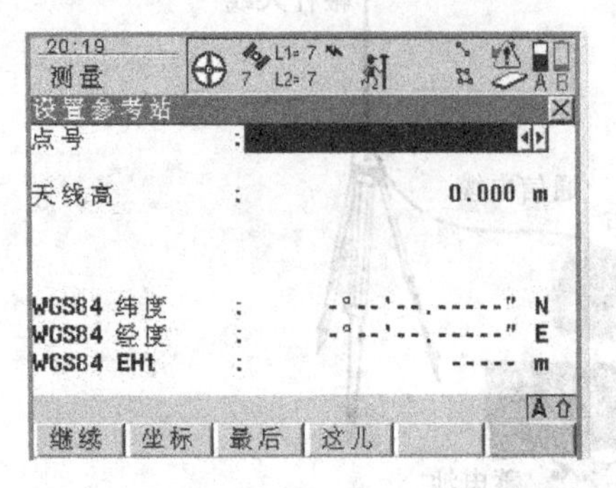

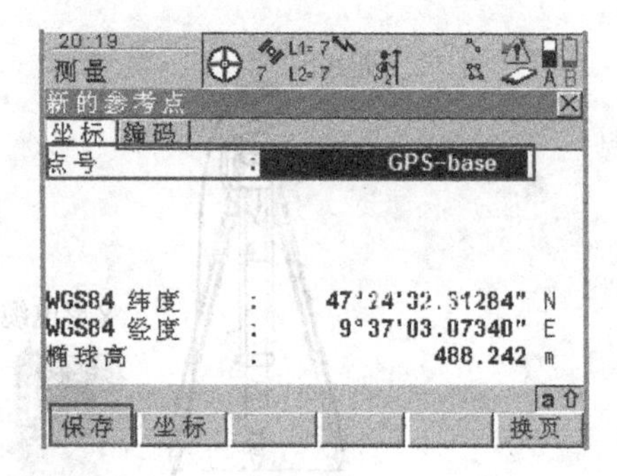

图 15-34　设置参考站

（4）检查基站发射状态：基站收到卫星，并出现导航图标和电台状态标志，PDL 电台的 TX 灯也开始闪烁，此时表明基准站已开始工作，可以进行流动站的配置和测量，如图 15-35 所示。

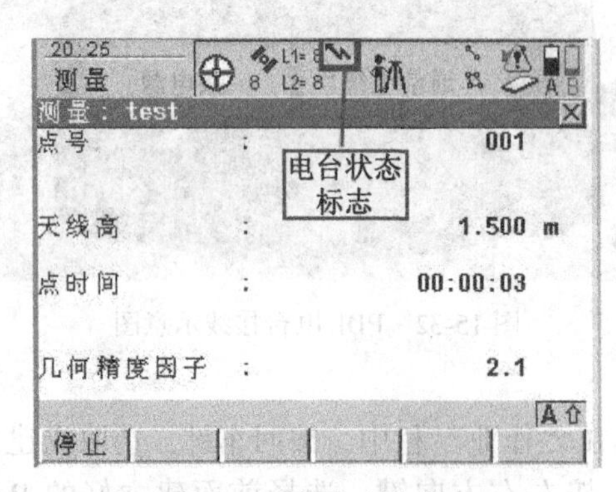

图 15-35　检查电台状态

收基站时，点击“停止”按钮关机，然后关电台最后拔电瓶线。

15.2.7　Leica RTK 测量

1. 建立流动站配置集

（1）开机，进入主界面，选择“3 管理”目录下的“5 配置管理”。

（2）将光标移至“RTK Rover”，点击“继续”，这样将复制一个与“RTK Rover”内容相同的配置集。

（3）输入配置集的名称，如“Rover”，点击“保存”。

（4）在“向导模式”中选择“列表”。

（5）将光标移至“实时模式”，点击“编辑”，如图 15-36 左图所示。

（6）将“实时的模式”选择为“流动站”，“实时数据”选择为“leica”，“端口”选择为“端口 1”，如图 15-36 右图所示。

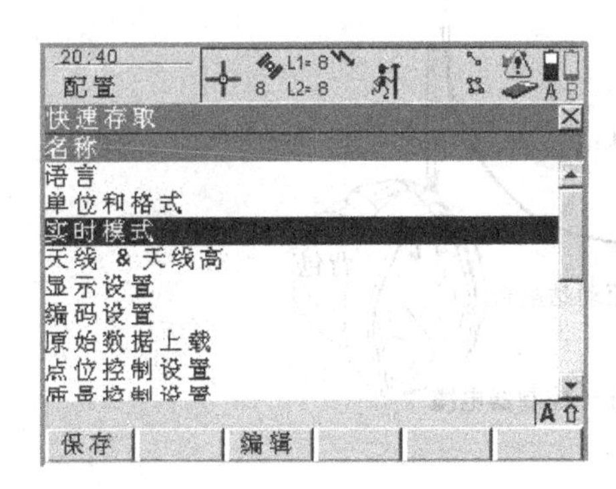

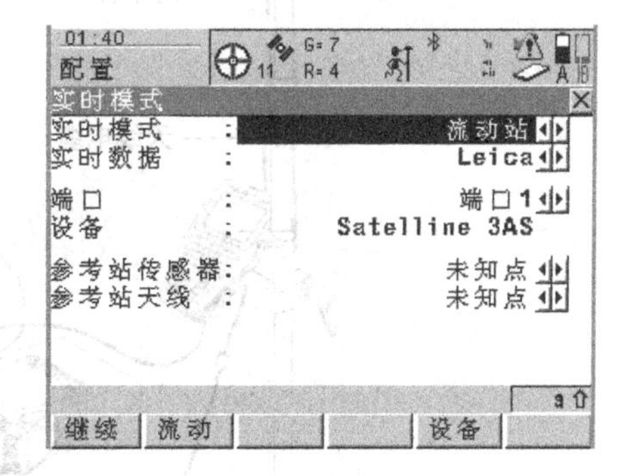

图 15-36　实时模式

（7）点击“设备”，在出现的列表中选择正确的基站电台类型，此处选择“Pacific-Crest PDL”，点击“继续”，如图 15-37 所示。

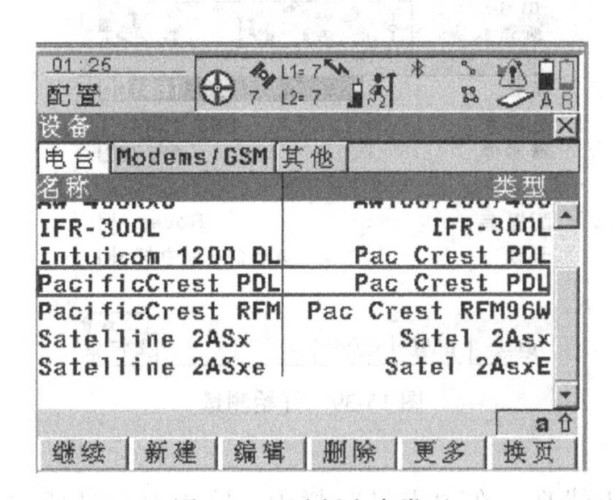

图 15-37　选择电台类型

（8）点击“保存”，此时基准站配置建立完毕。系统自动返回到配置管理界面，可以发现新建的“Rover”配置集出现在名称列表中。

2. 架设流动站

流动站数据链构成：电台为 0 瓦 PDL 电台；鞭状天线连接器与鞭状天线为电台接收信号使用，接收参考站电台发射的数据，然后通过 1 号口输入到流动站接收机内进行实时解算。

按图 15-38 所示将流动站接收机及配件连接好，并将接收机放入背包内固定好。

3. 控制器操作

（1）进入“1 测量”。

（2）在“作业”栏中按回车键，选取或建立一个作业，注意选择正确的坐标系统；在“配置集”栏中按左右方向键，选择前面已经建立好的“Rover”配置；在“天线”栏中，按左右方向键，选择 AX1202 对中杆。点击“继续”，如图 15-39 所示。

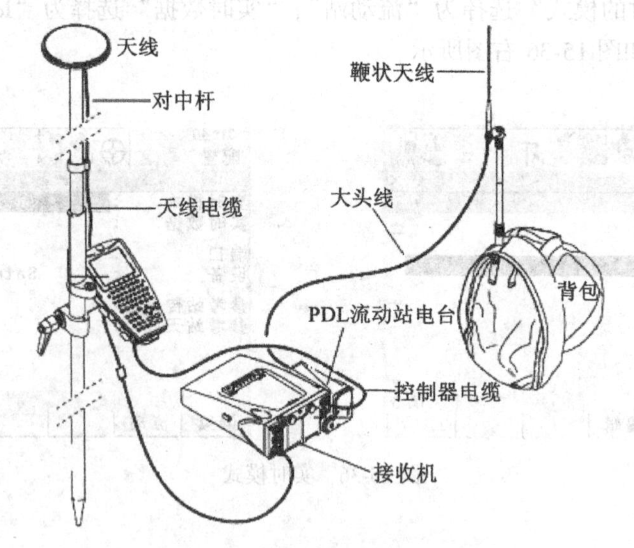

图 15-38　流动站接线示意图

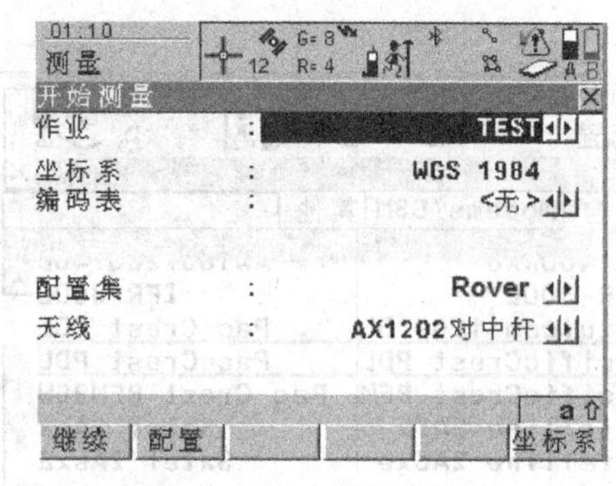

图 15-39　开始测量

(3) 输入点号和天线高：在“点号”栏中，输入对中杆所立点的名称；在“天线高”栏中，输入实测天线高（如 2m），如图 15-40 左图所示。

(4) 若出现固定解标志，使对中杆气泡居中，并点击“观测”，在观测过程中尽量保持气泡居中。

(5) 当观测足够的历元后，点击“停止”停止该点的观测，如图 15-40 右图所示。

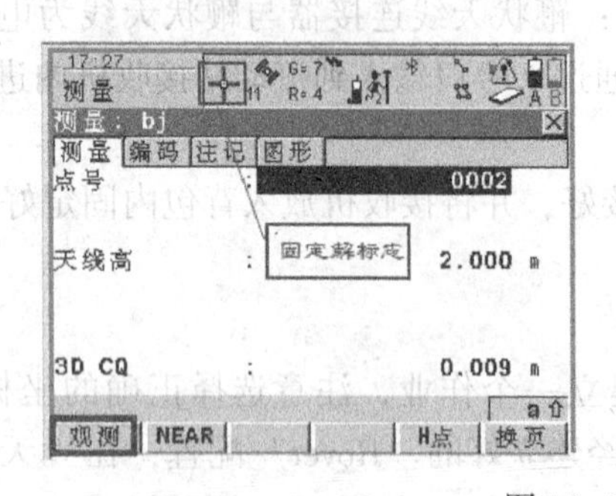

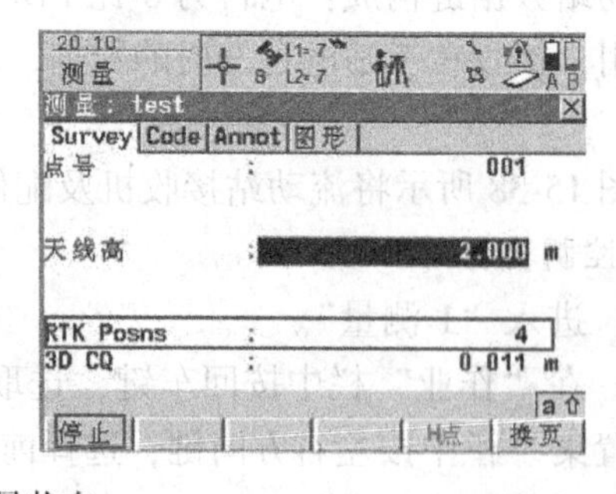

图 15-40　测量状态

（6）点击“保存”存储数据，开始观测下一个点，如图 15-41 所示。

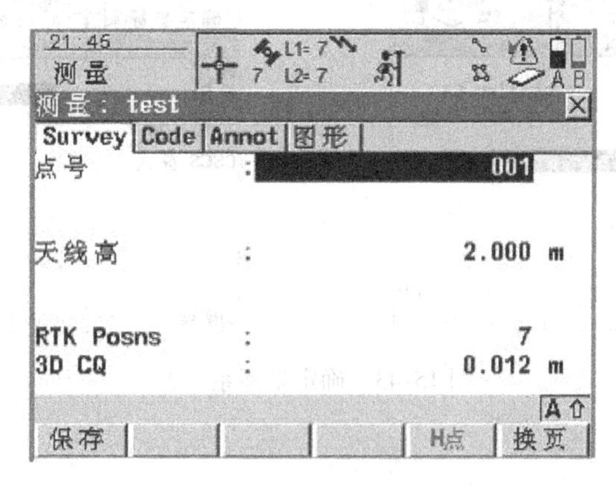

图 15-41　保存点位

4. 地方坐标系的建立（点校正）

以 BJ54 坐标系为例。假设有三个公共点 PT01、PT02、PT03，这三个点均既有 WGS84 坐标又有 BJ54 坐标，并假设 WGS84 坐标保存在 PT84 作业中，BJ54 坐标保存在 PT54 作业中。

（1）开机，进入主界面，选择“2 程序”目录下的“4 确定坐标系”，如图 15-42 左图所示。

（2）输入坐标系名称，并为不同坐标系下的点选择对应的作业，如图 15-42 右图所示。

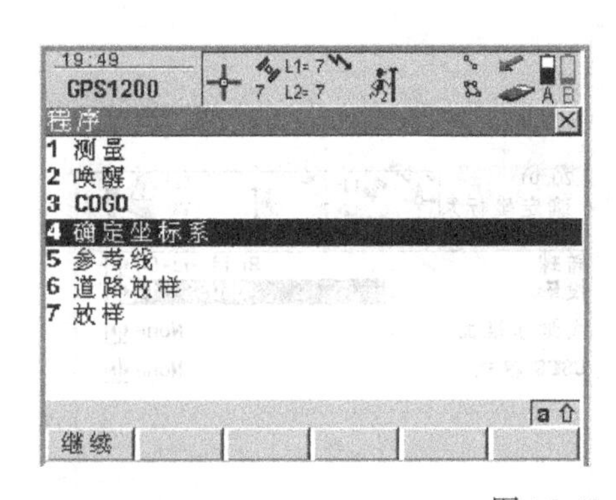

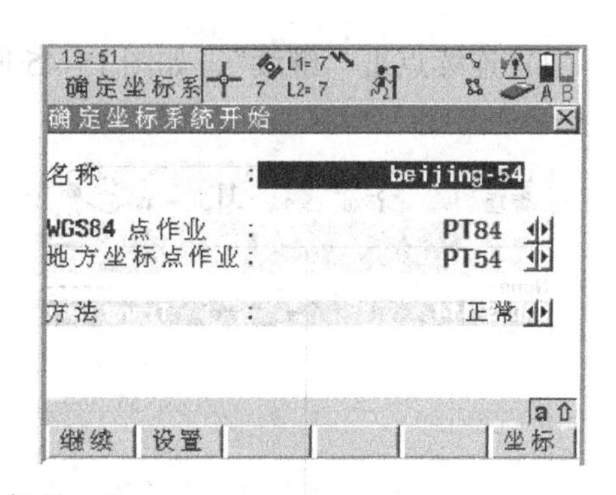

图 15-42　确定坐标系（1）

（3）转换类型选择“经典三维”，如图 15-43 左图所示。

（4）选择相应的椭球，这里我们选择“Beijing-54”，如图 15-43 右图所示。

（5）将光标移至“投影”，按回车键，在出现的界面中点击“增加”，如图 15-44 左图所示。

（6）输入投影的名称。“类型”选择“横轴墨卡托”（“CM 比例”为 1 时即为高斯投影），中央子午线输入当地中央子午线经度。设置好各项参数后点“保存”，如图 15-44

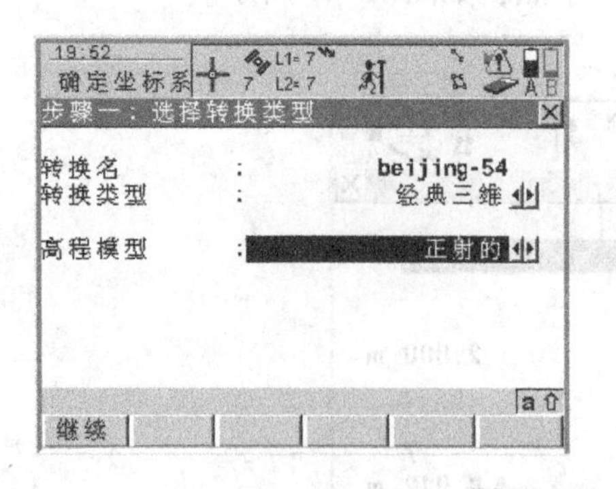

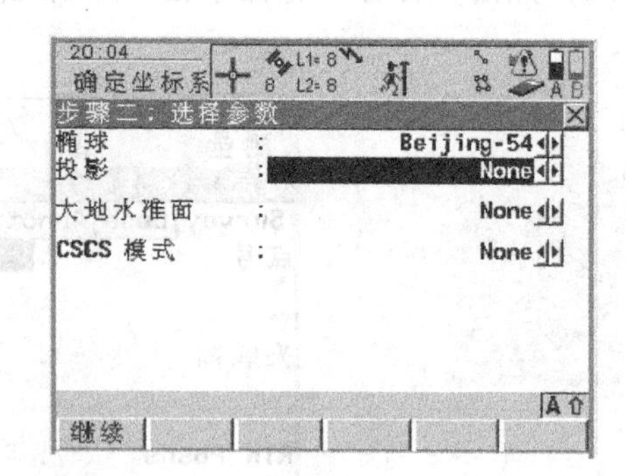

图 15-43　确定坐标系（2）

右图所示。

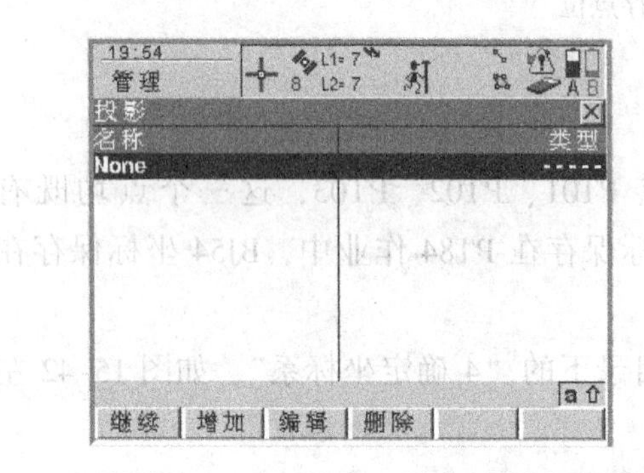

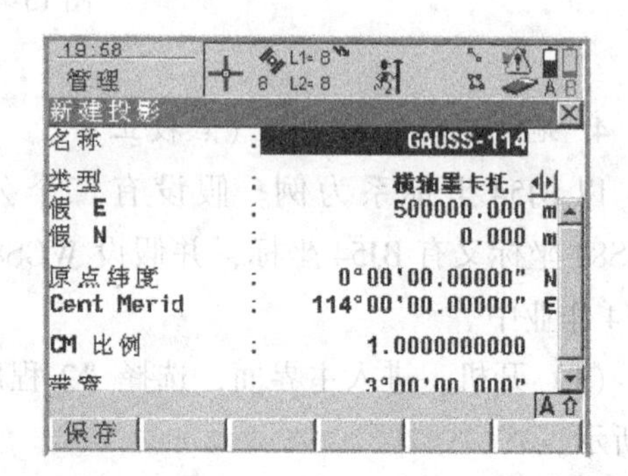

图 15-44　投影设置（1）

（7）连续点击“继续”，如图 15-45 所示。

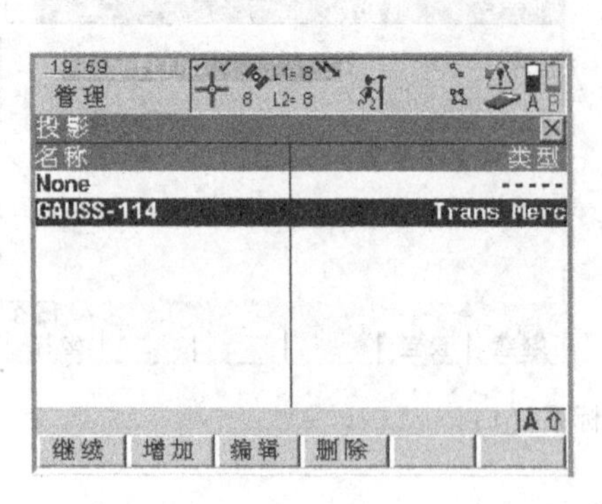

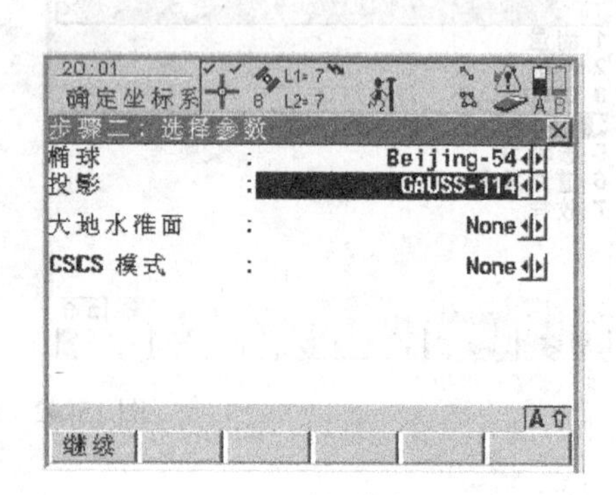

图 15-45　投影设置（2）

（8）在步骤三的界面出现后，点击“自动”，程序将自动匹配点名，如图 15-46 所示。

（9）点击“计算”，出现参差检验界面，过大的残差要引起操作人员的注意，如图 15-47 所示。

（10）点击“保存”，新的坐标系统建立完毕，如图 15-48 所示。

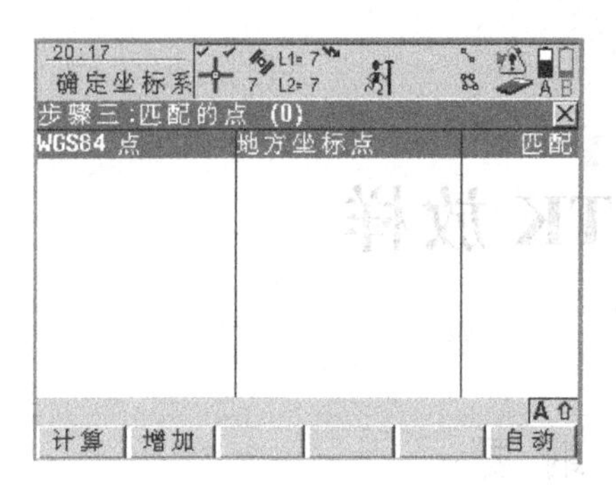

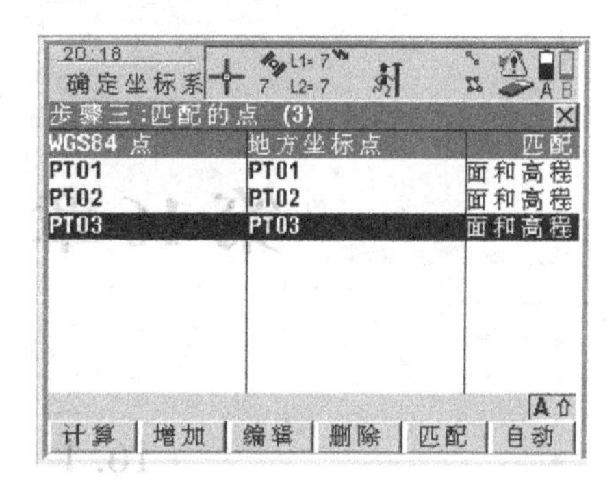

图 15-46　匹配的点

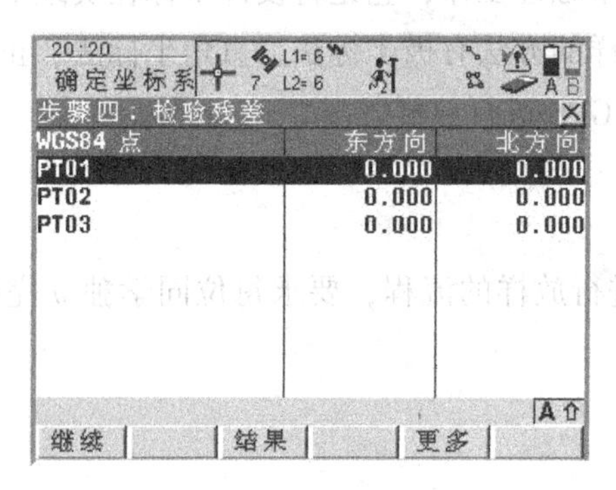

图 15-47　检验残差

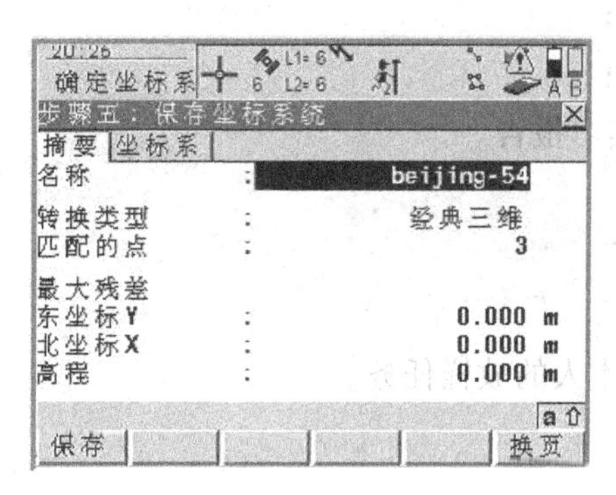

图 15-48　保存坐标系统

第16章　RTK放样

16.1　实习纲要

放样是测量中的一项基础性工作，它是将设计坐标在实地上标记出来。传统的方法是利用全站仪进行放样，放样的方法有极坐标法、直角坐标法、正倒镜投点法、交会法及归化法等。本次实习是利用GPS进行放样。

16.1.1　目的与任务

掌握利用GPS RTK进行放样的流程，要求每位同学独立完成点、直线、曲线的点位放样。

16.1.2　内容

(1) 按散点进行放样；
(2) 按直线进行放样；
(3) 按曲线进行放样；
(4) 撰写RTK放样实习报告。

16.1.3　安排

性质：综合。
方式：个人独立完成本人的放样任务。
时间：0.5个学时。

16.1.4　条件

场所：外业实习场地。
硬件：具备RTK功能的测量型GPS接收机及辅助设备。
软件：GPS接收机的控制器设置软件。

16.1.5　成果报告

成果报告包括实习步骤和放样成果。

16.2 实习指南

16.2.1 基础知识

设计的工程一般由点、线、面、体组成，但在放样过程中一般只具体放样到点上，以点代线、以点代面、以点代体，这些能够代表工程的点称为工程特征点或要素点，根据要素点的用途不同又分为计算要素点和放样要素点。

工程设计的主要内容就是设计这些要素点的坐标或递推要素点的坐标，例如 GPS RTK 道路放样要素点为：中线上每隔一定导距的中线点坐标或推算算法、边线上每隔一定导距的边线点坐标或推算算法，纵断面的上中线点、边线点的高程或设计高程推算的算法等。

随着 GPS 技术的发展，配套的工程设计软件也越来越完善，用于设计和指导放样的电子手簿的计算速度和内存都已经有了很大的发展。

TopSurv 软件提供多种放样方式，有散点放样、根据方向进行点位放样、序列点放样、直线放样、偏心放样、道路放样这几种方式，如图 16-1 所示。本次实习重点进行散点、直线、弧线和道路的放样。

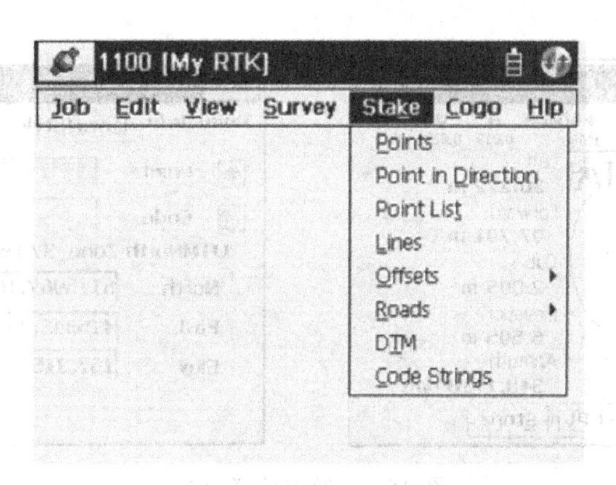

图 16-1　放样菜单

16.2.2 散点放样

散点放样是根据点位的设计坐标，通过 GPS 测量，将地面点的实际位置标记出来。具体的操作步骤为：

（1）选择菜单“Stakeout→Points”，弹出“Stakeout Point”对话框，如图 16-2 左图所示。在该对话框中，可以选择要放样的点、设置接收机的天线高等。

（2）在“Stakeout Point”对话框中，单击“Settings”按钮，弹出“Stakeout Parameters”参数设置对话框，如图 16-2 右图所示。在该对话框中，可以设置水平距离放样限差、参考方向、放样点存储方式、GPS 解的类型等，点击“Defaults”将设置恢复为缺省参数。点击“OK”按钮回到“Stakeout Point”对话框。

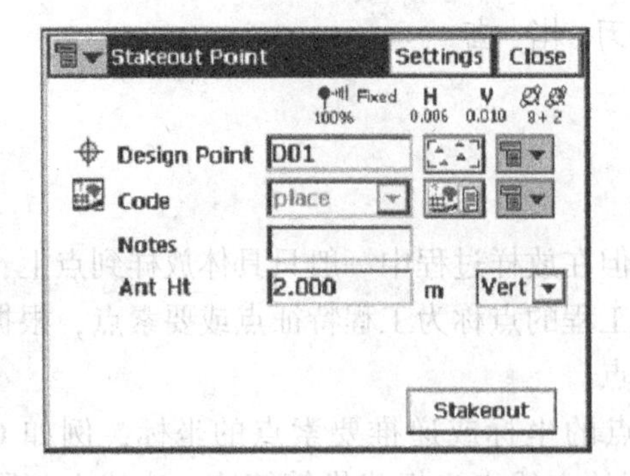

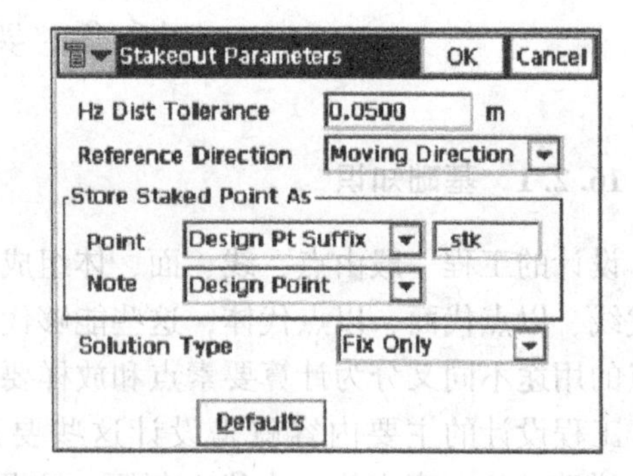

图 16-2　散点放样（1）

（3）在“Stakeout Point”对话框中，选择好放样点后点击“takeout”按钮，弹出“Stakeout”对话框（如图 16-3 左图所示），根据对话框中的指导信息找到放样点的实地位置。

提示信息主要包括方向和距离等信息，其中方向是从起点向左（Left）或向右（Right）到达放样点，如图 16-4 所示。

（4）点击“Store”，弹出“Store Point”对话框，将放样的结果存储下来，如图 16-3 右图所示，点击”OK”按钮进行下一点的放样工作。

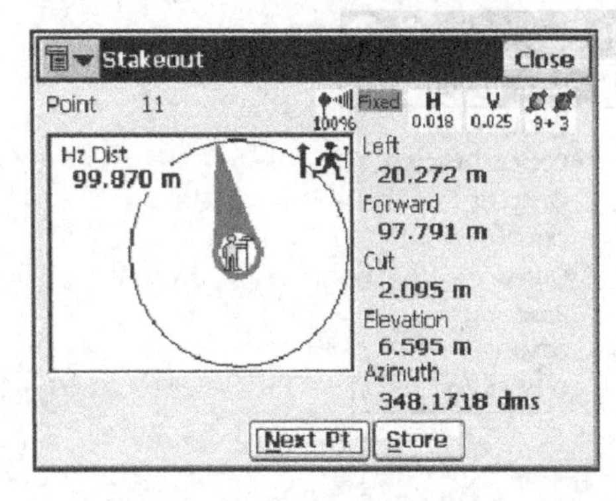

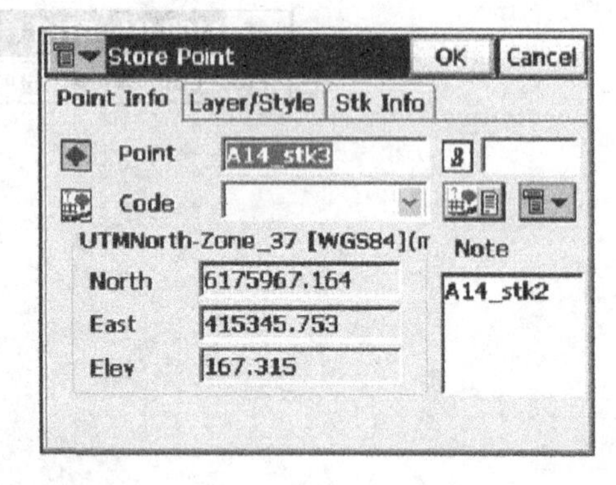

图 16-3　散点放样（2）

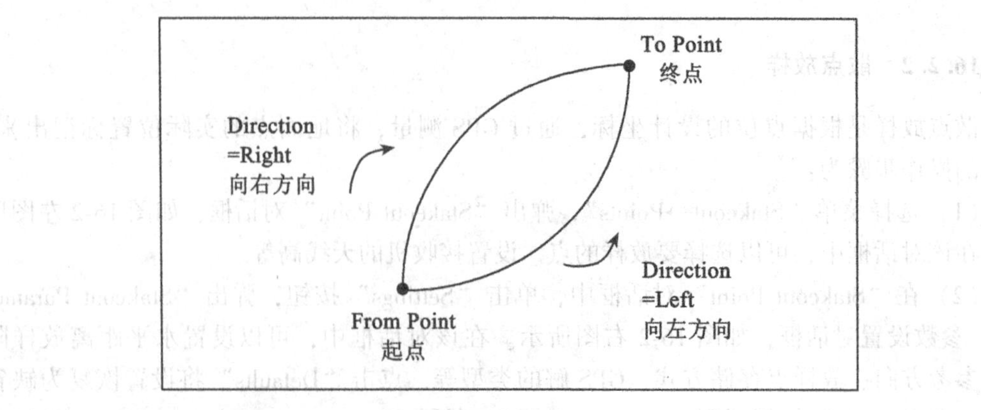

图 16-4　方向的确定方式

16.2.3 直线放样

直线放样是沿着设计的直线标定出一系列的点，具体操作如下：

（1）选择菜单“Stake→Line”，弹出“Stakeout Line”直线放样对话框，如图16-5左图所示。

（2）在“Stakeout Line”对话框中，选择直线的开始点和终止点，从而确定放样直线的方向。同时也需要设置GPS天线高和量高方式，然后点击“Stakeout”按钮。

（3）在“Stakeout Line”对话框中将显示相应的直线放样指导信息，如图16-5右图所示。根据对话框的信息在合适的点位进行标记，并将点位坐标存储下来。

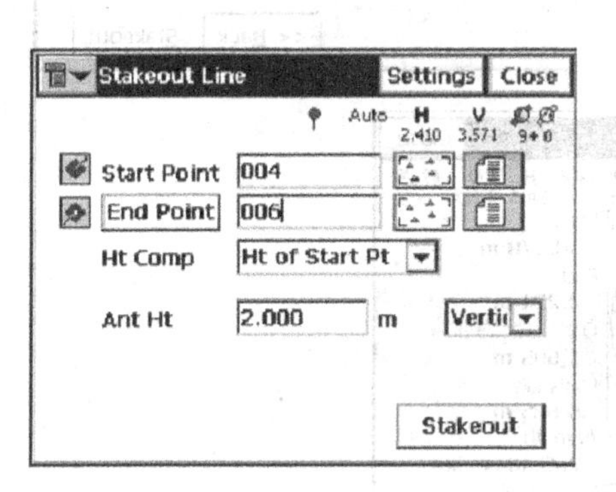

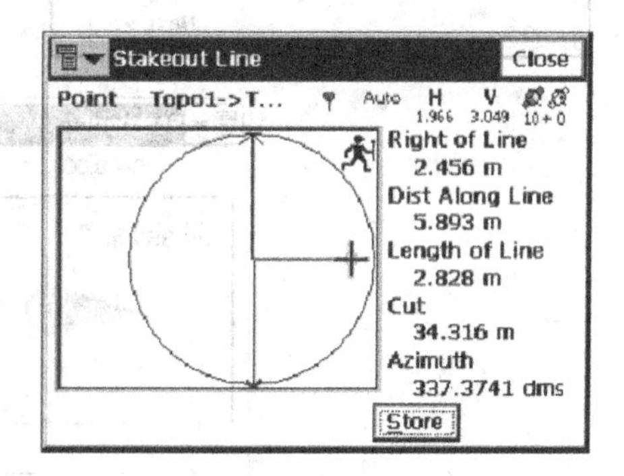

图16-5 直线放样

16.2.4 偏心直线放样

当放样直线平行于已知直线时（如图16-6所示），可以采用偏心直线放样方式进行，具体步骤为：

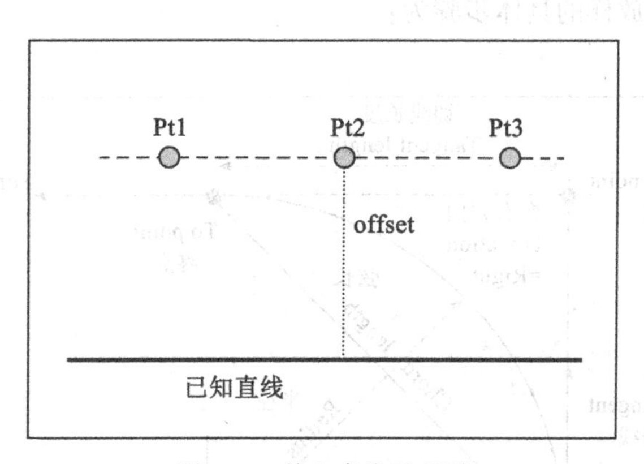

图16-6 偏心直线示意图

（1）选择菜单“Stake→Offsets→Line & Offset”，弹出“Stakeout Line & Offset”对话框，如图16-7左图所示。

（2）设定偏心参数，如图16-7右图所示。

（3）根据“Stakeout”对话框中的提示信息（如图 16-7 下图所示），将设计点在实地上标定出来，并存储相应坐标。

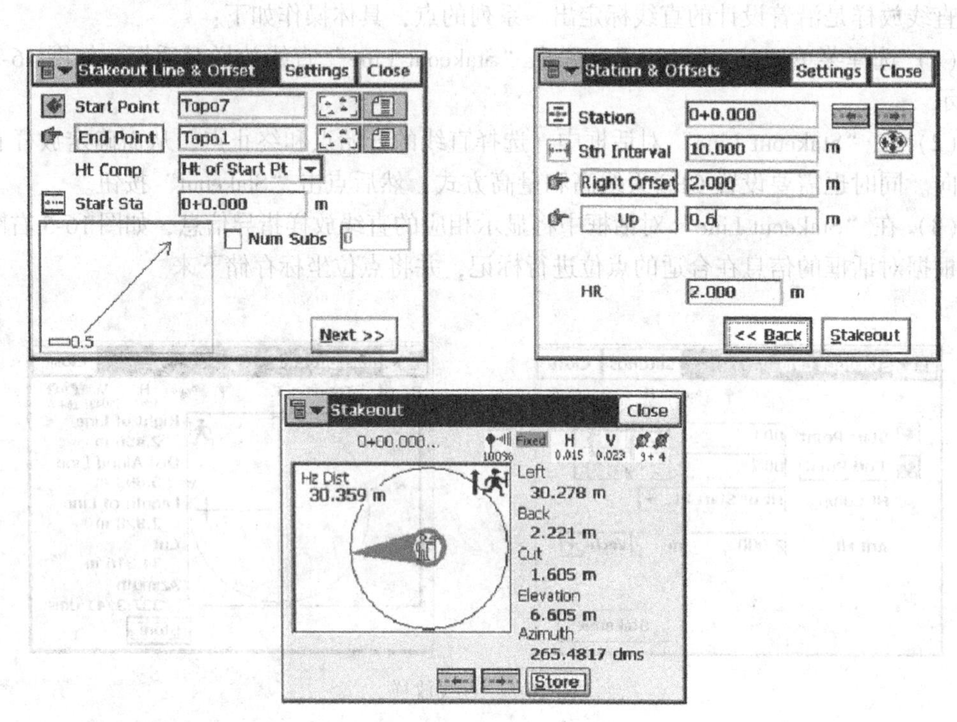

图 16-7　偏心直线放样

16.2.5　偏心圆弧曲线放样

圆弧曲线段的特征要素包括圆心点、半径、弦长、切线等，如图 16-8 所示。在实际操作中偏心圆弧曲线放样的具体步骤为：

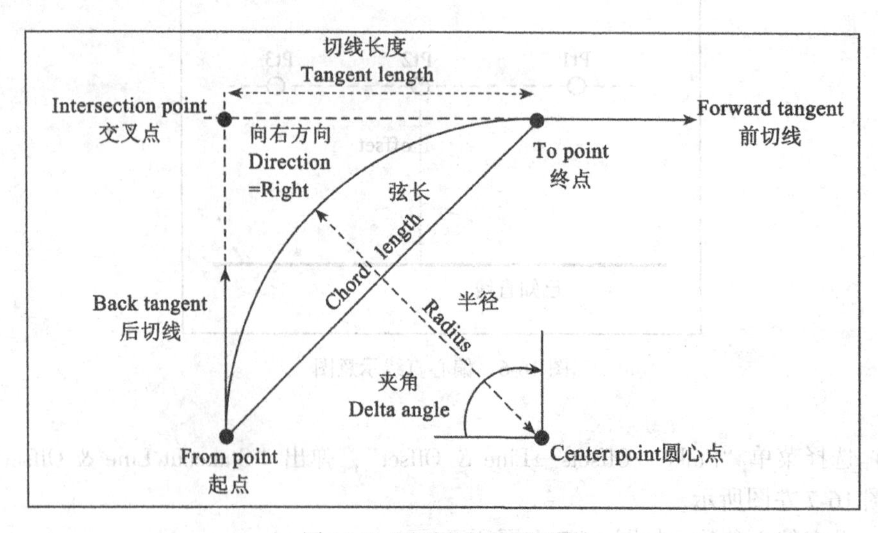

图 16-8　圆弧段的特征要素

（1）从菜单中选择“Stake→Offsets→Curve & Offsets”，弹出“Stakeout Curve & Offset”对话框，如图 16-9 左图所示。

（2）在对话框中设置已知弧线参数：弧线的起始点（PC Point）、起点处的切线方位角（Tangent Azi）、曲线的半径（Radius）、曲线的长度（Length），然后点击“Next”按钮。

（3）在“Station & Offsets”对话框中，设置放样点的距离间隔、偏心距离等参数，然后点击“Stakeout”进行弧线放样，如图 16-9 右图所示。

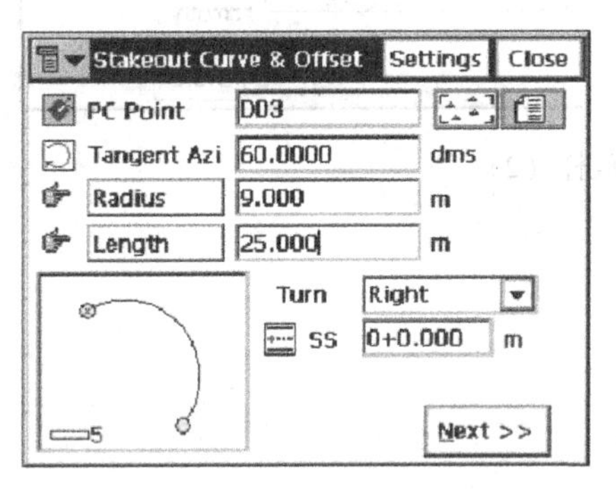

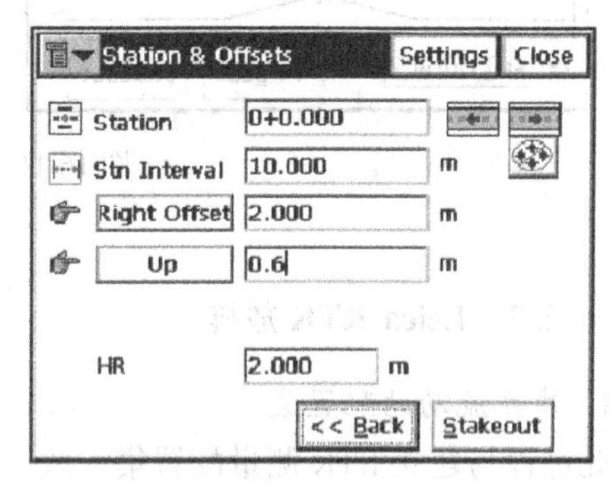

图 16-9　偏心圆弧曲线放样

16.2.6　道路放样

道路放样是施工测量中的一种常用放样模式，采用 GPS 进行道路放样的步骤为：

（1）从菜单中选择“Stake→Roads→Road”，弹出“Stakeout Road”对话框，如图 16-10左图所示；

（2）设置要放样的道路、起始站等参数，然后点击”Next”按钮；

（3）在“Stakeout Road”对话框中，设置 CL Offsets 参数，如图 16-10 右图所示，然后单击“Next”按钮；

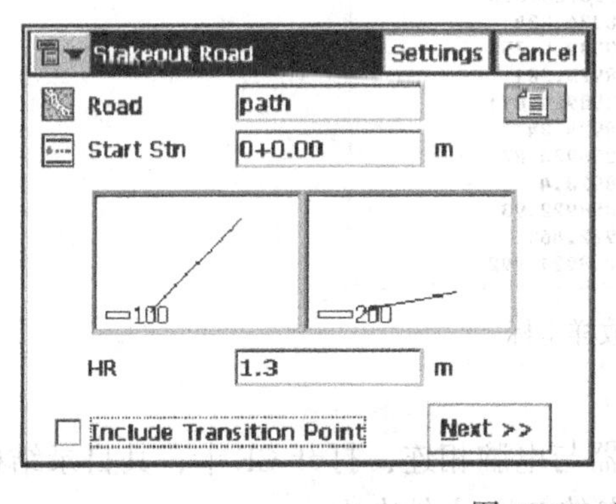

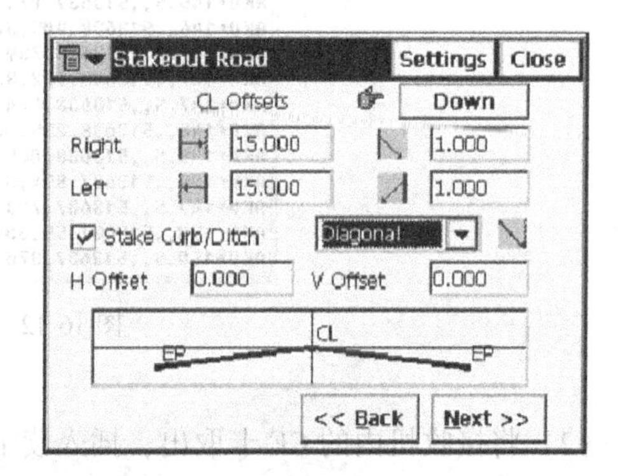

图 16-10　道路放样（1）

（4）在“Stakeout Road”对话框中，设置放样点测站间隔、水平和垂直偏移位置，然后点击“Stakeout”按钮；

（5）根据“Stakeout”对话框，完成道路点位的放样，如图16-11所示。

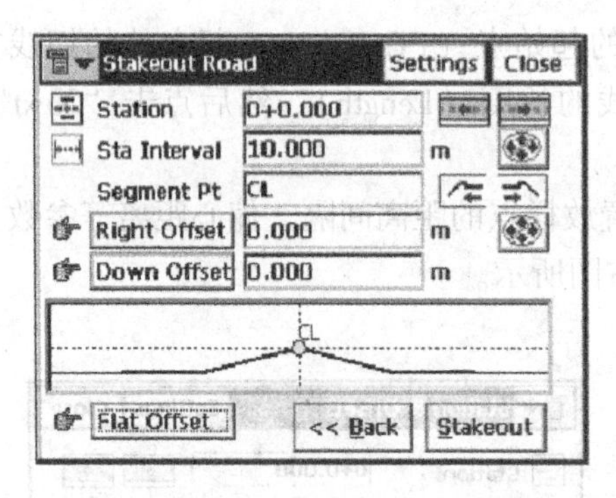

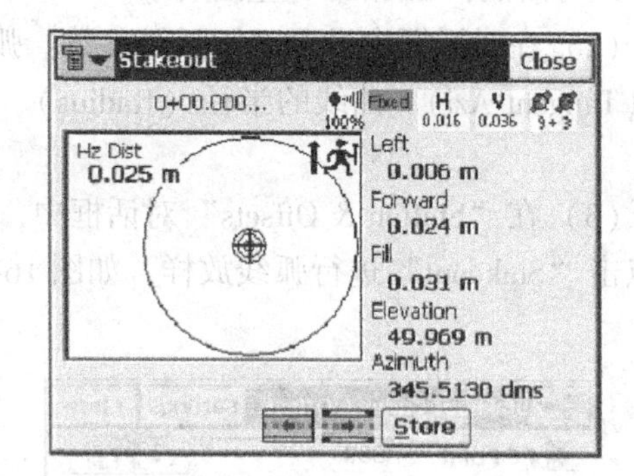

图16-11　道路放样（2）

16.2.7　Leica RTK 放样

1. 建立流动站配置集

此过程与建立RTK测量配置集一致。

2. 导入设计点坐标

（1）在电脑上新建一个文本文件，将设计点的点名、坐标等按一定格式输入。此处以南方 CASS 格式为例，其格式为点名、属性、东坐标、北坐标，文件名假定为 Alayout. dat，如图16-12所示；

ALayout. dat - 记事本

文件(F)　编辑(E)　格式(O)　查看(V)　帮助(H)

```
AK0+141.448,,513640.372,3358930.534
AK0+142,,513640.198,3358930.01
AK0+142.5,,513640.04,3358929.535
AK0+143,,513639.881,3358929.061
AK0+143.5,,513639.721,3358928.588
AK0+144,,513639.56,3358928.114
AK0+144.5,,513639.398,3358927.641
AK0+145,,513639.235,3358927.169
AK0+145.5,,513639.071,3358926.696
AK0+146,,513638.905,3358926.224
AK0+146.5,,513638.739,3358925.753
AK0+147,,513638.572,3358925.281
AK0+147.5,,513638.404,3358924.811
AK0+148,,513638.235,3358924.34
AK0+148.5,,513638.065,3358923.87
AK0+149,,513637.894,3358923.4
AK0+149.5,,513637.723,3358922.93
AK0+150,,513637.55,3358922.461
AK0+150.5,,513637.376,3358921.992
```

图16-12　放样坐标

（2）将接收机内的CF卡取出，插入读卡器与电脑相连，打开CF卡，其目录结构如图16-13所示，将 Alayout. dat 文件复制到CF卡的 Data 文件夹内；

（3）将CF卡安全移除后，插回接收机卡槽内。开机，进入“4 转换”目录，选择“2 输入 ASCII/GSI 数据到作业”，点击“继续”，如图16-14所示；

（4）选择正确的放样数据来源文件（“从文件”），并指定导入的目标作业名称

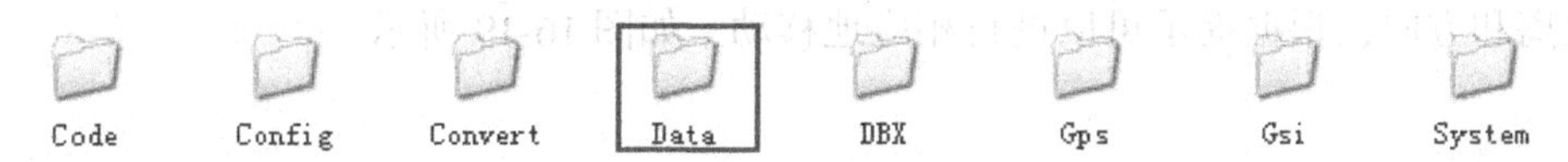

图 16-13　Leica 1230 的文件存储结构

（“到作业”），点击“设置”，如图 16-15 所示；

图 16-14　进入输入放样数据

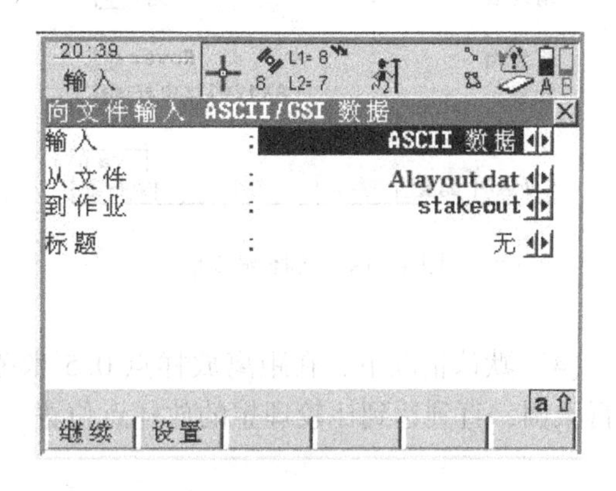

图 16-15　选择输入文件

（5）将输入文件格式设置成与 Alayout. dat 的文件格式一致，点击“继续”，如图 16-16 所示；

（6）导入成功则会出现以下提示（如图 16-17 所示），点击“否”结束导入。

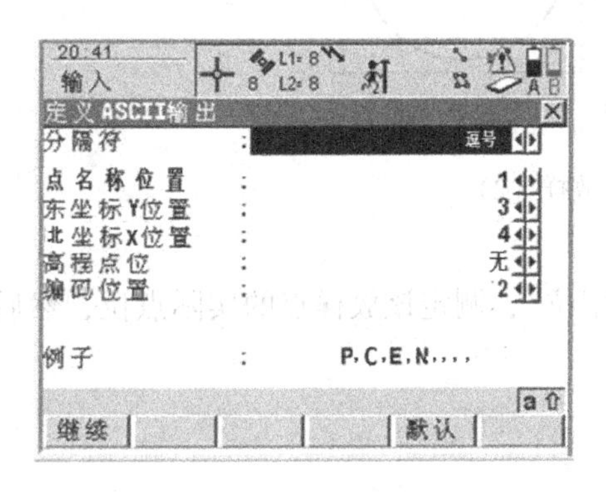

图 16-16　设置输入文件格式

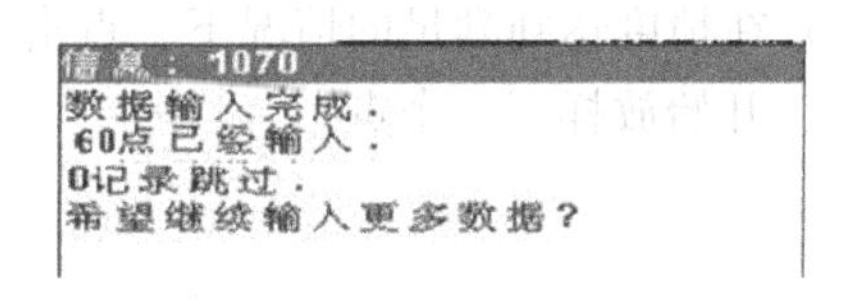

图 16-17　完成数据输入

3. 架设流动站

参看 RTK 流动站的架设相关内容。

4. 控制器操作

（1）回到主界面，进入“2 程序”，选择“3 放样”。

（2）“放样点作业”和“作业”均选择前面已导入放样点设计坐标的作业，“配置集”选择流动站配置集，点击“继续”，如图 16-18 所示。

（3）在放样界面，选择要放样的点名。界面上会显示从你当前位置到放样点需要移动的距离和方向，根据提示可以进行相应地移动，如图 16-19 所示。

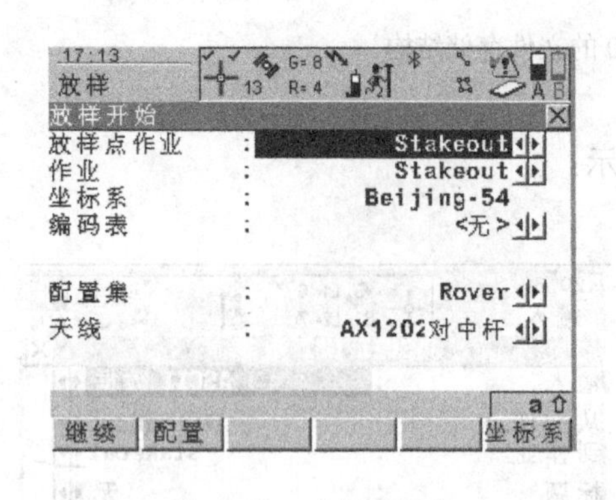

图 16-18　选择配置集

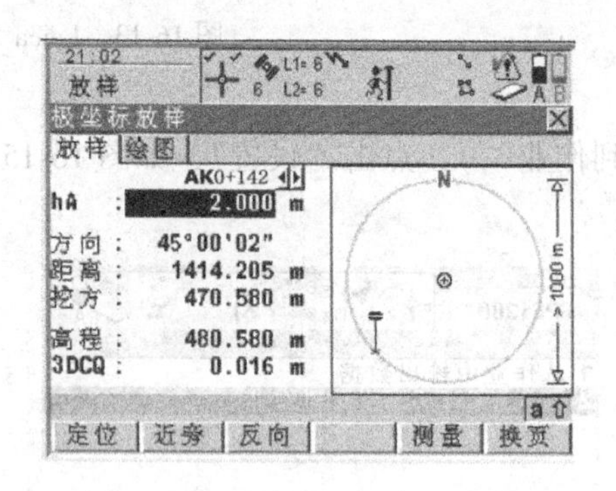

图 16-19　放样（1）

（4）默认情况下，在距离放样点 0.5 米范围内控制器将会发出警告提示，然后可以进行微调，直到达到比较理想的放样点位置，如图 16-20 所示。

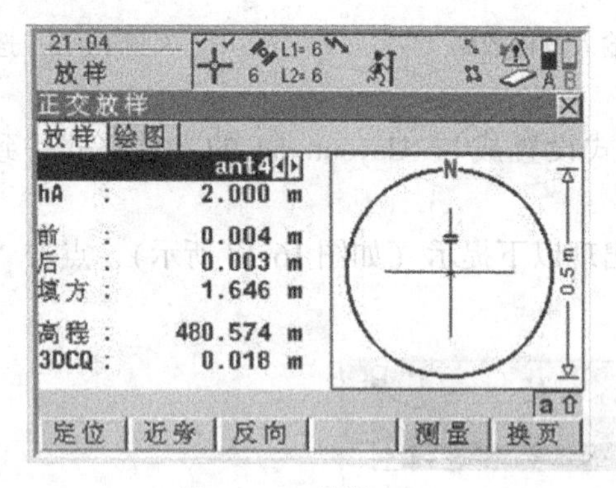

图 16-20　放样（2）

（5）在精度达到满足的情况下，点击“定位”，测定该放样点的实际点位，然后点击“存储”，开始放样下一个点。

第 17 章　数字化图形绘制

17.1　实 习 纲 要

可以将 RTK 的外业测量结果导入到 AutoCAD 中，绘制符合国家标准的数字化地形图。

17.1.1　目的

通过 GPS 数字化图形的绘制实习，使学生能够比较熟练地使用 AutoCAD 和 CASS 软件进行数字化地图绘制。

17.1.2　内容

（1）安装 AutoCAD 和 CASS 软件；
（2）准备符合 CASS 软件要求的数据；
（3）常用地物的地形图绘制（道路、苗圃、绿地、建筑物、水域、路灯等）；
（4）绘制等高线；
（5）地形图整饰。

17.1.3　安排

性质：综合。
方式：个人独立完成本组所观测数据的处理。
时间：4 个学时。

17.1.4　条件

场所：计算机实习教室。
硬件：计算机。
软件：AutoCAD 及 CASS。

17.1.5　成果

成果报告包括实习步骤和设计成果。

17.2 实习指南

17.2.1 软件准备

CASS 地形地籍成图软件是基于 AutoCAD 平台技术的数据处理系统，广泛应用于地形成图、地籍成图、工程测量应用、空间数据建库等领域，自 CASS 软件推出以来，很快成长为用户量最大、升级最快、服务最好的主流成图系统。

图 17-1 是 CASS 软件的主界面示意图，主要包括菜单栏、CAD 工具栏、CASS 工具栏、屏幕菜单、命令栏和状态栏。

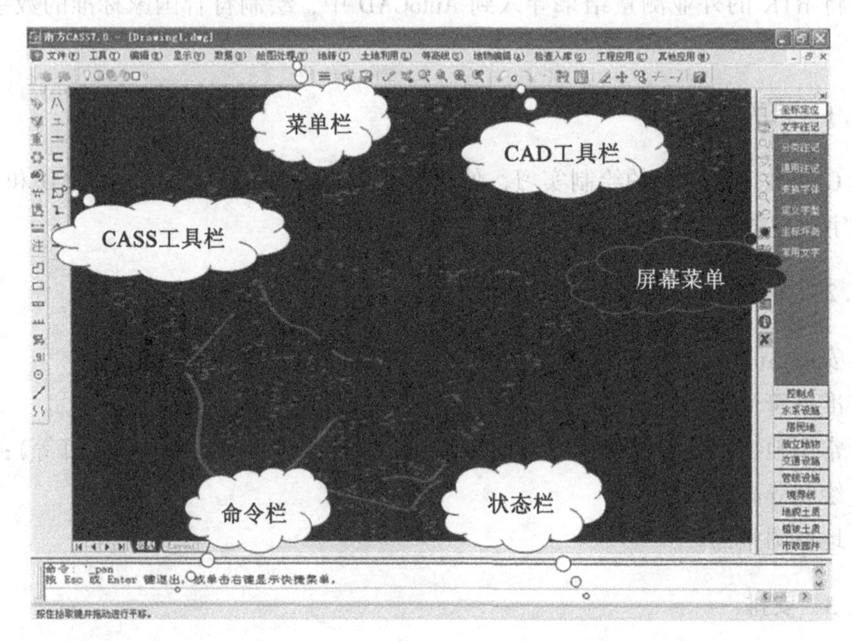

图 17-1 CASS 系统主界面

17.2.2 数据准备与输入

CASS 软件可以通过“数据”菜单直接从多种仪器输入数据，也可以先将数据转化为标准格式，通过“绘图处理”菜单展点位和高程，如图 17-2 所示。

17.2.3 图形绘制

GPS RTK 将地形点测量完成后，可以将观测的点位坐标、属性传入计算机中，绘图软件根据各点的坐标、图形属性及代码，绘制成各种专业的地形图，以供教学、研究、工程建设、物探、导航、旅游服务等使用。

平面地形图的绘制主要绘制与高程无关的点、线、面等，表达地物的平面信息。查看被观测的地形要素，增加点、线、形式和注解改进项目的描述，可以得到以下内容：

（1）图层：对每一个地形点绘图的所有绘图项目进行综合定义，由名称、点形式、

图 17-2　数据准备与数据输入方式

线形式和文本形式组成。将数据组织到图层可便于管理，在管理大量的数据组时是非常有用的，例如具有要素“树”的所有点都被分到称为“树”的组。缺省的图层用于所有元素，除非在项目中创建了新的图层。

(2) 形式（点、线、文本）：为具体绘制点、线或文字而定义的点形式、线形式、文本形式等。

CASS 系统将图形绘制内容分为坐标定位、文字注记、控制点、水系设施、居民地、独立地物、交通设施、管线基础、境界线、地貌土质、植被土质和市政部件等类别。

1. 设定显示区

设定显示区的作用是根据输入坐标数据文件的数据大小定义屏幕显示区域的大小，以保证所有点可见。从菜单中选择“绘图处理→设定显示区”，即出现如图 17-3 所示的对话框。这时，需输入碎部点坐标数据文件名。可直接通过键盘输入，如在“文件（N）:”（即光标闪烁处）输入“A1. DAT”后再移动鼠标至“打开（O）”处，点击左键。这时，命令区显示：

“最小坐标（米）：X = 3366788. 225，Y = 540896. 101”

“最大坐标（米）：X = 3367589. 232，Y = 541637. 097”

移动鼠标至屏幕右侧菜单区的“坐标定位→点号定位”项，点击左键，弹出选择测点点号定位成图法的对话框，输入相应的文件，如“A1. dat”，命令区提示：

“读点完成！　　共读入 1147 个点”

2. 展点

为了更加直观的在图形编辑区内看到各测点之间的关系，可以先将野外测点点号在屏幕中展出。其操作方法是：先移动鼠标至屏幕的顶部菜单“绘图处理”项点击左键，这

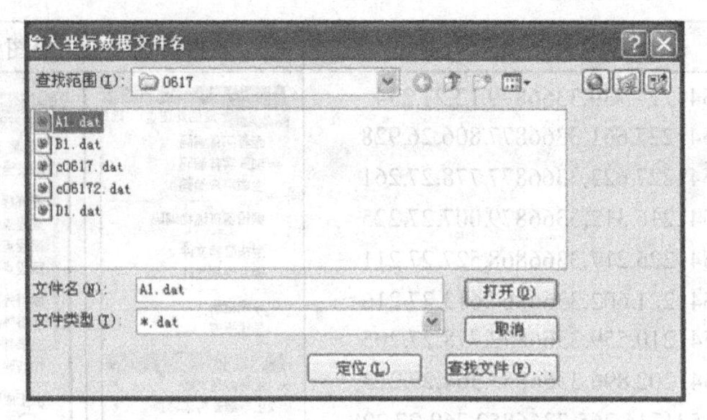

图 17-3　选择测点点号定位成图法的对话框

时系统弹出一个下拉菜单，再移动鼠标选择“展点”项的“野外测点点号”项点击左键，输入对应的坐标数据文件名便可在屏幕展出野外测点的点号。

3. 绘图

根据野外作业时绘制的草图，移动鼠标至屏幕右侧菜单区选择相应的地形图图式符号，然后在屏幕中将所有地物绘制出来。系统中所有地形图图式符号都是按照图层来划分的，例如所有表示测量控制点的符号都放在“控制点”这一层，所有表示独立地物的符号都放在“独立地物”这一层，所有表示植被的符号都放在“植被园林”这一层。根据外业草图，选择相应的地图图式符号在屏幕上将平面图绘出来。

根据草图，由 B561、B556、B540、B524 四个点连成一间普通房屋。移动鼠标至右侧菜单“居民地→一般房屋”处点击左键，系统便弹出如图 17-4 所示的对话框。再移动鼠标到“四点房屋”的图标处点击左键，图标变亮表示该图标已被选中，然后移动鼠标至“OK”处点击左键，根据命令提示依次连接各点号，绘制成房屋图形。

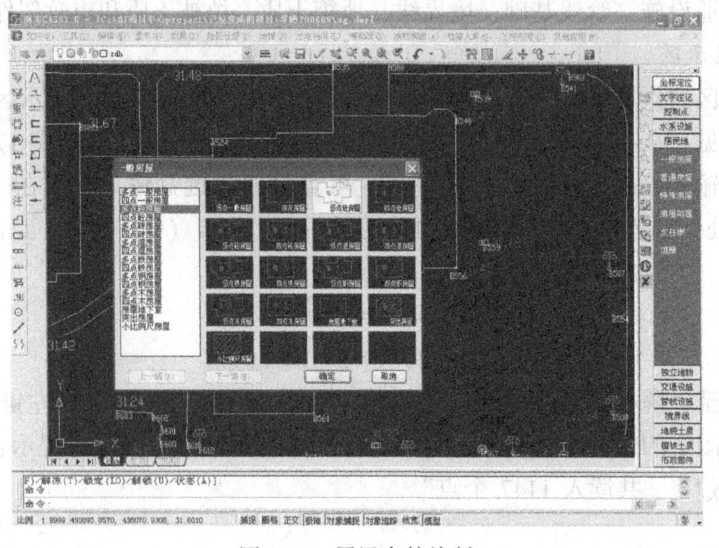

图 17-4　居民点的绘制

注意：

(1) 当房屋是不规则的图形时，可用“实线多点房屋”或“虚线多点房屋”来绘制；

(2) 绘制房屋时，输入点号必须按顺时针或逆时针的顺序输入。

同理，根据草图，将 B834、B846 和 B837 三点连接成一条陡坎，在右侧菜单中选择“地貌土质→自然地貌”，选择“土质的陡坎”(如图 17-5 所示)，命令区便分别出现以下提示：

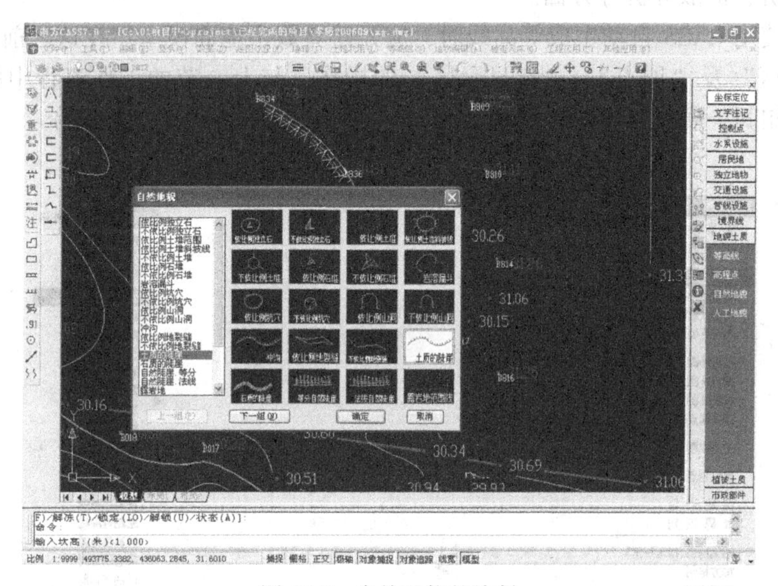

图 17-5　自然地物的绘制

请输入坎高，单位：米<1. 0>：输入坎高 3. 5（单位 m），回车（直接回车默认坎高 1 米）。

点 P/<点号>：输入 B834，回车。

点 P/<点号>：输入 B836，回车。

点 P/<点号>：输入 B837，回车。

点 P/<点号>：回车或点击鼠标的右键，结束输入。

17. 2. 4　等高线地形图绘制

在地形图中，等高线是表示地貌起伏的一种重要手段。在常规的平板测图中，等高线是由手工描绘的，由手工描绘的等高线可以描绘得比较圆滑但精度稍低。在数字化自动成图系统中，等高线由计算机自动勾绘，生成的等高线精度相当高。

CASS 在绘制等高线时，充分考虑到等高线通过地形线和断裂线时的处理方式，如陡坎、陡崖等，CASS 能自动切除通过地物、注记、陡坎的等高线。在绘等高线之前，必须先将野外测得的高程点建立数字地面模型（DTM），然后在数字地面模型上生成等高线。

1. 建立数字地面模型

数字地面模型（DTM）是在一定区域范围内规则的网点或三角网点的平面坐标

(x，y)和其地物性质的数据集合，如果这个地物性质是该点的高程 Z，则这个数字地面模型又称为数字高程模型（DEM），这个数据集合从微分角度三维地描述了该区域地形地貌的空间分布。DTM 作为新兴的一种数字产品，与传统的矢量数据相辅相成，各领风骚，在空间分析和决策方面发挥越来越大的作用。借助计算机和地理信息系统软件，DTM 数据可以用于建立各种各样的模型来解决一些实际问题，主要的应用有：按用户设定的等高距生成等高线图、透视图、坡度图、断面图、渲染图，与数字正射影像 DOM 复合生成景观图，或者计算特定物体对象的体积、表面覆盖面积等，还可用于空间复合、可达性分析、表面分析、扩散分析等方面。

我们在使用 CASS 自动生成等高线时，应先建立数字地面模型。在这之前，可以先进行“定显示区”及“展点”，“定显示区”的操作，与上一节的工作流程中的“定显示区”的操作相同，展点时可选择“展高程点”选项（如图 17-6 左图所示）。

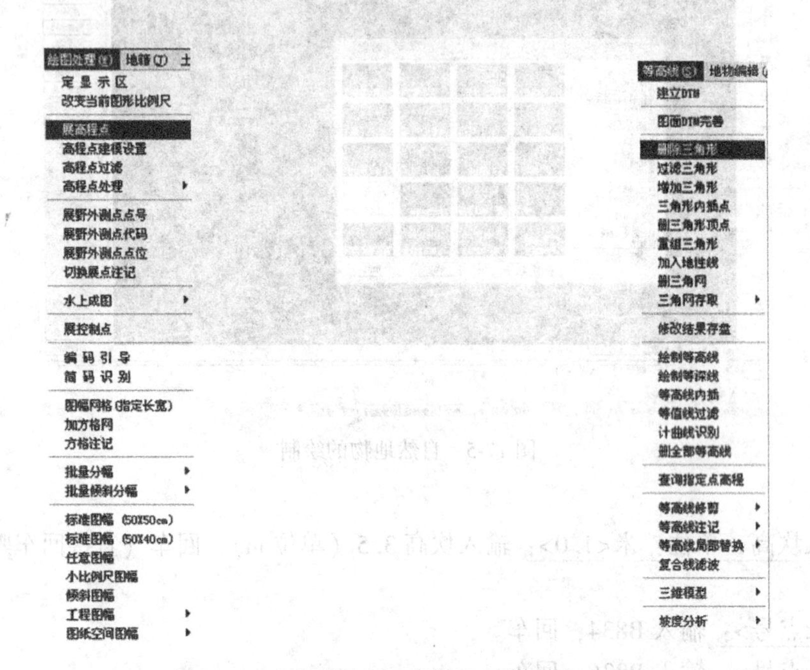

图 17-6　“绘图处理”菜单和“等高线”菜单

注记高程点的距离（米）：根据规范要求输入高程点注记距离（即注记高程点的密度），回车默认为注记全部高程点的高程，这时所有高程点和控制点的高程均自动展绘到图上。

移动鼠标至屏幕顶部菜单“等高线”项，点击左键，出现如图 17-6 右图所示的下拉菜单。移动鼠标至“建立 DTM”项，该处以高亮度（深蓝）显示，点击左键，出现如图 17-7 所示的对话框。

首先选择建立 DTM 的方式，分为两种方式：由数据文件生成和由图面高程点生成。如果选择由数据文件生成，则在坐标数据文件名中选择坐标数据文件；如果选择由图面高程点生成，则在绘图区选择参加建立 DTM 的高程点。然后选择结果显示，分为三种：显示建三角网结果，显示建三角网过程和不显示三角网。最后选择在建立 DTM 的过程中是否考虑陡坎和地形线，点击确定后生成如图 17-8 所示的三角网。

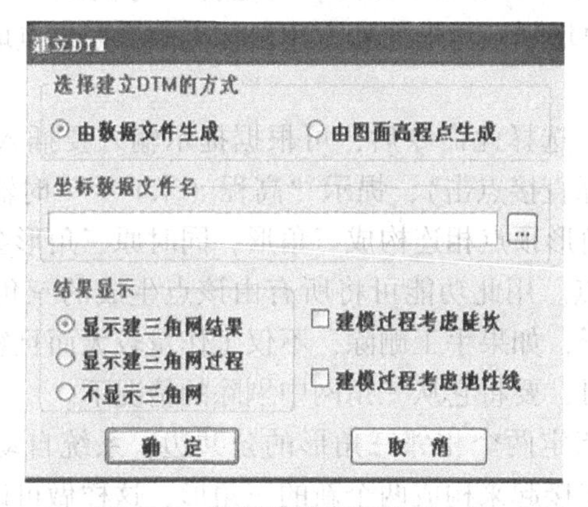

图 17-7　选择建模高程数据文件

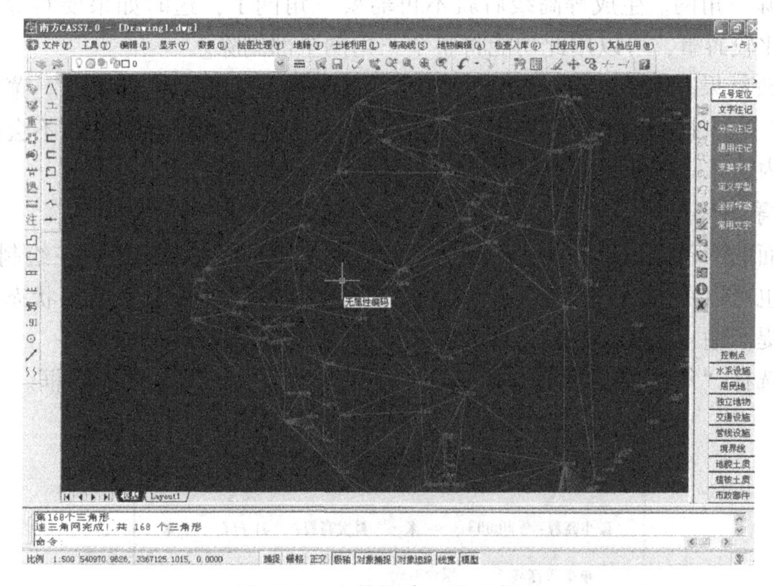

图 17-8　由数据建立的三角网

2. 修改数字地面模型

一般情况下，由于地形条件的限制，在外业采集的碎部点很难一次性生成理想的等高线（如楼顶上控制点），另外还由于现实地貌的多样性和复杂性，自动生成的数字地面模型与实际地貌不太一致，这时可以通过修改三角网来修改这些局部不合理的地方。

（1）删除三角形。如果需要修复的数字地面模型在某个没有等高线通过的局部内，则可将局部内相关的三角形删除。删除三角形的操作方法是：先将要删除的三角形局部放大，再选择“等高线”下拉菜单的“删除三角形”项，命令区提示选择对象，这时便可选择要删除的三角形，如果误删，可用“U”命令将误删的三角形恢复。

（2）过滤三角形。可根据用户需要查找符合三角形中最小角的度数或三角形中最大边长最多大于最小边长的倍数等条件的三角形，如果出现 CASS 在建立三角网后点无法绘制等高线的情况，可过滤掉部分形状特殊的三角形。另外，如果生成的等高线不光滑，也可以用此功能将不符合要求的三角形过滤掉再生成等高线。

（3）增加三角形。如果要增加三角形，可选择“等高线”菜单中的“增加三角形”项，依照屏幕的提示在要增加三角形的地方用鼠标点取，如果点取的地方没有高程点，系统会提示输入高程。

（4）三角形内插点。选择此命令后，可根据提示输入要插入的点。在三角形中指定点（可输入坐标或用鼠标直接点击），提示“高程（米）=”时输入此点高程。通过此功能可将此点与相邻的三角形顶点相连构成三角形，同时原三角形会被自动删除。

（5）删除三角形顶点。用此功能可将所有由该点生成的三角形删除。因为一个点会与周围很多点构成三角形，如果手工删除，不仅工作量较大而且容易出错。这个功能常用在发现某一点坐标错误时，要将它从三角网中剔除的情况下。

（6）重组三角形。指定两个相邻三角形的公共边，系统自动将两个三角形删除，并将两个三角形的另两点连接起来构成两个新的三角形，这样做可以改变不合理的三角形连接。如果因两三角形的形状特殊无法重组，会有错误提示。

（7）删除三角网。生成等高线后就不再需要三角网了，这时如果要对等高线进行处理，三角网比较碍事，可以用此功能将整个三角网全部删除。

（8）修改结果存盘。通过以上操作修改了三角网后，选择“等高线”菜单中的“修改结果存盘”项，把修改后的数字地面模型存盘。这样，绘制的等高线不会内插到修改前的三角形内。

3. 绘制等高线

完成前面的准备操作后，便可进行等高线绘制。等高线的绘制可以在绘制平面图的基础上叠加，也可以在“新建图形”的状态下绘制。如果在“新建图形”状态下绘制等高线，系统会提示输入绘图比例尺。

用鼠标选择“等高线→绘制等高线”项，弹出如图 17-9 所示的对话框。

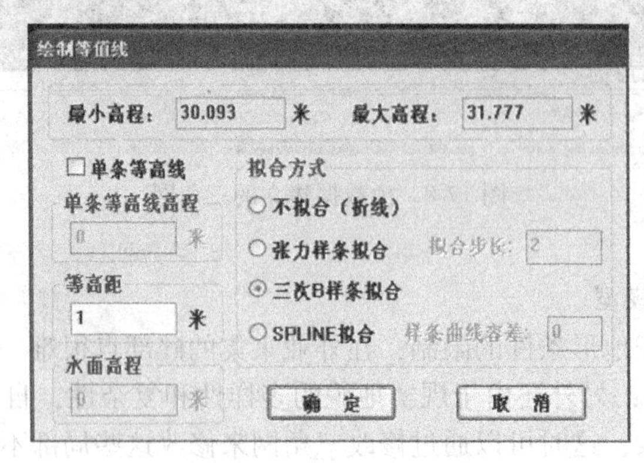

图 17-9　绘制等高线对话框

对话框中会显示参加生成 DTM 的高程点的最小高程和最大高程。如果只生成单条等高线，那么就在单条等高线高程中输入此条等高线的高程；如果生成多条等高线，则在等高距框中输入相邻两条等高线之间的等高距。最后选择等高线的拟合方式，总共有四种拟合方式：不拟合（折线），张力样条拟合，三次 B 样条拟合和 SPLINE 拟合。

当命令区显示“绘制完成！”时，便完成了绘制等高线的工作，如图 17-10 所示。

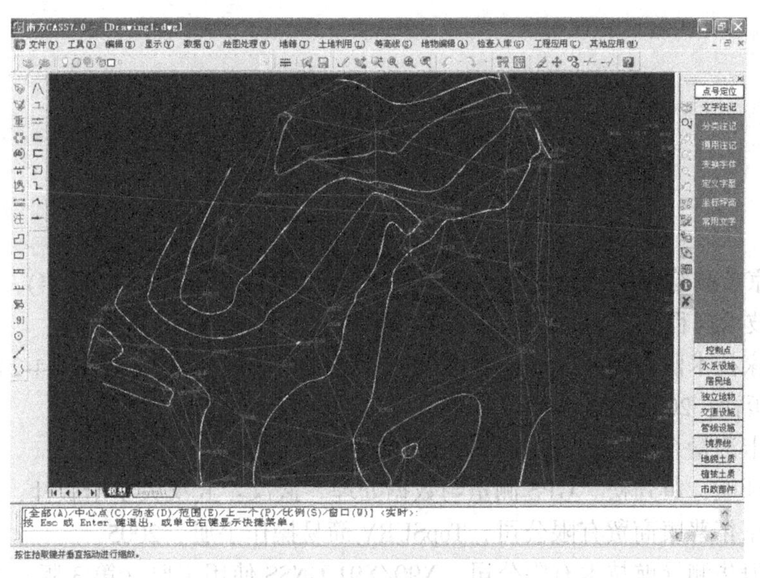

图 17-10 完成绘制等高线的工作

4. 等高线的修饰

等高线的修饰包括注记等高线、等高线修剪、切除指定二线间等高线、等值线滤波等功能。

(1) 注记等高线。使用“窗口缩放”功能得到局部放大图，再选择“等高线→等高线注记”中的“单个高程注记”项，完成等高线的注记。

(2) 等高线修剪。进入“等高线→等高线修剪→批量修剪等高线”菜单，弹出批量修剪等高线的对话框，选择是消隐还是修剪等高线，然后选择是整图处理还是手工选择需要修剪的等高线，最后选择地物和注记符号，单击“确定”后会根据输入的条件修剪等高线。

(3) 切除指定区域内的等高线。选择一条封闭复合线，系统将该复合线内所有等高线切除。注意，封闭区域的边界一定要是复合线，如果不是，系统将无法处理。

(4) 等值线滤波。此功能可以在很大程度上减小已绘制好等高线的图形文件的体积。

参 考 文 献

[1] 北京市测绘设计研究院（主编），中华人民共和国建设部（批准）．全球定位系统城市测量技术规程．北京：中国建筑工业出版社，1997.

[2] 国家技术监督局．全球定位系统（GPS）测量规范（GB/T18314-2001）．北京：中国标准出版社，2001.

[3] 徕卡测量系统．徕卡 1200 仪器操作手册．2004

[4] 李征航，黄劲松．GPS 测量与数据处理．武汉：武汉大学出版社，2005.

[5] 北京拓普康商贸有限公司．TopSURV 简易操作手册．2005

[6] 上海华测导航技术有限公司．X90/X91 GNSS 使用手册（第 3 版）. 2008

[7] Trimble. Trimble Digital Fieldbook 帮助（版本 2.0）. 2005.

[8] Topcon Positioning System, Inc. HiPer+ Operator's Manual. 2006.